面向系统能力培养大学计算机类专业规划教材

C语言程序设计典型题解与实验指导

卢萍 李开 王多强 甘早斌 编著

清华大学出版社
北京

内 容 简 介

本书是"C语言程序设计"课程的配套学习与实验指导用书。全书共11章，第1章介绍几种主流的C语言程序开发环境的上机操作过程和程序调试方法，由浅入深地设计了程序改错实验题，对每道题都明确实验步骤和分析方法，重点训练程序调试能力。第2～8章系统介绍C语言的基本概念、语法和语义；依据C语言各部分的知识点精心设计和挑选了题型丰富的典型例题并给予详细解答，涵盖多数知识点，为上机实验打下坚实的理论基础；针对各章节的主要内容，按递进的方式设计了多元化的实验内容，有程序改错、跟踪调试、程序修改、程序填空、程序分析、程序设计等题型。第9章给出综合实例"汇编器与模拟器"的设计思路与实现方法，强化学生系统级编程能力。第10章介绍使用OpenMP在共享存储环境下进行并行程序设计的方法。第11章结合C语言考试的主要题型，给出3套综合测试练习题。

本书从C语言的教学内容出发，按照培养程序设计实践能力的要求编写。本书的定位是一种巩固C语言知识、锻炼代码调试能力、培养编程技巧的必备参考书，可作为高等学校计算机及相关专业的实验教材，也可作为参加各类计算机程序设计竞赛和能力考试人员的参考书。

图书在版编目(CIP)数据

C语言程序设计典型题解与实验指导/卢萍等编著. —北京：清华大学出版社，2019.11(2024.8重印)
面向系统能力培养大学计算机类专业规划教材
ISBN 978-7-302-53957-5

Ⅰ. ①C… Ⅱ. ①卢… Ⅲ. ①C语言—程序设计—高等学校—教学参考资料 Ⅳ. ①TP312.8

中国版本图书馆CIP数据核字(2019)第224299号

责任编辑：张瑞庆
封面设计：常雪影
责任校对：焦丽丽
责任印制：刘海龙

出版发行：清华大学出版社
网　　址：https://www.tup.com.cn, https://www.wqxuetang.com
地　　址：北京清华大学学研大厦A座　　**邮　　编**：100084
社 总 机：010-83470000　　**邮　　购**：010-62786544
投稿与读者服务：010-62776969，c-service@tup.tsinghua.edu.cn
质量反馈：010-62772015，zhiliang@tup.tsinghua.edu.cn
课件下载：https://www.tup.com.cn，010-83470236
印 装 者：三河市君旺印务有限公司
经　　销：全国新华书店
开　　本：185mm×260mm　　**印　　张**：21.75　　**字　　数**：527千字
版　　次：2019年11月第1版　　**印　　次**：2024年8月第6次印刷
定　　价：59.00元

产品编号：083448-01

前　言

工程教育认证标准对计算机类课程的实践环节提出了较高的要求，为此作者在多年C语言教学实践的基础上，按照“总结要点、题解分析、上机实验、综合编程”的思路组织C语言程序设计实验教学内容，以满足具有较强实践能力的人才培养目标。本书从C语言的教学内容出发，按照培养程序设计实践能力的要求而编写，是《C语言程序设计》(卢萍等编著，下同)的配套实践教材，也适合与其他C语言类教材配套使用。

本书第1章介绍C语言常用的上机开发环境与程序调试方法，包括Code::Blocks集成开发环境、Dev-Cpp开发环境、Visual Studio集成开发环境以及Linux下的编程与调试。给出了一个重点训练程序调试能力的实验，通过由浅入深的6道实验题引导学生使用单步执行、跟踪函数、设置断点、观察变量值等方法查找程序中的逻辑错误。在C语言常用的上机开发环境方面，可以任选一种作为学习C语言编程实践的开发环境。关键是要掌握程序的编辑、修改、编译、连接和执行方法，以及调试程序、跟踪程序、通过断点控制程序、观察变量/表达式在程序运行过程中的取值，综合利用开发工具的调试机制定位程序中的逻辑错误并排除错误，提高代码调试能力和程序开发效率。

第2～8章基本按照《C语言程序设计》的章节顺序组织编写，其目的在于帮助学生加深对C语言重点和难点知识的理解，以提高综合应用C语言进行程序设计的能力，每章分内容提要、典型题解析和实验3部分内容。内容提要部分全面、系统概括C语言的基本概念、语法和语义，包括标识符、关键字、常量、变量、运算符、表达式、流程控制、函数、编译预处理、数组、指针、结构与联合以及文件等知识点。典型题解析部分依据C语言各部分知识点精心设计和挑选了大量具有代表性的例题，这些例题以不同的题型给出并逐一给予详细解答，帮助学生深入理解C语言的基本知识，掌握编程思想和编程技术，为上机实践打下坚实的基础。实验部分按递进的方式给出多元化的实验内容及要求，实验题型丰富，除了传统的程序设计题之外，增加了程序的判断改错题、程序调试跟踪题、完善程序题、程序修改替换题等，其目的在于不仅加强学生对基本理论知识的理解与掌握，锻炼与提高实际编程能力，同时也培养学生跟踪程序、调试程序、排除错误与故障的能力，养成细致、周密、严谨的编程作风。考虑到学生上机实验的完成进度差别较大，程序设计题包含基础、提高和项目实训3个层次不同难度系数的题目，提高题(以*标记)和项目实训题供速度快的学生选做，以满足不同基础学生的学习需求。实验注重培养分析和解决问题的能力，提高算法设计、程序设计的能力。

C语言的初学者一定要重视实验，上机实验是进一步深刻了解C语言的语法、语义，掌握用C语言进行初步程序设计所需要的方法和技能的一个重要环节。优秀的程序员毫无例外地都是在机器上“摸爬滚打”出来的，C语言的创始人Dennis M. Ritchie是如此，C++的创始人Bjarne Stroustrup也是如此。这些程序设计语言大师都是在机器上使用现行语言遇到巨大障碍的情况下产生发明新的计算机语言的灵感和动力，Dennis M. Ritchie 直到 20 世纪 90 年代还在他的 386 机器上编程。

"凡事预则立，不预则废。"上机实验前一定要预先做好充分的准备，把上机的重点放在程序的编辑、修改、编译、连接、跟踪、调试程序方面，放在观察程序运行过程中的中间结果和运行完毕后的运行结果方面，最终使自己的大脑变成一台"计算机"，能够在自己的大脑中运行自己的程序，判断各种情况下程序的走向等，从而提高上机的效率和程序设计的准确性。"预"是培养编程者养成一种深思熟虑的、良好的编程习惯。

第 9 章结合计算机科学与技术的学科特点，给出应用位运算、函数指针、动态存储分配、字段结构、文件操作等知识的综合实例——简单处理器的汇编器和模拟器的实现，从设计要求的详细描述，到设计思路的分析和程序代码的展示，培养学生系统级和底层的编程能力，使学生直觉地感知计算机的指令系统、体系结构、存储组织、取指令、分析指令、执行指令的过程。通过编程实现小汇编程序设计，根据指令格式将汇编语言程序通过自己编写的小汇编程序汇编成为目标程序，再交给自己编写的仿真处理器执行，最终得到运行结果。这些将对后续的计算机组成原理、汇编语言程序设计、编译原理等课程的学习打下良好的基础，使学生带着问题、带着探索的兴趣进入后续课程的学习。实例解答后有留给学生完成的扩充功能，对需扩充的功能和要求做了详细说明。

第 10 章由浅入深地介绍利用 OpenMP 在多处理机(多核计算机)上用 C 语言编写并行程序的方法，供有学习潜力和参加各类程序设计竞赛的学生参考。

第 11 章给出 3 套综合测试练习题和参考答案，这些练习题给出考试的命题方向，以及每个知识点在实际考试中所占的分数比例，可供学生期末复习参考。

全书以巩固 C 语言知识、锻炼代码调试能力、培养编程思维为出发点，以提高综合应用 C 语言进行程序设计的能力为目标，内容包括上机操作过程、程序调试方法、典型题解析、层次化实验、综合实训项目、多线程编程和综合练习题，可以作为高等学校计算机及相关专业的实验教材，也可作为参加各类计算机程序设计竞赛和能力考试人员的参考书。此外，报考计算机的硕士研究生复试阶段需要考核上机编程能力，本书可供考生复习备考使用。

本书第 1、2、5、6、11 章及附录 A、B、D 由卢萍编写，第 3、7、9 章及附录 E 由李开编写，第 4、10 章由王多强编写，第 8 章及附录 C 由甘早斌编写，卢萍撰写了前言并对全书进行了统稿和审校。

华中科技大学计算机学院 2018 级研究生赵伟、林嘉栋、许伦祥参与了第 1 章的部分写作，实验 2～8 参考了课程组近年来的 C 语言上机实验教学资料，3 套综合练习题大部分是本校计算机学院近年来C语言程序设计课程的考试试题，是C语言课程组集体智慧的结晶。在此，谨向这些提供无私支持的师生致以诚挚的谢意，感谢他们默默无闻的奉献！

期望本书能为广大读者学好和用好C语言提供帮助，书中难免存在不足之处，恳请批评指正。

编　者

2019年6月于武汉

目 录

C O N T E N T S

CONTENTS

第1章　C语言常用上机开发环境

C/C++的开发环境非常多，对于学习C语言而言，用什么环境并不重要，重要的是学习C语言本身。本章介绍目前常用的C语言开发环境，包括Code::Blocks、Dev-Cpp和Visual Studio等集成开发环境（Integrated Development Environment，IDE）以及Linux下的C环境。这些开发环境可以满足不同专业对C语言运行环境的要求，读者可以根据具体需求选用。通过对这些环境的使用，可以更好地掌握编程技巧。

1.1　Code::Blocks集成开发环境

Code::Blocks是一款开源、免费、跨平台的集成开发环境，支持Windows和Linux，支持十几种常见的编译器，安装后占用较少的硬盘空间，个性化特性十分丰富，功能十分强大，而且易学易用，使用它可以很方便地编辑、调试和编译C/C++应用程序。要了解更多有关Code::Blocks的信息，请访问Code::Blocks的官方网站http://www.codeblocks.org。

1.1.1　Code::Blocks的安装

为了安装Code::Blocks IDE，首先下载Code::Blocks发行版17.12（目前最新的版本）的安装文件，注意选择文件名为codeblocks-17.12mingw-setup.exe的安装包，该安装包中含有编译器和调试器。Code::Blocks的发行版版本号就是它的发行年月，例如，Code::Blocks 17.12版就是2017年12月份发布的。

双击下载的文件就可以开始完装了，主要注意以下两点。

(1) 选择全部安装(Full: All plugins, all tools, just everything)，避免一些插件没有被安装上。

(2) 安装目录最好不要带有空格或汉字。

1.1.2　环境配置

一款编程用的IDE一定要不断根据自己的需要进行配置，这样才会变得好用。本节仅介绍一些主要的配置项。

进入Code::Blocks主界面，选择主菜单Settings，分别对其下的“环境”(Environment)、“编辑器”(Editor)、“编译器”(Compiler)3个子菜单进行配置。

1. 配置帮助文件

选择Settings|Environment菜单项，弹出Environment settings窗口，用鼠标拖动左侧的滚动条，选择Help files图标，就可以添加一些可能需要的帮助文件。对于编写基本的C/C++应用程序，仅需要知道C/C++的库函数用法就可以了。如果没有C/C++语言库函数的文档，可以到http://www.cppblog.com/Files/Chipset/cppreference.zip下载C++

Reference，解压后放到 Code::Blocks 目录下（也可以放到别处），添加进来方便编程时查阅。添加帮助文件的步骤如下：

(1) 单击右上侧的 Add 按钮，在弹出的对话框中输入帮助文件题头（即给添加的文件取一个题头名字，如 cppreference），该名字可以和实际文件名相同，也可以不同，然后单击 OK 按钮，又弹出一个对话框，单击 Yes 按钮，进入下一步。

(2) 找到帮助文件的路径，选中帮助文件 cppreference. chm，然后选择 Open 又回到原来的界面，只不过此时多了一行字 cppreference，并且有刚加载的文件 cppreference. chm 的对应路径。可以继续按照上述步骤添加更多的帮助文件，也可以用右上侧的按钮 Rename 对题头名字 cppreference 进行改名或者用 Delete 按钮删除此题头名字。

(3) 为了方便使用，选中 cppreference，并在下面的标签 This is the default help file (shortcut: F1)前面的复选框（小方框）中打钩，然后再单击下面的 OK 按钮。

按 F1 快捷键或选择 Help|CppReference 菜单项就可以查阅标准的 C/C++ 库函数。

2. 配置编译器和调试器

编译器和调试器可能最重要，因为配置的每个选项都会影响将来建立的工程。

(1) 选择 Settings|Compiler 菜单项进入编译器配置界面。

(2) 编译器选择。Code::Blocks 支持多种编译器，默认编译器为 GNU GCC Compiler，当然也可以选择其他编译器。

(3) 扩展编译选项配置。首先，选择 Compiler Settings 菜单下的 Compiler Flags 菜单，选中其中两个选项 Produce debugging symbols [-g] 和 Enable all common compiler warnings (overrides many other settings)[-Wall]。然后，选择 Toolchain executables 子菜单，在出现的界面中单击右侧的 Auto-detect 按钮，一般，能自动识别编译器的安装路径，如果不能自动识别就需要单击按钮 … 手工配置该路径。并且也要配置好 C compiler、C++ compiler、Linker for dynamic libs、Linker for static libs、Debugger、Resource compiler、Make program 选项的文件名。最后，单击最下方的 OK 按钮，则编译器基本配置完毕。

(4) 调试器选择。选择 Settings|Debugger 菜单，在打开的 Debugger Settings 窗口选择 GDB/CDB debugger|Default 菜单，配置 Executable path（调试器的路径），单击右侧的 … 按钮，选择 Code::Blocks 安装目录下的 MinGW\gdb32\bin\gdb32. exe。

至此，可以用 Code::Blocks 编写 C 代码了，下面详细介绍 C 程序的编辑、编译、运行和调试等步骤。

1.1.3 创建工程

1. 建立一个工程

在 Code::Blocks 中编写能够调试的程序，首先需要创建一个工程，可以使用以下 3 种方法创建工程：

(1) 选择 File|New|Project 菜单项。

(2) 单击 File 下面的 (New file) 图标，再选择 Project 选项。

(3) 从 Code::Blocks 主界面中单击 (Create a new project) 图标。

使用以上任一方法都会打开一个 New from template 窗口，其中含有很多带有标签的图标，代表不同种类的项目。单击 Console application 图标(即“控制台应用”)，再单击右侧的 Go 按钮。在弹出的对话框中单击 Next 按钮进入下一步。在弹出的对话框中有 C 和 C++ 两个选项，选择 C 表示编写 C 控制台应用程序，然后单击下方的 Next 按钮进入下一步，又弹出一个 Console application 窗口，在该窗口有 4 个文本框需要填写，一般填上前两个 Project Title(项目名)和 Folder to create project in(项目文件夹路径)即可，后两个的内容会自动生成，然后再单击 Next 按钮进入下一步。

编译器选项仍旧选择默认的编译器，剩下的全部打钩，然后单击 Finish 按钮，此时就创建了一个名为 prj1(创建工程时自己命名的)的项目(后缀为. cbp)，创建结果如图 1-1 所示。

在图 1-1 所示的左侧工作区上，逐级单击[+]使之变成[−]，依次展开左侧的 prj1、Sources、main. c，最后显示文件 main. c 的源代码。

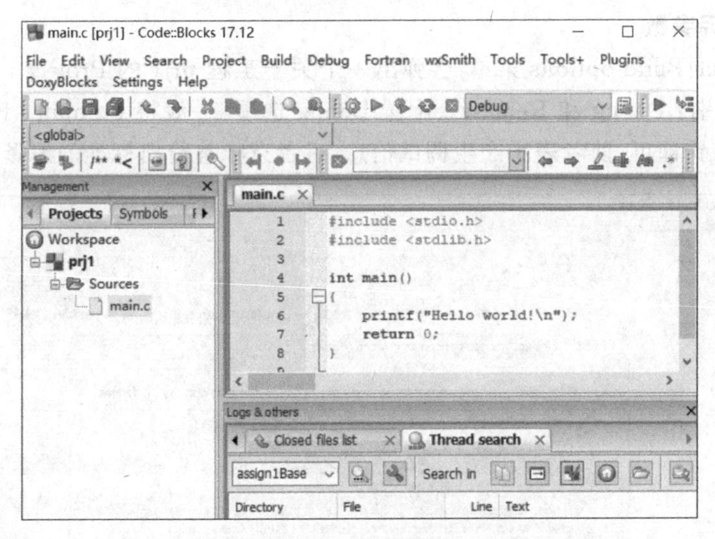

图 1-1　新建的 prj1 工程及其工作区

2. 了解有关概念

(1) 工程(Project)：在图 1-1 中可看到，Code::Blocks 创建了一个称为 prj1 的项目。左边树状结构中的 prj1 结点代表了该项目。该项目下面有一个逻辑文件夹 Sources，它下面有一个预定义的 main. c 源文件。

一个项目就是一个或者多个源文件(包括头文件)的集合。创建一个项目可以很方便地把相关文件组织在一起。一个项目刚建立时，一般仅仅包含一个源文件。

(2) 工作空间(Workspace)：在创建 prj1 项目的同时，Code::Blocks 也创建一个工作空间跟踪当前的项目。

3. 查看物理文件夹

打开 Windows 资源管理器，选择 C:\prj1 目录(创建工程时自己输入的)，可以看到两个文件 main. c 和 prj1. cbp，其中 prj1. cbp 是项目文件，main. c 是该项目包含的源文件。

对于已经存在的项目，可选择以下 3 种方法打开，在随后打开的对话框中选择待打开的.cbp文件。

(1) 选择File|Open菜单项。

(2) 单击File下面的(Open)图标。

(3) 从Code::Blocks主界面中单击(Open an existing project)图标。

4. 编辑源文件和保存

选择项目中的源文件main.c,则显示该文件的源代码,用书中的例子程序替换它,编辑完毕后,保存当前源文件。

保存当前源文件的方法很多,常见的有两种方法:一种是单击(保存)按钮,另一种是选择File|Save file菜单项。

1.1.4 编译运行

1. 设置编译参数

选择Project|Build options菜单,会弹出一个关于工程prj1的Project build options对话框,有两个类别:Debug和Release。配置Debug选项,一般将Compiler Flags菜单下的图1-2中两项打钩即可,前者表示产生调试信息,后者意味着给出标准的编译警告信息。

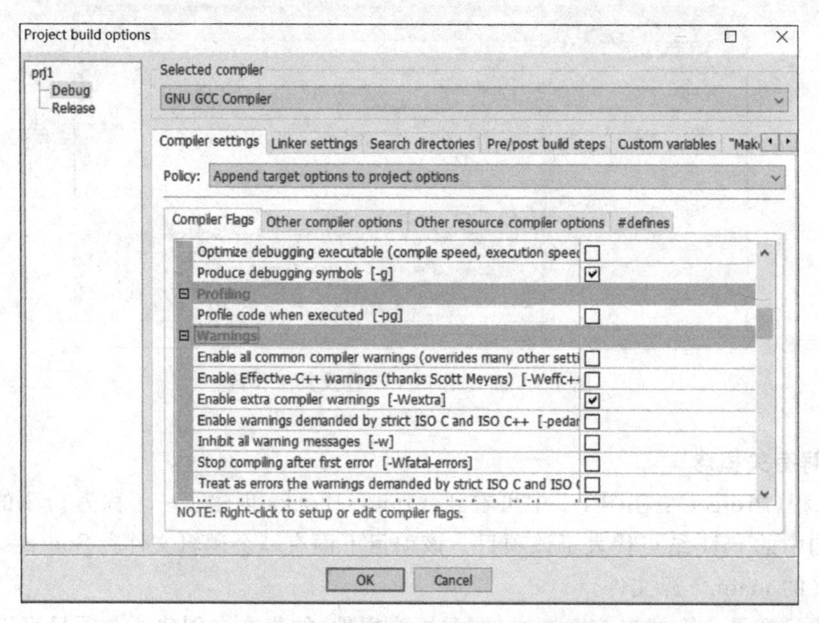

图1-2 Project build options对话框

编译后的目标文件可以有两个版本:Debug和Release,Debug版本的目标文件可以使用调试器对该文件进行调试。一般而言,Debug版本的目标文件通常较大,因为它包含了一些用于调试的额外信息;Release版本的目标文件一般较小,因为它不包含调试信息。

2. 编译

编译命令都在Build主菜单下。另外,还有编译工具栏:Debug,它们的按钮图标相同,功能也相同。

首先选择 Build target(编译目标文件)为 Debug 版本,然后选择 Build|Build 菜单或单击工具栏的图标,则开始编译当前项目,编译器在日志窗口中给出 error 和 warning 信息,提示在哪个文件的哪一行有什么错误。

双击日志窗口的提示信息,可跳转到错误源代码处进行修改。当用鼠标选中某个字符串(如 print)时,所有和 print 相同的字符串都会变成红色。

修改完成后保存,然后重新编译,可能需要反复这个过程,直至编译成功。

查看物理文件夹：编译成功后,可得到 Debug 版本的目标文件 main. o 和可执行文件 prj1. exe。打开 Windows 资源管理器,选择 C:\prj1 目录,查看这两个文件。

3. 运行

选择 Build|Run 菜单项或单击工具栏的图标,则运行编译成功的文件。图标表示编译并运行。

编译成功说明没有语法错误,但未必没有逻辑错误。尤其随着程序的愈来愈复杂,很难一次性编译成功并运行得到期望的结果,这时需要对程序进行调试以便定位错误。调试程序有时需要在程序中的某些地方设置一些特殊的“点”,让程序运行到该位置停下来;有时需要检查某些变量的值,以帮助人们检查程序中的逻辑错误。常用的调试方法有单步执行和设置断点。调试命令都在 Debug 主菜单下,另外还有调试工具栏：,要巧妙地用好调试工具栏上的这些按钮。

1.1.5　单步执行

单步执行即一次执行一行代码,相当于在每一代码行均设置了断点。一边执行,一边观测程序的流向以及查看变量和表达式的值,从中发现问题。

1. 启动调试器

把光标置于某行代码之前,单击(Run to cursor)按钮,程序运行到光标处就停下来,则可以看到该行前面有个黄色的箭头,说明调试器已启动,箭头前面的代码已执行完,箭头所指代码还没执行,等待执行。

2. 打开观察窗口

为了查看程序运行中变量值的变化情况,需要打开观察变量的窗口,单击按钮,选择 Watches 打开即可,也可以用 Debug|Debugging windows|Watches 菜单打开。

为了方便观察,拖动 Watches 窗口到左下角,并展开各个变量,如图 1-3 所示。此时,从 Watches 窗口中可以看到变量的当前值。如果箭头所指代码前没有给这些变量赋值的语句,则其值是随机值。

3. 单步执行

单击(Next line)按钮,则执行箭头所指的一行,然后暂停在下一行,执行的如果是赋值语句,则 Watches 窗口相关变量的值就会变化。再单击按钮,又执行一行。每单击一次,就执行一行代码。通过一步一步执行,可以判断程序的走向是否正确,通过查看变量的值可以分析代码的功能是否正确,从而发现问题。

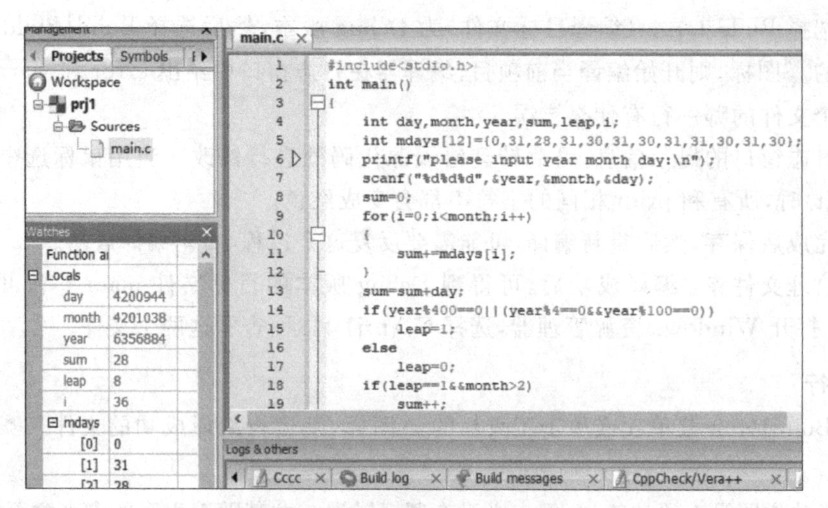

图 1-3　左下角是 Watches 窗口

4. 终止调试器

单击(Stop debugger)按钮终止调试，或者单击▶(Debug/Continue)按钮继续运行到程序结束。

退出调试后，修改源程序，重新编译，然后运行，或者单击(Build and run)按钮完成编译运行。

1.1.6　设置断点

对于一个较长的程序，常用的调试方法是在程序中设置若干个断点，程序执行到断点时暂停，如果未发现错误，继续执行到下一个断点。这种方法可以将找错的范围从整个程序缩小到一个分区，然后集中精力检查有问题的分区。再在该分区内设置若干个断点或单步跟踪，直到找到出错点。

1. 设置断点

先将光标移动到需要设置断点的代码行上，选择 Debug|Toggle breakpoint 菜单，或按 F5 键，或在代码行左侧单击鼠标，均可设置断点。如果在代码行的左边出现一个红色圆点，则表明该行设置了一个断点。如果要去掉某断点，再重复操作一次即可。如果想删除所有断点，则选择 Debug|Remove all breakpoints 菜单即可。

2. 启动调试器

在设置断点后，可以通过另一种方法来启动调试器，这种方法就是选择 Debug|Start 菜单，也可单击▶按钮或者直接按 F8 键启动调试器。程序运行到第一个断点时暂停程序，并用一个黄色箭头来标记执行到的代码行，该行并没有被执行，它是下一步要开始执行的行。第一个断点前如果有输入语句，则需要输入数据。再单击▶按钮，程序继续运行到第二个断点暂停，如果没有断点就运行到程序结束。

3. 打开观察窗口

单击按钮，选择 Watches 打开观察窗口，拖动 Watches 窗口到左下角，并展开各个变量。此时,从观察窗口可以看到局部变量的当前值。每执行到断点暂停时,就要观察变量的值,通过分析变量值来判断程序的执行是否正确,直至发现问题。

4. 编译 Release 目标文件

当程序编译调试完毕,应该交付 Release 目标文件。选择 Build target 为 Release 版本,单击按钮重新编译,可得到 Release 目标文件和可执行文件。

5. 查看物理文件夹

打开 Windows 资源管理器,选择 C:\prj1 目录,查看这两个文件,并比较 Debug 和 Release 版本目标文件的大小。

在编写较长的程序时,能够一次成功而不含任何错误是不容易的,这需要进行长期、大量的练习。编写的程序如果已没有编译错误,虽然可以成功运行但执行结果不对时,还需要灵活地借助调试工具对程序进行跟踪调试,分析并查找出错原因。

1.1.7 指定 main 函数参数

选择 Project|Set program's arguments 菜单,在 Program arguments 文本框中输入命令行参数,参数之间用空格隔开。注意,只输入命令行中文件名后的参数,文件名不输入。

1.2 Dev-Cpp 集成开发环境

Dev-Cpp 是一个 Windows 下的 C 和 C++ 程序的集成开发环境。它使用 MinGW/GCC/Cygwin 编译器,遵循 C/C++ 标准。开发环境包括多页面窗口、工程编辑器以及调试器等。在工程编辑器中集合了编辑器、编译器、连接程序和执行程序,并且提供高亮语法显示,以减少编辑错误,还有完善的调试功能,对于 C 和 C++ 初学者是一个不错的选择。

1.2.1 Dev-Cpp 的安装

为了安装 Dev-Cpp IDE,首先下载 Dev-Cpp 新版 5.11,编译器为 GCC 4.9.2,该版本更新于 2016 年 11 月 29 日。Dev-Cpp 目前由开源社区 SourceForge 维护,项目地址 https://sourceforge.net/projects/orwelldevcpp/。

双击下载的文件就可以开始完装了,安装过程中需要注意以下 3 点:

(1) 选择全部安装(Full)。

(2) 安装目录最好不要带有空格或汉字。

(3) 首次启动时会弹出界面提示选择语言,为了方便使用请选择简体中文。如果此时没有选择中文,启动后可以选择 Tools|Environment|Options 菜单,在弹出的对话框中单击标签 General,然后在右边的 Language 选项中选择 Chinese,这样语言就变成简体中文了。

1.2.2 用户界面

启动 Dev-Cpp,进入用户界面,界面由菜单栏、工具栏和一系列窗口组成。

1. 菜单栏

菜单栏上的菜单以文字和层次化的方式提供命令接口，很多菜单项一般用不到，常用的菜单项有“文件”“项目”和“运行”。“文件”菜单中的命令主要用来对文件或项目进行操作，如新建源文件/项目、打开项目/文件、保存文件、关闭文件等；“项目”菜单中的命令主要用于项目的一些操作，如向项目中添加源文件、从项目中移除文件等；“运行”菜单中主要包含用来编译源文件、运行程序、调试程序的相关命令。

2. 工具栏

除了快捷、简明的菜单栏外，Dev-Cpp 还向用户提供了一种图形化操作界面，即工具栏。它由许多与菜单命令相关的按钮组成，与菜单栏的功能是重合的，但它具有更直观、更快捷的特点，熟练掌握工具栏的使用将大大提高工作效率。将鼠标悬停到工具栏的图标上即可看到相应的提示，说明该图标对应的功能。可以选择“视图”|“工具条”菜单来打开或者关闭某些工具条。

1.2.3 创建源文件/项目

1. 创建源文件

Dev-Cpp 可以不创建项目，直接写. c 文件。选择“文件”|“新建”|“源代码”菜单新建源文件。创建完成后会在编辑区产生一个未被命名的文件，当编辑好文件内容，选择“文件”|“保存”菜单进行保存，保存时会弹出对话框，设置保存路径和文件名。

2. 新建项目

当源文件众多时，通过项目来管理更为方便。选择“文件”|“新建”|“项目”菜单命令，将弹出如图 1-4 所示的“新项目”窗口。单击 Console Application，选择“C 项目”，在“名称”栏中输入项目名称“项目 1”(也可是自己命名的其他项目名)，然后单击“确定”按钮将弹出一个窗口。在弹出的窗口中，单击“保存在”按钮，选择项目保存的目录，单击“保存”按钮就可以看到代码编辑窗口，Dev-Cpp 自动创建了一个 main. c 文件添加到项目中。

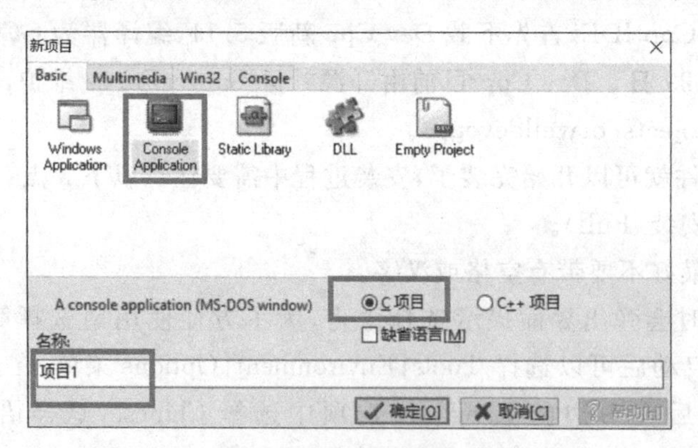

图 1-4 “新项目”窗口

在项目管理区可以看到项目的目录结构，通过“项目”菜单可以对项目进行设置，例如添加、删除源文件等。也可以在项目管理区的自己所建项目名称上右击，对项目进行设置。

1.2.4　编译和运行程序

1. 编译

选择"运行"|"编译"菜单，或按快捷键 Ctrl＋F9，或单击工具栏上的(编译)图标，该命令用来编译当前工作区的 C 或 C++ 文件。编译时的错误(error)信息和警告(warning)信息将在输出窗口中显示。对输出窗口给出的错误信息，双击可以使输入焦点跳转到引起错误的源代码处，以便进行修改。当所有的错误修正之后，系统将会生成扩展名为 exe 的可执行文件。

2. 运行

选择"运行"|"运行"菜单，或按快捷键 Ctrl＋F10，或单击工具栏上的(运行)图标，运行程序。如果源文件修改后尚未重新编译连接，系统不会进行编译，而是直接运行之前编译时生成的 exe 文件，所以这个命令要和"编译"命令一起使用。为了防止修改了源文件但忘了编译，通常直接使用"运行"|"编译运行"菜单，或按快捷键 Ctrl＋F11，或单击工具栏上的(编译运行)图标。

运行程序时，常常会出现这种情况：程序没有编译错误，而且也能执行，但执行的结果却不对。这是因为程序中存在逻辑错误，程序设计人员通知系统的指令与原意不相同，即出现了逻辑上的混乱。此时，除了仔细分析源程序外，还要借助调试工具进行跟踪调试。

1.2.5　调试程序

1. 设置调试模式

选择"工具"|"编译选项"菜单，打开"编译器选项"窗口，选择"代码生成/优化"标签下的"连接器"标签，将"产生调试信息"选项设置为 Yes，如图 1-5 所示。

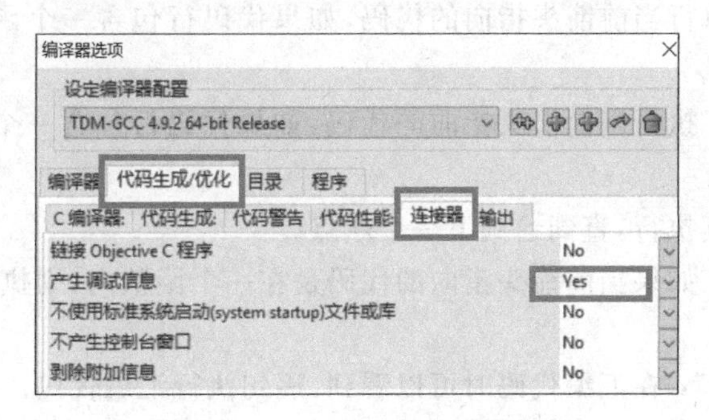

图 1-5　设置调试模式

2. 添加断点

单击要添加断点的代码行的最左边，出现红色断点图标即说明断点设置成功。如果需要取消断点，那么在断点图标位置再次单击即可。

3. 开始调试

选择"运行"|"调试"菜单，或者单击工具栏上的调试图标，开始调试。启动调试后，程序将正常执行直到碰到一个断点，此时程序将在此断点处停下，并在编辑窗口显示断点所在的

代码行(用一个蓝色箭头来标记执行到的代码行)。

添加要查看的变量(如 i 或 n),如图 1-6 所示。首先单击下方的“添加查看”命令,在弹出的对话框中输入要查看的变量,确定后变量就会出现在左侧的窗口里,以此分析调试过程中程序运行的状态,以便查找程序的错误原因。

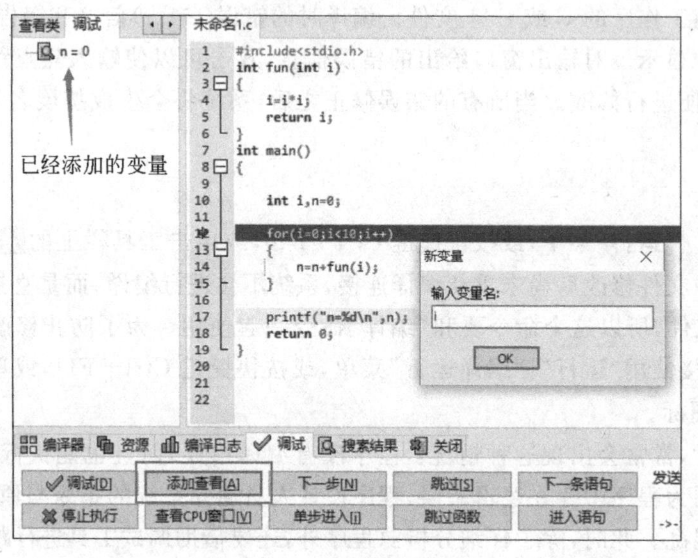

图 1-6　添加要查看的变量

4. 单步执行

单步执行即一次执行一行代码,相当于在每一代码行均设置了断点。通过下列调试窗口里的调试命令,可以观察变量的变化过程,常用的调试命令说明如下:

(1)“下一步”:执行当前箭头指向的代码,如果代码行包含一个函数调用,不进入这个函数。

(2)“单步进入”:执行当前箭头指向的代码,如果代码行包含一个函数调用,则进入这个函数进行单步执行。

(3)“跳过”:连续执行,直到遇到下一个断点。

(4)“跳过函数”:如果当前箭头指向的代码是在一个函数内,则执行完函数中剩下的所有代码至函数返回处。

(5)“下一条语句”:在汇编代码时可以看到,逐句执行汇编代码。选择“查看 CPU 窗口命令”即可看到汇编代码。

(6)“进入语句”:也是在汇编代码中可以看到,逐句执行汇编代码。它与“下一条语句”的区别是,“下一条语句”不会进入系统调用,如标准库的汇编代码;但是,“进入语句”会进入标准库的汇编代码。

1.2.6　指定 main 函数参数

选择“运行”|“参数”菜单,在“传递给主程序的参数”文本框中输入命令行参数。注意,只输入命令行中文件名后的参数,文件名不输入,参数之间以空格隔开。

1.3 Visual Studio 集成开发环境

Visual Studio 集成开发环境(IDE)是 Microsoft 公司推出的一种创新启动板,可用于编辑、调试并生成代码,然后发布应用。Visual Studio IDE 是一个功能丰富的程序,可以用于软件开发的许多方面。Visual Studio IDE 除了提供标准的编辑器和调试器之外,还提供了包括编译器、代码完成工具、图形设计器和许多其他功能,以简化软件开发过程和提高软件开发效率。

1.3.1 Visual Studio 2017 的安装

1. 下载安装程序

在 Visual Studio 官网中选择安装 Visual Studio 2017 Community。Community Edition 适用于个体开发者,可用于课堂学习、学术研究和开放源代码开发。对于其他用途,可以选择安装 Visual Studio 2017 Professional 或者 Visual Studio 2017 Enterprise。

2. 安装指定工作负荷

安装程序会显示工作负荷列表,这些工作负荷是特定开发区域的相关选项组。现在对 C++ 的支持是可选工作负荷(默认情况下不会安装)的一部分。选择使用 C++ 的桌面开发工作负荷(Desktop development with C++),然后选择安装。

3. 重启计算机并启动 Visual Studio

安装完成后需要重新启动计算机,然后便可以启动 Visual Studio。第一次运行 Visual Studio 时,系统会要求使用 Microsoft 账户登录。如果没有此类账户,则可以免费创建一个账户。还必须选择一个主题。这些后期可以根据需要进行更改。第一次运行时,Visual Studio 可能需要几分钟才能使用,再次运行时 Visual Studio 的启动速度要快很多。

1.3.2 Visual Studio 的用户界面

Visual Studio 主要由打开的项目和若干个可能使用的工具窗口组成,如图 1-7 所示。

1. 菜单栏

Visual Studio 顶部的菜单栏将命令分成不同的类别。例如,“项目”菜单包含用户正在处理的与项目相关的命令。在“工具”菜单上,可通过选择“选项”自定义 Visual Studio 的行为方式,或选择“获取工具和功能”向安装程序添加功能。

2. 工具栏

除了快捷、简明的菜单栏外,Visual Studio 还向用户提供了一种图形化操作界面,即工具栏。它位于主框架窗口的上部、菜单栏的下方,由一些带有图片的按钮组成,具有更直观、更快捷的特点,熟练掌握工具栏的使用会大大提高工作效率。

3. 编辑器窗口

编辑器窗口用于显示文件内容,进行软件开发的过程中可能会在该窗口花费大部分时

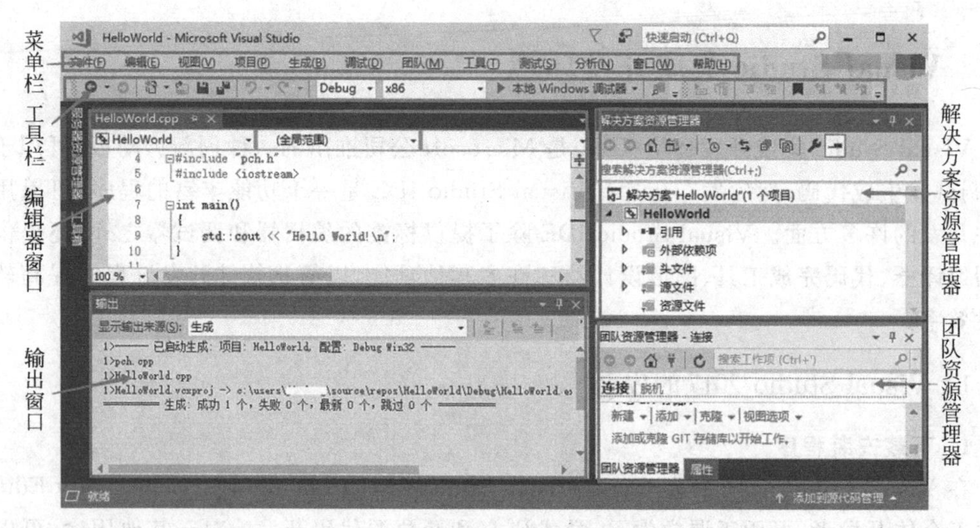

图 1-7　Visual Studio 的用户界面

间。可在该窗口编辑代码或设计用户界面，例如带有按钮和文本框的窗口。

4. 输出窗口

输出窗口是 Visual Studio 发送通知(如调试和错误消息、编译器警告、发布状态消息等)的位置。每个消息源都有自己的选项卡。

5. 解决方案资源管理器

通过解决方案资源管理器可以查看、导航和管理代码文件。解决方案资源管理器可以将代码文件分为解决方案和项目，从而帮助整理代码。

6. 团队资源管理器

利用版本控制技术(如 Git 和 Team Foundation 版本控制)，可以通过团队资源管理器跟踪工作项，并且与他人共享代码。

1.3.3　创建项目和编辑代码

1. 创建项目

Visual Studio(简写为 VS)使用项目来组织应用的代码，使用解决方案来组织项目。项目包含用于生成应用的所有选项、配置和规则。它还负责管理所有项目文件与任何外部文件之间的关系。若要创建应用，则需先创建一个新项目和解决方案。

(1) 创建一个新项目。选择“文件”|“新建”|“项目”菜单。

(2) 选择合适的项目模板。在“新建项目”对话框中，会显示几个项目模板，每个项目模板包含给定项目类型所需的基本文件和设置。在 Visual C++ 下选择“Windows 控制台应用程序”模板。在“名称”文本框中输入 HelloWorld，然后单击“确定”按钮，如图 1-8 所示。

项目创建好后，在窗口中显示一些信息，如图 1-9 所示，对照自己建立的项目还需了解以下相关信息的含义。

(1) 解决方案和项目。从图 1-9 中右上方的“解决方案资源管理器”中可以看到，VS 创

图 1-8 选择项目模板

建了一个命名为 HelloWorld 的解决方案和项目。在 VS 中,解决方案是一个容器,用于组织一个或多个相关的代码项目,例如一个类库项目和一个对应的测试项目。

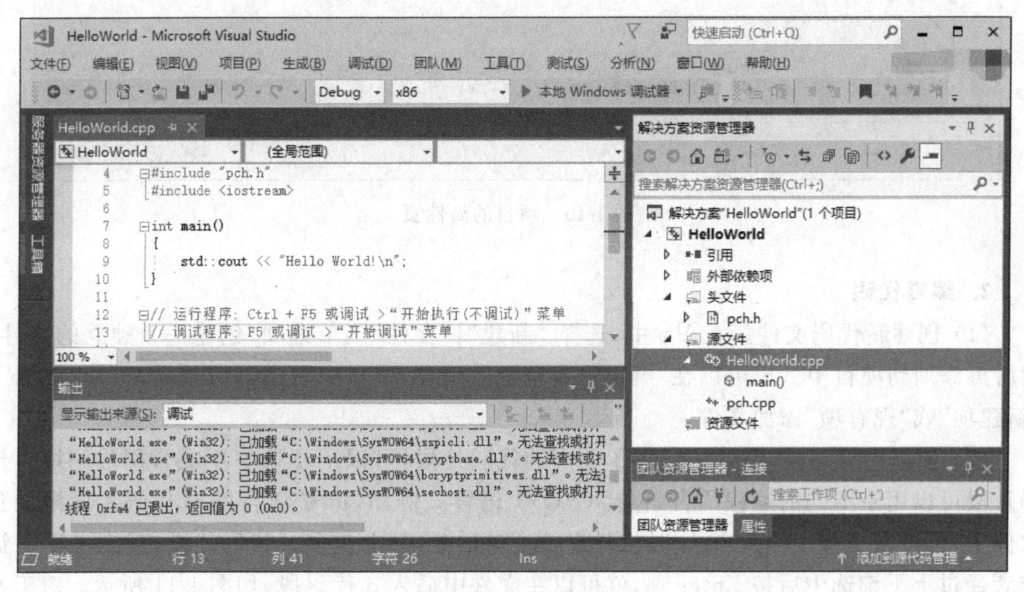

图 1-9 新建项目的工作区

(2) 项目结构。在 HelloWorld 项目中,包含引用、外部依赖项、头文件、源文件和资源文件等多个文件夹。其中,外部依赖项由 VS 自动生成,头文件中包含.h 后缀的头文件,源文件中包含.c(.cpp)后缀的文件,编写简单的 C/C++ 应用程序时主要用到头文件和源文件。项目结构是一种逻辑文件夹，主要作用是方便管理，将不同类型或不同用途的文件配制在不同的结构下，以方便文件的浏览、查找和代码的管理。

(3) 项目属性。在“解决方案资源管理器”中，选择 HelloWorld 项目。在快捷菜单或上下文菜单中，选择“属性”，或只按 Alt＋Enter 键即可打开项目的“属性页”，如图 1-10 所示。属性页包含项目的各种设置，可以通过属性页对应的属性卡修改项目的设置，例如可以通过“属性页”|“配置属性”|“C/C++”|“常规”|“警告等级”菜单选项，提高或者降低 VS 编译警告级别。

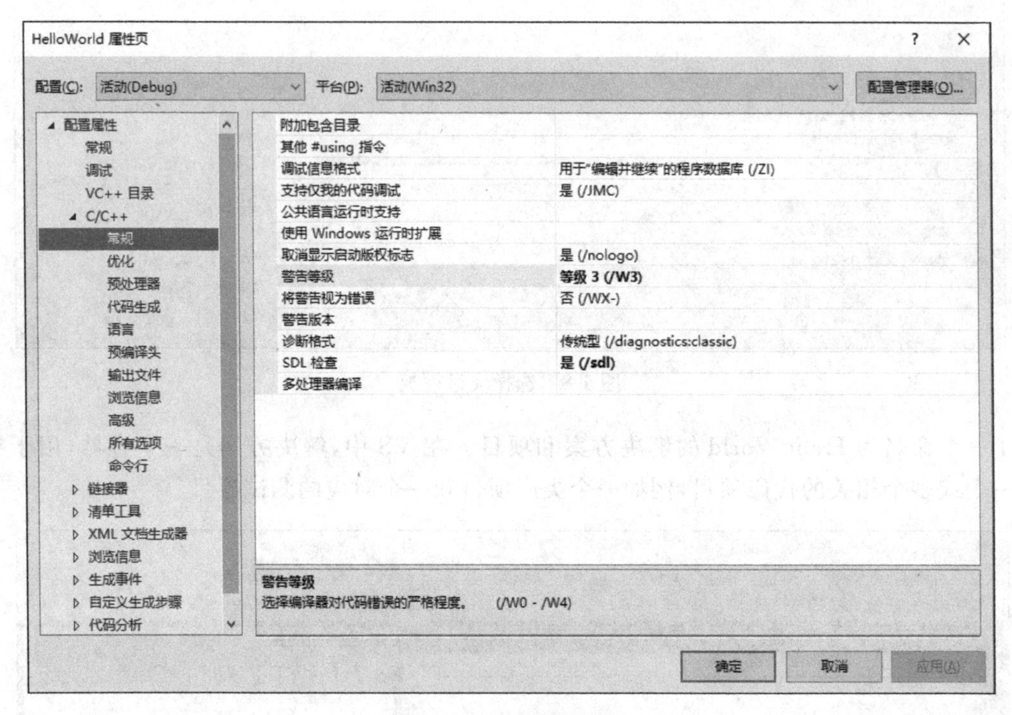

图 1-10　项目的属性页

2. 编辑代码

(1) 创建新代码文件。在 VS 中，选择 “新建”|“文件”菜单选项，创建一个独立的文件，然后再添加到项目中。也可以在“解决方案资源管理器”窗口中右击对应项目，选择“添加”|“新建项”或“现有项”添加文件。

(2) 使用代码片段。VS 中提供了实用的代码片段，可以用于快速生成常用代码块。代码片段可以用于不同的编程语言，包括 C/C++ 语言。例如，将 C 语言的 if 代码片段添加到文件中，可以在文件中输入 if，这时将弹出一个对话框，其中包含 if 代码片段，直接按 Tab 键或者通过上下键选中后按 Enter 键，就可以在文件中插入 if 代码段，如图 1-11 所示。对于不同编程语言，可用的代码片段不同。选择 “编辑”| IntelliSense |“插入代码片段”，然后选择语言的文件夹，即可查看该语言的可用代码片段。

(3) 为代码添加注释/取消注释。为代码添加注释的时候，选中要注释的代码片段，然后单击工具栏上的“注释选中行”按钮，或者使用快捷键，依次按下 Ctrl＋K、Ctrl＋C 快捷键。同样，在取消注释的时候，选中要取消注释的代码片段，然后单击工具栏上的“取消对选中行的注释”按钮，或者使用快捷键，即依次按下 Ctrl+K、Ctrl+U 快捷键。

(4) 查看符号定义。通过 VS 编辑器可以轻松查看类型、方法等的定义。一种方法是导航到包含定义的文件。例如，通过选择“转到定义”转到引用符号的任何位置。另一种方法是使用“速览定义”，右击符号，然后选择内容菜单上的“速览定义”选项，或者按下 Alt+F12 快捷键。

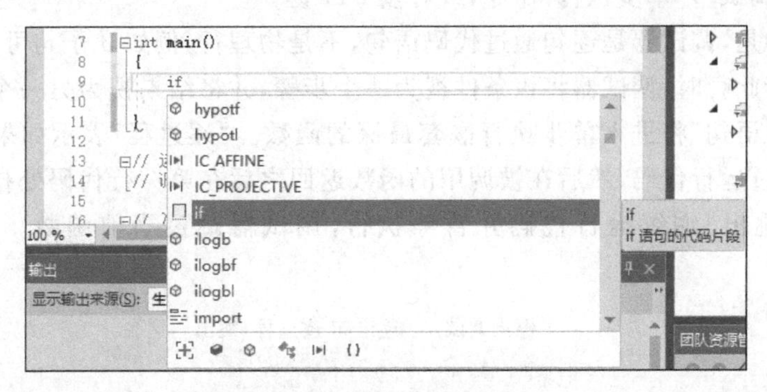

图 1-11　插入 if 代码片段

(5) 跳转。通过 VS 提供的代码导航功能可以快速跳转到所需要的位置。通过快捷键 Ctrl+T 打开跳转对话框，然后通过单击所需的按钮或者使用特定标记启动查询来查找和过滤结果。例如，打开“跳转”并输入字符 f，可以快速转到特定的文件；输入冒号“:”则是快速跳转到当前文件的某一行。转到某一行的功能也可以通过快捷键 Ctrl+G 实现。

1.3.4　程序调试

程序调试有助于观察程序运行时的行为，并发现问题。VS 调试器提供许多有用的程序调试功能。在调试程序的时候，可以中断程序的运行以检查代码、检查和编辑变量、查看寄存器、查看生成的指令以及查看程序的内存占用等。

1. 启动调试器

选择“调试”|“开始调试”菜单，或按 F5 键，或单击工具栏中的“开始调试”按钮，均可启动调试，通过单击工具栏上红色的停止按钮可以停止调试。

首次在 VS 中运行时，默认的配置是调试模式，可以通过工具栏上的绿色箭头启动，如图 1-12 所示。

图 1-12　通过调试模式启动

与调试模式对应的是发行模式，通过 Debug 下拉框选择 Release 选项，这时项目的配置改为发行模式，启动可以生成发布版本，如图 1-13 所示。

图 1-13　通过发行模式启动

发布版本主要是进行性能优化，而调试版本主要是为了更好地调试程序。

2. 单步执行

1）单步命令

单步执行是一种有效的程序调试方法，这种方法的特点是每执行完一行后就停下来，用户可以检查当前有关变量和表达式的值。要单步执行，可在要停止的代码或调试时的语句每一行上使用“调试”|“单步执行”命令，或者按 F11 键。

需要注意的是，调试器是逐句通过代码语句，不是物理行，例如 if 子句可以写在一行内，但是当单步执行此行时，调试器将该条件视为一个步骤，并将结果视为另一个步骤。在嵌套函数调用上，“逐语句”将进入单步执行嵌套最深的函数。“逐过程”表示如果当前行包含函数调用，单步跳过运行代码，然后在被调用的函数返回之后在第一行代码处挂起执行。当前函数返回时，“跳出”继续运行代码并暂停执行，调试器跳过当前函数。调试工具栏如图 1-14 所示。

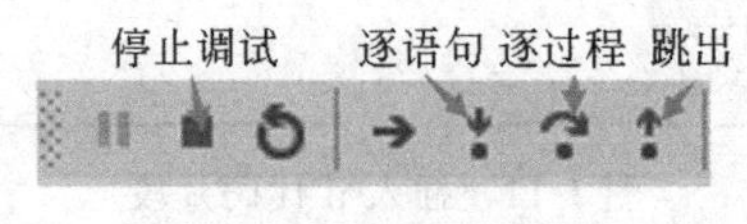

图 1-14　调试工具栏

2）使用“自动窗口”和“局部变量”窗口检查变量

“自动窗口”和“局部变量”窗口在代码编辑器底部，在如图 1-15 所示的“自动窗口”中可以看到变量和其当前的值，“自动窗口”显示前 3 行代码中的变量。“局部变量”窗口位于“自动窗口”旁边的选项卡中，显示的是当前作用域中的变量，即当前代码执行上下文。

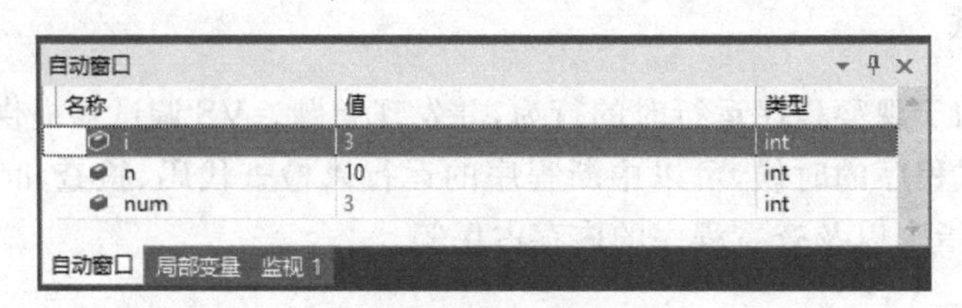

图 1-15　自动窗口

3）设置监视

在主代码编辑器窗口中，右击需要监视的变量（或表达式），然后选择“添加监视”，“监视”窗口将在代码编辑器的底部打开，如图 1-16 所示，可使用“监视”窗口指定要关注的变量（或表达式）。当设置了监视之后，在调试器中单步执行时，可以看到监视对象的值，与其他窗口不同的是，“监视”窗口会一直显示用户正在观察的对象的值，当超出作用域时会变成灰色。

图 1-16　监视窗口

3. 使用断点

断点是一个标记,指示 VS 应在哪个位置挂起运行的代码,以查看变量的值或内存的行为,或确定代码的分支是否运行。它是调试中最基本的功能,在需要暂停程序执行所需的位置设置断点。

1) 设置断点

VS 可以在任意可执行代码上设置断点。一种方式是单击代码行旁边的最左侧边距中,另一种方式是选中需要设置断点的行,然后按 F9 键或者右击并选择"断点"|"插入断点",断点显示为左边距中的一个红点。

调试的时候,程序执行到断点处会暂停,断点符号显示黄色箭头。

当调试器在断点处暂停时,可以查看程序的当前状态,包括变量值和调用堆栈。断点是一个触发器,可以右击断点对断点进行设置,包括删除断点、禁用断点、设置条件和操作、添加和编辑标签、将断点导出等。

2) 断点管理

在断点窗口中可以管理所有的断点,通过断点窗口管理断点,在大型程序或者断点非常多且复杂的程序中非常有用。在断点窗口中,可以搜索、排序、筛选、启用/禁用或删除断点。还可以设置条件和操作,或添加新的断点。在 VS 中,可以通过选择"调试"|Windows|"断点"选项,或者按 Alt+F9 或 Ctrl+Alt+B 快捷键,打开断点窗口。

3) 断点条件

可以通过设置条件来控制程序在何时、何处执行断点,条件可以是调试器能够识别的任何有效表达式、命中次数或筛选器。右击断点符号(红点),然后选择"条件";或者悬停在断点符号,选择"设置"图标,再选择断点设置窗口中的"条件";还可以通过断点窗口中右击断点并选择"设置",然后选择"条件"。

当选择条件表达式的时候,可以选择两个条件:为 true 或者更改时。若选择 true,则满足表达式的时候执行中断;若选择更改时,则表达式的值发生更改的时候执行中断。当选择命中次数的时候,将会在指定的迭代次数后执行断点。当选择筛选器的时候,可以将断点限制为仅在指定设备上或在指定进程和线程中触发。设置一个断点条件,选择条件表达式,如图 1-17 所示。

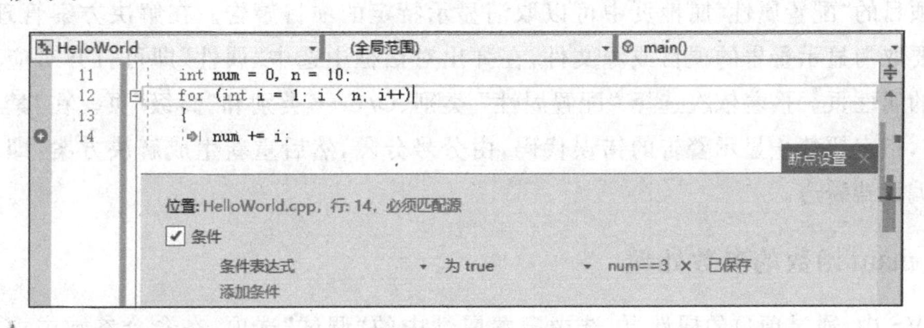

图 1-17 断点条件

4) 断点操作和跟踪点

"跟踪点"是将消息打印到"输出"窗口的断点。跟踪点的作用像编程语言中的一个临时跟踪语句。通过断点操作可以设置“跟踪点”，右击断点并选择“操作”，或者在断点设置窗口中悬停在所需断点并选择“设置”图标且选择“操作”。断点操作中输入的消息将输出到输出窗口中。消息包含通用文本字符串、变量的值或者表达式中括在大括号和格式说明符中的值等。选择窗口继续执行复选框，可以让程序只打印跟踪点的信息而不中断。

1.3.5 编译和生成

在 VS 中编译、连接和执行 C 语言程序非常简单，可以通过“生成”|“生成解决方案”进行编译和连接，然后通过“调试”|“开始执行(不调试)”执行程序。在创建项目的时候，VS 就已经创建了该项目的默认生成配置并包含了该项目的解决方案。这些配置定义了如何生成和部署解决方案和项目，例如目标平台(如 Windows 或 Linux)和生成类型(如 Debug 或 Release)等，可以根据自己的需求进行修改。

1. 生成和清理项目及解决方案

单击 VS 的“生成”菜单栏，在下拉弹窗中选择“生成、重新生成或清理整个解决方案”选项，也可以选择“生成、重新生成或清理单个项目”选项。选择“生成解决方案”时，仅编译自最近生成以来改动过的项目文件和组件；选择“重新生成解决方案”时，创建所有项目文件和组件；选择“清理解决方案”时，删除任何中间文件和生成文件，只剩下项目和组件文件；选择“生成 ProjectName”时，仅生成自最近生成依赖改动过的项目组件；选择“重新生成 ProjectName”时，清理项目，然后生成项目文件和所有项目组件；选择“清理生成 ProjectName”时，删除任何中间文件和生成文件，只剩下项目组件。

2. 生成配置和生成平台

在 VS 中可以存储多个不同的解决方案配置和项目属性，以便在不同的生成中使用。通过“配置管理器”可以创建、选择、修改或删除配置。在 VS 中也可以存储适用于不同的目标平台的不同版本的解决方案和项目属性，例如可以创建面向 x86 平台和 x64 平台的调试配置，方便快速更改活动平台。

3. 取消编译器警告

在项目的“配置属性”属性页中可以取消显示特定的项目警告。在解决方案管理器中，右击想要取消显示警告的项目或源文件，在弹出对话框中选中“属性”即可打开对应项目或源文件的属性页。接着依次选择 “配置属性” 类别、C/C++ 类别和“高级”页。在“禁止显示警告”中，指定要禁止显示警告的错误代码，由分号分隔，然后重新生成解决方案，即可取消指定的编译器警告。

1.3.6 main 函数的参数处理

在 VS 中，通过项目的属性页，选中配置属性中的“调试”选项，在命令参数中填入需要传入 main 函数的参数，参数之间用空格隔开。如图 1-18 所示，输入 3 个字符串，分别是“Hello”“World”和“!”。

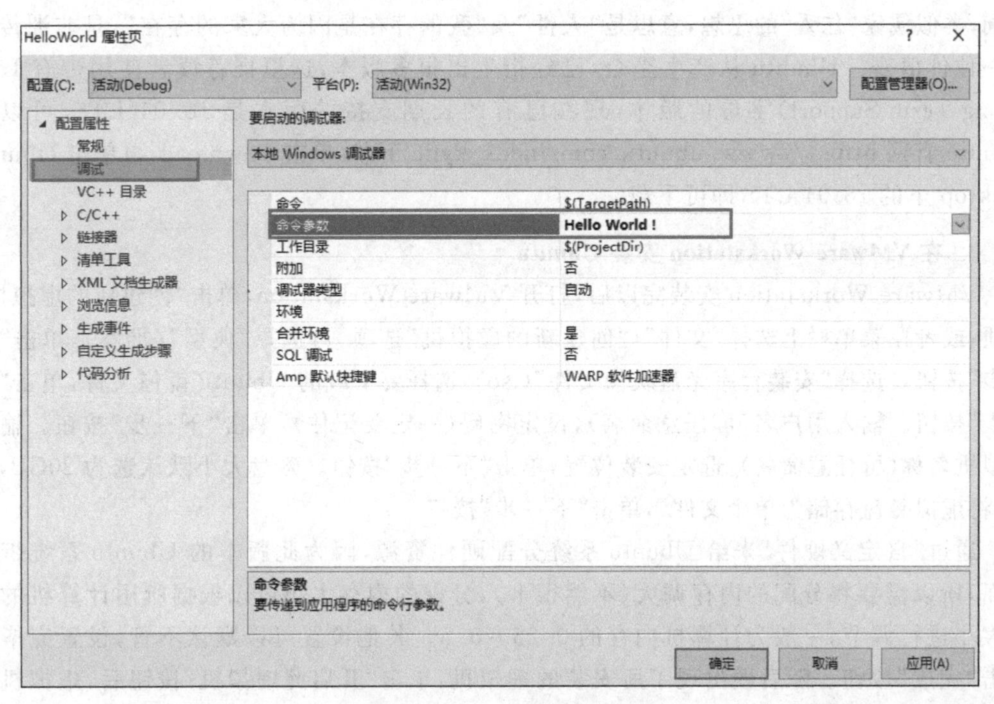

图 1-18 main 函数参数传入

1.4 Linux 下的 C 语言编程

Linux 是一套免费使用和自由传播的类 UNIX 操作系统，是一个基于 POSIX 和 UNIX 的多用户、多任务、支持多线程和多 CPU 的操作系统。它能运行主要的 UNIX 工具软件、应用程序和网络协议，支持 32 位和 64 位硬件。Linux 继承了 UNIX 以网络为核心的设计思想，是一个性能稳定的多用户网络操作系统。Ubuntu 是现在主流的 Linux 系统之一，所以本章是基于 Ubuntu 系统下的 Linux 编程。

1.4.1 基于 VMware 的 Ubuntu 安装

1. VMware Workstation 简介和安装

VMware 是全球台式计算机及资料中心虚拟化解决方案的领导厂商。VMware Workstation 是该公司出品的"虚拟 PC"软件(即常说的"虚拟机")，通过它可在一台计算机上同时运行更多的 Microsoft Windows、Linux、Mac OS X、DOS 系统。首先到网上下载 VMware Workstation，安装破解后(网上有相应的 VMware Workstation 的安装和破解的步骤，请自行查找和安装)，再到 VMware Workstation 上安装 Ubuntu。

2. Ubuntu 简介及下载

Ubuntu 又译成友帮拓、优般图、乌班图，是一个以桌面应用为主的开源 GNU/Linux 操作系统，Ubuntu 是基于 Debian GNU/Linux、支持 x86、amd64(即 x64)和 ppc 架构、由全球化的专业开发团队 Canonical Ltd 打造的。其名称来自非洲南部祖鲁语或豪萨语的 ubuntu

一词,类似儒家"仁爱"的思想,意思是"人性"及"我的存在是因为大家的存在",是非洲传统的一种价值观。Ubuntu 从产生至今,已经衍生出很多版本,这里推荐读者使用带有 LTS (Long Term Support)字母的版本,现在已有的长期支持的版本是 18.04 LTS,可以去 Ubuntu 官网 https://www.ubuntu.com/index_kylin 下载,单击 Download,再单击 Ubuntu Desktop 下的 18.04 LTS 即可下载。

3. 在 VMware Workstation 安装 Ubuntu

VMware Workstation 安装完以后,打开 VMware Workstation,单击"创建新的虚拟机"选项,或者在菜单栏上选择"文件"|"创建新的虚拟机"选项,再选择"典型"(推荐),单击"下一步"按钮。选择"安装程序光盘映像文件"(iso),选择要下载的 Ubuntu 镜像文件,单击"下一步"按钮。输入用户名(可任意命名),设定密码(一定要记住),单击"下一步"按钮。输入虚拟机名称(可任意命名),选定安装位置,单击"下一步"按钮。磁盘大小默认选为 20GB,选择"将虚拟磁盘存储为单个文件",单击"下一步"按钮。

通过"自定义硬件"来给 Ubuntu 系统分配硬件资源,因为此版本的 Ubuntu 系统带有桌面,所以需要将分配的内存调大(不然很卡),分配的内存大小可以根据所用计算机的内存大小进行调节,一般为计算机内存的 0.25~0.5。其他设置可以默认不管,设置完毕后单击"完成"按钮。随后便出现了所安装的虚拟机,单击"开启此虚拟机"按钮后,虚拟机开始安装。

1.4.2 Linux 的常用命令

当 Ubuntu 系统启动完毕,输入密码登录后就显示出 Ubuntu 桌面。按下 Ctrl+Alt+T 快捷键就可以打开终端,或者右击桌面并单击 Open Terminal 图标也可打开终端,通过在终端输入命令来操作系统。Linux 常用操作命令如表 1-1 所示。

表 1-1 Linux 常用操作命令

命　　令	说　　明
pwd	显示当前的路径
cd	改变当前路径,无参数时进入对应用户的 home 目录
cd dir	切换到当前目录下的 dir 目录
cd ..	切换到上一级目录
cd ../..	切换到上二级目录
cd ~	切换到用户目录,如果是 root 用户,则切换到/root 目录下
ls	以默认方式显示当前目录文件列表
ls -a	显示所有文件(包括隐藏文件)信息
ls -l	显示文件属性,包括大小、日期、符号连接、是否可读写以及是否可执行
ps	列出当前系统进程
sudo mkdir dir	建立目录 dir

续表

命　　令	说　　明
sudo rmdir dir	删除目录 dir
sudo rm file	删除文件 file
sudo rm -fr dir	删除当前目录下称为 dir 的整个目录
mv source target	将文件 source 更名为 target
cp source target	将文件 source 复制为 target
cp /root/source	将/root 目录下的文件 source 复制到当前目录
cp -av source_dir target_dir	将整个目录复制,两目录完全一样
less	显示文件的最末几行

1.4.3 Vim 的安装和使用

Vim 是 Linux 系统上最著名的文本/代码编辑器,是从 Vi 编辑器发展而来,其功能更强大,在程序员中被广泛使用,gVim 则是它的 Windows 版。Vim 的最大特色是脱离鼠标而使用键盘命令进行编辑,虽然入门稍显困难,需要记住很多按键组合和命令,但是学会之后,键盘的各种巧妙组合操作却能带来极为大幅的效率提升。

1. 安装 Vim

Ubuntu 系统需要自己安装 Vim,在终端输入以下命令来安装 Vim:

```
sudo apt-get install vim
```

2. 编写 C 源程序

在终端输入以下命令进入 Vim 编辑器,并建立一个名字为 hello.c 的文件:

```
sudo vim hello.c
```

按一下 i 键则进入 Insert 模式(即编辑状态),就可以输入 C 程序代码了。输入完成后,按 Esc 键则退出编辑状态,再输入一个冒号(即 Shift+分号那个键),紧跟着输入 wq 并按回车键,即可保存文件,并且退出 Vim 编辑器回到终端命令窗口。

3. Vim 的 3 种模式及切换

Vim 基本分 3 种模式:命令模式(Command mode)、底行模式(Last line mode)和插入模式(Insert mode)。

1) 命令模式

命令模式是 Vim 启动后的默认模式,在此状态下,按键输入的不是字符,而是被 Vim 识别为命令,例如移动光标、删除文本等。在命令模式下,按一下 i 键则转换到插入模式,这时就可以输入文字了。使用表 1-2 的命令也将进入插入模式,也可以从相应的位置开始输入文本。表 1-3 是常用的复制、粘贴等命令。

表 1-2 Vim 插入数据

命令	说　明
i	在当前光标之前插入文本
a	在当前光标之后插入文本
o	在当前行的下面另起一行
O	将在当前行的上面另起一行(注意是大写的字母 O)
ZZ	保存当前文件并退出 Vim(注意是大写的字母 Z)

表 1-3 Vim 选择文本、删除、复制和粘贴命令

命令	说　明
v	从光标当前位置开始,光标所经过的地方会被选中,再按一下 vq 键结束
V	从光标当前行开始,光标经过的行都会被选中,再按一下 V 键结束
Ctrl+v	从光标当前位置开始,选中光标起点和终点所构成的矩形区域,再按 Ctrl+v 键结束
ggVG	选中全部的文本。其中 gg 为跳到行首,V 选中整行,G 末尾
d	删除选中的文本
x	删除当前光标所在处的字符
y	复制 (默认是复制到"寄存器(即未命名的、Vim 的默认寄存器))选中的文本
p	粘贴 (默认从"寄存器(即未命名的、Vim 的默认寄存器)取出内容粘贴)
+y	复制选中的文本到系统剪贴板(即 Vim 的+寄存器)
+p	系统剪贴板粘贴

2) 插入模式

只有在插入模式下,才能输入文本而且只能输入文字。如果发现输错了字,想用光标键往回移动将该字删除,就要转到命令模式再删除文字。按 Esc 键可回到命令模式。

3) 底行模式

在底行模式下可以保存文件或退出 Vim,也可以设置编辑环境。在命令模式下按冒号进入底行模式,这时可输入单个或多个字符的命令。按 Esc 键可随时退出底行模式。底行模式可用的命令非常多,其基本命令如表 1-4 所示。

表 1-4 底行模式基本命令

命令	说　明
q!	退出,不保存
w!	保存文件
wq	保存并退出
w ＜文件路径＞	另存为

续表

命令	说　明
/	/后面加上你要查找的字符串并跳到查找到的字符串上面
u	取消上一步操作

1.4.4 编译器 GCC 的安装和使用

GCC 是 GNU 推出的功能强大、性能优越的多平台编译器，是 GNU 的代表作品之一。GCC 原名为 GNU C 语言编译器(GNU C Compiler)，因为它原本只能处理 C 语言。GCC 可以很快地扩展为能够处理 C++ 语言，后来又扩展为能够处理 Fortran、Pascal、Objective-C、Java、Ada、Go 语言以及各类处理器架构上的汇编语言等，所以改名为 GNU 编译器套件(GNU Compiler Collection)，是可以在多种硬体平台上编译出可执行程序的超级编译器。

GCC 具有丰富的配套工具链支持，它不是一个孤立的编译器，而是整个 GNU 工程中的一个组成部分。GNU 工程中的其他软件，包括 GNU C 库 GLIBC、GNU 的调试工具 GDB，以及 GNU 二进制工具链 BINUTILS(GNU Binutils Toolchains，如汇编工具 as、连接工具 ld 以及目标文件分析工具 objdump、objcopy)等都与 GCC 关系密切，互相依赖。

1. 安装 GCC

Ubuntu 系统不带 GCC，需要自己安装，安装命令如下：

```
sudo apt-get install gcc
```

2. GCC 命令格式

使用 GCC 编译器时，必须给出一系列必要的调用参数和文件名，GCC 命令的一般格式如下：

```
gcc [选项] 要编译的文件 [选项] [目标文件]
```

其中，[选项]就是编译器所需要的调用参数选项，有 100 多个。当不给出任何选项时，可以使用命令

```
gcc test.c
```

将 test.c 预处理、汇编、编译并连接形成可执行文件，可执行文件名默认为 a。

3. 常用编译参数选项

-c：只编译，不连接成为可执行文件，编译器只是将.c 等源文件编译生成.o 为后缀的目标文件。

-o output_filename：将源程序预处理、汇编、编译并连接形成可执行文件，得到的可执行文件名为 output_filename。如果不给出 output_filename，gcc 就输出默认的可执行文件 a.out。

-g：产生符号调试工具(GNU 的 gdb)所必要的符号信息，要想对源代码进行调试就必须加入这个选项。

-O：对程序进行优化编译、连接，采用这个选项，整个源代码会在编译、连接过程中进行优化处理，这样产生的可执行文件的执行效率可以提高，但是编译、连接的速度就相应地要慢一些。

-O2：比-O 更好的优化编译、连接，当然整个编译、连接过程会更慢。

-Idirname：将 dirname 所指出的目录加入程序头文件目录列表中，是在预编译过程中使用的参数。C 程序中的头文件包含两种情况：＃include <myinc. h>和＃include "myinc. h"。对于使用尖括号(< >)的，预处理程序 CPP 在系统预设包含文件目录(如/usr/include)中搜寻相应的文件，而使用双引号("")，预处理程序在目标文件的文件夹内搜索相应文件。

-Ldirname：将 dirname 所指出的目录加入程序函数库文件的目录列表中，参数是在连接过程中使用的参数。在默认状态下，连接程序 ld 在系统默认路径中(如 /usr/lib)寻找所需要的库文件。这个选项告诉连接程序，首先到 -L 指定的目录中去寻找，然后到系统默认路径中寻找；如果函数库存放在多个目录下，就需要依次使用这个选项，给出相应的存放目录。

-lname：连接时装载名为 libname. a 的函数库。该函数库位于系统默认的目录或者由 -L 选项确定的目录下。例如，-lm 表示连接名为 libm. a 的数学函数库。

假定有一个程序名为 test. c 的 C 语言源代码文件，要生成一个可执行文件，最简单的办法是使用以下命令

```
gcc test.c -o test
```

将 test. c 编译连接形成可执行文件 test。

4. 编译流程

GCC 的编译流程分为 4 个阶段：预处理(Pre-Processing)、编译(Compiling)、汇编(Assembling)和连接(Linking)。为了更好地理解 GCC 的工作过程，可以利用编译参数让 GCC 在 4 个阶段中的任何一个阶段停止下来。

1) 预处理阶段

GCC 首先调用预处理程序 cpp 处理 C 源代码中以＃开头的预处理指令，可以使用下面的选项-E 在预处理结束后停止编译过程：

```
gcc -E test.c -o test.i
```

预处理后停下来，生成预处理文件 test. i，可以查看 test. i 文件中的内容，会发现 GCC 确实对预处理指令进行了相应的处理。

2) 编译阶段

GCC 调用 ccl，将处理后的源代码翻译成汇编语言。在这个阶段中，GCC 首先要检查代码的规范性、是否有语法错误等，以确定代码实际要做的工作，在检查无误后，GCC 把代码翻译成汇编代码。可以使用下面的-S 选项编译后停下来：

```
gcc -S  test.c -o test.s
```

将预处理输出文件 test. i 汇编成 test. s 文件，打开 test. s 文件，可以看到文件里面是汇

编代码。

3）汇编阶段

GCC 调用汇编工具 as 把编译阶段生成的. s 文件转成目标文件，使用下面的选项-c 汇编后停下来：

```
gcc -c test.c -o test.o
```

这样就将汇编输出文件 test. s 转化为二进制目标代码文件 test. o。

4）连接阶段

GCC 调用连接程序 ld，把生成的目标代码和系统的函数库一起连接成可执行文件：

```
gcc test.o -o test
```

完成了连接之后，GCC 就可以生成可执行文件 test。

5. 运行程序

在终端输入连接得到可执行文件 test，运行该程序就可看到程序的输出结果。如果发现运行结果不对，可采用 GNU 调试器 GDB 调试程序，查找错误，修改源程序后，再重新编译连接，直到得到正确结果为止。

1.4.5 调试器 GDB 的安装和使用

程序的编译和连接没有错误，不等于运行结果一定正确。编译系统能检查出语法错误，但无法检查出逻辑错误。由于程序的复杂性，仅靠阅读程序本身难以发现错误，这就要借助于调试程序。调试程序是允许用户控制程序运行的一种软件，可在任意点上终止程序、一次运行一条语句，还可在运行过程中观察数据的变化。

GDB 是 GNU 开源组织发布的一个强大的 Linux 下的程序调试工具。从基本功能上看，GDB 和 Code::Blocks 等 IDE 的调试器差不多，可以按照用户自定义的要求随心所欲地运行程序；可以让被调试的程序在指定的断点处停住；当程序被停住时，可以检查变量的值。但是，命令行的调试工具有比 VS、Code::Blocks 等图形化调试器更强大的功能。

1. GDB 安装

Ubuntu 系统也是不带 GDB 的，需要自己安装，安装命令如下：

```
sudo apt-get install gdb
```

2. 编译可调试的 C 程序

要用 GDB 调试 C 程序，首先在编译时必须把调试信息加到可执行文件中，即要将 C 程序编译成 DEBUG 版本，这需要在 GCC 编译时加上参数-g：

```
gcc test.c -g -o test
```

如果没有-g，将看不见程序的函数名和变量名，所代替的全是运行时的内存地址。当用-g 把调试信息加入并成功编译成目标代码以后，就可以用 GDB 来调试了。

3. 启动 GDB

对于调试 C 程序来说，可以使用下面的方法启动 GDB：

```
gdb <program>
```

program 就是待调试的可执行文件，一般在当前目录下。GDB 会在 PATH 路径和当前目录中搜索<program>的源文件。启动 GDB 后，就可以使用 GDB 的命令开始调试程序了，表 1-5 列出了 GDB 调试常见参数列表。

表 1-5　GDB 调试常见参数列表

命令	命令简写	说　明
list	l	显示多行源代码，默认一次显示 10 行，第一次使用时从代码开始位置显示
list n	l n	显示以第 n 行为中心的 10 行代码
list fun	l fun	显示以 fun 函数为中心的 10 行代码
run	r	运行程序，run parameter 将参数传递给该程序
break	b	设置断点，程序运行到断点的位置会停下来
Info	I	描述程序状态
display	disp	跟踪查看某个变量，每次停下来都显示该变量的值
step	s	执行下一条语句，如果该语句为函数调用，则进入函数执行其中的第一条语句
next	n	执行下一条语句，如果该语句为函数调用，则不会进入函数内部执行（即不会一步一步地调试函数内部语句）
print	p	打印内部变量的值
continue	c	继续运行程序，直到遇到下一个断点
start	st	开始执行程序，在 main 函数的第一条语句前停下来
kill	k	终止正在调试的程序
watch		监视变量值的变化
quit	q	退出 GDB 环境

4. 调试示例

启动 GDB 后，就可以使用 GDB 的命令开始调试程序了，下面通过一个简单的示例程序让读者对 GDB 有个感性认识。

（1）新建 test. c 文件：

```
sudo vim test.c
```

test. c 文件代码如下：

```
test.c
#include<stdio.h>
void debug()
{
    printf("this is debug function\n");
}
```

```
void debug1()
{
    printf("this is debug1 function\n");
}

int main( )
{
    int i,j=0;
    debug();
    for(i=0;i<10;i++) {
        j+=10;
        printf("now j=%d\n",j);
    }
    debug1();
    return 0;
}
```

(2) 编译生成含有调试信息的可执行文件 test:

```
sudo gcc test.c -g -o test
```

(3) 启动 GDB 调试程序:

```
gdb  test
```

(4) list 命令如下:

```
(gdb) list debug1     <----显示以 debug1 函数为中心的 10 行代码
3    {
4        printf("this is debug function");
5    }
6
7    void debug1()
8    {
9        printf("debug info: this is debug1\n");
10   }
11
12   int main( )
```

(5) 用 break 命令设置断点位置,断点位置可以为某一行,某函数名或者其他结构的地址,GDB 会在执行到该位置代码时停下来。

```
(gdb) break 17               <---------------在源程序第 17 行设置断点
Breakpoint 1 at 0x40060b: file test.c, line 17.
(gdb) run                    <---------------运行程序
Starting program: /home/ubuntu/gdbTest/test
this is debug function
```

```
Breakpoint 1, main () at test.c:17
17          j+=10;              <---------------断点暂停(该语句未执行)
(gdb) continue                  <---------------继续运行
Continuing.
now j=10                        <---------------输出第 1 次循环的结果

Breakpoint 1, main () at test.c:17
17          j+=10;              <---------------断点暂停
```

(6) 用 display 命令跟踪查看变量的值,每次停下来都显示其值。

```
(gdb) break 17
Breakpoint 1 at 0x40060b: file test.c, line 17.
(gdb) run
Starting program: /home/ubuntu/gdbTest/test
this is debug function
Breakpoint 1, main () at test.c:17
17          j+=10;              <---------------断点暂停
(gdb) display j                 <---------------跟踪查看变量 j
1: j =0                         <---------------显示 j 为 0
(gdb) continue
Continuing.
now j=10
Breakpoint 1, main () at test.c:17
17          j+=10;              <---------------第 2 次暂停
1: j =10                        <---------------显示 j 为 10
(gdb) display i                 <---------------跟踪查看变量 i
1: i =1                         <---------------显示 i 为 1
(gdb) continue
Continuing.
now j=20
Breakpoint 1, main () at test.c:17
17          j+=10;              <---------------第 3 次暂停
1: j =20                        <---------------显示 j 为 20
2: i =2                         <---------------显示 i 为 2
(gdb) delete display 2          <---------------取消查看第 2 个变量的值(即 i)
(gdb) continue
Continuing.
now j=30
Breakpoint 1, main () at test.c:17
17          j+=10;              <---------------第 4 次暂停
1: j =30                        <---------------只查看变量 j(i 已取消查看)
```

(7) 使用 info 和 delete 命令。

可使用 info 命令查看断点和被跟踪变量的相关信息,使用 delete 命令可以删除断点和被跟踪的变量。在第18行再设置一个断点后，使用info命令查看断点详细信息。

```
(gdb) info breakpoints      <---------------查看断点信息
Num     Type           Disp Enb Address            What
1       breakpoint     keep y   0x000000000040060b in main at test.c:17
2       breakpoint     keep y   0x000000000040060f in main at test.c:18
(gdb) delete 1              <---------------删除第一个断点(在 test.c 文件第 17 行)
Deleted breakpoint 1
(gdb) info breakpoints      <---------------查看断点信息
Num     Type           Disp Enb Address            What
2       breakpoint     keep y   0x000000000040062d in main at test.c:18
```

(8) 使用step及next命令。

step可使得程序逐条执行，即执行完一条语句然后在下一条语句前停下来，等待用户的命令，当下一条指令为函数时，则进入函数内部。

next执行下一条语句，如果该语句为函数调用，则不会进入函数内部执行，即不会一步步地调试函数内部语句。

step n，next n表示执行后面的n条指令，如果期间遇到断点，则停下来。

执行该命令前，必须保证程序已经运行。

```
(gdb) break 17
Breakpoint 1 at 0x40060b: file test.c, line 17.
(gdb) run
Starting program: /home/ubuntu/gdbTest/test
this is debug function
Breakpoint 1, main () at test.c:17
17          j+=10;                  <---------------断点暂停
(gdb) next                          <---------------单步执行一条语句,暂停
18          printf("now j=%d\n",j); <---------------暂停
```

(9) 使用watch命令。watch可设置观察点(watchpoint)，使用观察点可以使得当某表达式的值发生变化时，程序暂停执行。

```
(gdb) watch  j                      <----------监视变量 j 的值
Hardware watchpoint 2: j
(gdb) next 4                        <----------执行后面的 4 条指令
this is debug function


Hardware watchpoint 2: j


Old value =0
New value =10
main ( ) at test.c:18
18         printf("now j=%d\n",j);  <----------j 的值发生变化,暂停
(gdb) quit                          <----------退出 GDB
```

1.4.6 指定 main 函数的参数

要运行程序，可使用 GDB 的 run 命令，对于带参数的 main 函数，在 run 后面可以跟随发给 main 的任何参数，例如：

```
gdb  test                    /*调试程序 test*/
(gdb)run  12  56
```

其中，12 和 56 是传送给 main 的参数，意味着 argc＝3，argv＝{"test","12","56"}。如果之后使用不带参数的 run 命令，GDB 就再次使用前一条 run 命令的参数，这是很有用的。利用 set args 命令可以修改发送给程序的参数，而使用 show args 命令就可以查看其参数的列表。例如：

```
(gdb)set args  20  30  40
(gdb)show  args
```

1.4.7 多源文件的编译

1. 用 gcc 命令对多个源文件进行编译

如果一个 C 程序有多个源文件组成(假设有两个源文件分别为 test1.c 和 test2.c)，在命令行方式下基本上有两种编译方法。

(1) 方法 1：多个文件一起编译。命令如下：

```
gcc  test1.c test2.c -o test
```

该命令将 test1.c 和 test2.c 分别编译后连接成 test 可执行文件。

(2) 方法 2：分别编译各个源文件，之后对编译后输出的目标文件连接。命令如下：

```
gcc -c test1.c
gcc -c test2.c
gcc  test1.o test2.o -o test
```

该命令将 test1.c 编译成 test1.o，test2.c 编译成 test2.o，再将 test1.o 和 test2.o 连接成 test。

以上两种方法相比：第一种方法编译时需要所有文件重新编译，而第二种方法可以只重新编译修改的文件，未修改的文件不用重新编译。

如果要编译的文件都在同一个目录下，可以用通配符 gcc *.c 来进行编译。

2. 用 make 命令自动执行 Makefile 文件

如果一个工程中的源文件比较多，其按类型、功能、模块分别放在若干个目录中，使用命令行模式一个个编译连接将十分烦琐且易出错，并且每当修改一个文件后需要多句命令行来重新编译，这时可以使用 Makefile。通过 Makefile 定义一系列的规则来指定，哪些文件需要先编译，哪些文件需要后编译，哪些文件需要重新编译，甚至于进行更复杂的功能操作，因为 Makefile 就像一个 Shell 脚本，可以执行操作系统的命令。关于 Makefile 的规则和编写请读者查找相关资料自主学习。

Makefile 带来的好处就是“自动化编译”，一旦写好 Makefile 文件，只需要一个 make 命令，整个工程完全自动编译，可以极大地提高软件的开发效率。make 是一个解释 Makefile 中指令的命令工具。

1.5 实验一 熟悉 C 程序的运行与调试方法

1.5.1 实验目的

(1) 熟悉 Code::Blocks 等 C 语言程序的开发环境。

(2) 掌握 C 程序的编辑、编译、链接和运行方法。

(3) 通过运行简单的 C 程序，学会在集成开发环境中调试程序的方法。

(4) 提高程序查错和排错的能力。

1.5.2 实验内容与要求

1. 按下面的实验步骤编辑、编译和运行程序，使程序输出正确结果。

【程序说明】 若一个数能表示成某个数的平方的形式，这个数即为完全平方数。有一个数，它加上 100 后是一个完全平方数，再加上 168 也是一个完全平方数，该数是多少？下面的程序找出在 100000 内满足该条件的数。程序输出结果应该为：

```
21
261
1581
```

【源程序】 下面给出源程序代码。

```
#include<math.h>                    /* 数学函数库的头文件 */
#include<stdio.h>
int main()
{
    long x,y;
    for(i=1;i<100000;i++)
    {
        x=sqrt(i+100);          /* sqrt 是求平方根的函数 */
        y=sqrt(i+268);
        if(x*x=i+100)&& (y*y=i+268)
          print("\n%d",i);
    }
    return 0;
}
```

【实验步骤】 整个实验步骤包括建立项目、编辑源程序、编译和运行程序。

(1) 创建一个项目(project)。

在创建项目过程中时，选择 Console application 和 C，表示编写 C 控制台应用程序，设置项目名和项目文件夹路径。

一个项目就是一个或者多个源文件(包括头文件)的集合。创建一个项目可以很方便地把相关文件组织在一起。一个项目刚建立时，一般仅仅包含一个源文件 main.c。

查看物理文件夹：打开 Windows 资源管理器，进入自己设置的项目文件目录，可以看到创建的项目文件，IDE 不同则项目文件的后缀会不同，code::blocks 项目文件的后缀为.cbp。

(2) 编辑源文件和保存。

选择项目中的源文件 main.c，则显示该文件的源代码，用上面实验的第 1 题的源程序替换它，编辑完毕后，保存当前源文件。

保存当前源文件方法很多，常见的有两种：一种是直接保存，文件名用默认的 main；另一种是选择“另存为”进行保存。

(3) 编译。

选择 Build | Build 菜单项或单击 Build 图标，则开始编译当前工程，编译器在日志窗口中给出 error 和 warning 信息，提示在哪个文件的哪一行有什么错误。

日志窗口给出的 error 信息是语法错误，即程序的编写违反了 C 的语法规则。warning 是警告信息，它虽然不影响程序执行，但有些警告常预示着隐藏较深的实际错误，必须认真弄清原因。

修改源程序中的错误的技巧性非常强，有多个错误时，要先处理最前面的错误，因为一个实际错误有时会使编译程序产生许多出错信息行，后面的错误可能是前面的错误引发的，这些错误信息中很大一部分可能没有任何帮助价值，所以修改最前面的错误后就可以立即重新编译，往往可以看到原来给出的很多错误信息突然变少了或者都不见了。

双击日志窗口的提示信息可跳转到错误源代码处进行修改，分析出错原因并纠正，修改完后保存，然后重新编译，可能需要反复这个过程，直至编译成功。

查看物理文件夹：编译成功后，可得到目标文件.o 或.obj(文件名与.c 源文件相同)和可执行文件.exe(文件名与项目文件相同)。打开 Windows 资源管理器，查看这两个文件。

(4) 运行。

选择 Build|Run 菜单命令或单击 Run 图标，则运行编译成功的可执行文件，运行时会出现一个类似 DOS 操作系统的窗口，屏幕上显示程序输出结果，看是否和程序说明中描述的一致。

2. 按下面的实验步骤编辑、编译、运行和调试程序，使程序最终输出正确结果。

【程序说明】 输入一段正文，统计字符数和行数。例如，输入(↙代表回车)：

```
Asd↙
Xcvb↙
```

输出为：

```
字符数:9,行数:2
```

【源程序】 下面给出源程序代码。

```
1    #include<stdio.h>
2    int main(void)
3    {
4        char c,numchar,numline;
5        numchar=0;
6        numline=0;
7        printf("输入若干行文本,行首输入Ctrl+z结束。\n");
8        while(c=getchar()!=EOF)
9        {
10           numchar++;
11           if(c=='\n')
12               numline++;
13       }
14       printf("字符数:%d,",numchar++);
15       printf("行数:%d\n",numline);
16       return 0;
17   }
```

【实验步骤】 整个实验步骤包括建立项目、编辑、编译、运行和调试程序。

(1) 根据程序说明,阅读程序,理解编程思路和方法。

(2) 创建一个项目

建立的这个项目可以和前面建立的项目共用一个工作空间 Workspace,编译或者调试这个项目前需要激活它(让系统知道是对它操作,而不是对项目1操作),激活的方法很简单,选择项目名,右击选择 Activate project 菜单,则该项目此时就处于激活状态,原来激活状态的项目进入休眠。

建立该项目前,也可以选择 File|close project 菜单命令关闭当前项目,再建立新项目。

(3) 编辑源文件并保存。

(4) 编译和运行程序。

运行时输入题目所给样例,此时会发现输出结果为:"字符数: 9,行数: 9",显然结果是不对的。

编写的程序若已没有编译错误,可以成功运行。但是,当执行结果不对时,说明程序中存在逻辑错误,给系统的指令与原意不相同。在编写较长的程序时,能够一次成功而不含任何错误是不容易的,这需要进行长期和大量的练习并提高程序排错能力。

初学C语言时,编写的程序不长,随着学习的深入,程序的规模越来越大,例如几百行甚至几千行代码,这时不可能通过逐行逐字符阅读程序来查找错误,需要灵活的借助调试工具对程序进行跟踪调试,帮助编程者快速定位有问题的代码,分析出错原因加以改正。所以,在学习程序设计的开始阶段就要学会程序的调试方法,提高调试程序的技能。

下面应用断点、单步跟踪等调试方法对程序进行调试,找出错误。

(5) 设置断点。

在第7行设置一个断点。单击要添加断点的代码行的最左边,出现红色圆点图标即说明断点设置成功。如果需要取消断点,在断点图标位置再单击即可。

(6) 启动调试器。

开始调试程序,运行到断点处就会停下来,现在程序停在第 7 行,并用一个小箭头来标记执行到的代码行,该行并没有被执行,它是下一步要开始执行的行。而且还会出现一个没有任何输出信息的对话框(程序执行窗口)。

打开 Watches 窗口观察变量 c、numchar 和 numline 的值,根据程序当前运行情况,判断其值是否正确。

(7) 单步执行。

单步执行即一次执行一行代码,相当于在每一代码行均设置了断点。一边执行,一边观测程序的流向以及查看变量、表达式的值,从中发现问题。

单击 Next line 按钮,执行刚才暂停处的第 7 行语句,然后暂停在下一行(第 8 行)。由于第 7 行是输出语句,将打开程序执行窗口,可以看到里面输出了提示信息“输入若干行文本,行首输入 Ctrl+z 结束”。

再单击 Next line,执行第 8 行 while 语句中的表达式,由于该式有输入语句 getchar,因此等待输入,这时输入字符 asd 后返回到编辑界面,可以看到执行条停在第 10 行,观察变量 c 的值是多少,思考结果对不对。

分析:watches 窗口看到的 c 值为 1,根据程序的功能,应该将键盘输入的第一个字符给 c,程序执行的结果显然不符合预期值,问题应该出在表达式 c=getchar()!=EOF。可见,通过单步执行程序同时观察变量值的变化,很快就能聚焦到有错误的代码行。仔细分析该表达式,结果为什么是 1? 如何改正?

(8) 结束调试,纠正该错误,重新编译运行程序直至结果正确。

3. 按下面的实验步骤编辑、编译、运行以及调试程序,使程序最终输出正确结果。

【程序说明】 输入某年某月某日,判断这一天是这一年的第几天。例如,输入:“2000 3 1”,应该判断出是 2000 年的 3 月 1 日,是 2000 年的第 61 天。

程序定义了一个数组 mdays 保存 1~11 月每月的天数,为了保持月份和数组下标一致,增强可读性,0 单元不用,将 mdays[0]的值设置为 0。另外,2 月份设置为平年的天数。

【源程序】 下面给出源程序代码。

```
1    #include<stdio.h>
2    int main()
3    {
4        int day,month,year,sum,leap,i;
5        int mdays[12]={0,31,28,31,30,31,30,31,31,30,31,30};
6        printf("please input year month day:\n");
7        scanf("%d%d%d",&year,&month,&day);
8        sum=0;
9        for(i=1;i<month;i++)
10       {
11           sum+=mdays[i];
12       }
13       sum=sum+day;
```

```
14        if(year%400==0||(year%4==0&&year%100==0))
15           leap=1;
16        else
17           leap=0;
18        if(leap==1&&month>2)
19           sum++;
20        printf("It is the %dth day.",day);
21        return 0;
22    }
```

【实验步骤】 整个实验步骤包括建立项目、编辑、编译、运行和调试程序。

(1) 根据程序说明,阅读程序,理解编程思路和方法。

(2) 创建一个工程。

(3) 编辑源文件并保存。

(4) 编译和运行程序。

运行时,输入“2000　3　1”,输出为“It is the 1th day.”。显然,执行的结果不对。

(5) 设置断点

在第9行、第14行各设置一个断点。对于一个较长的程序,常用的调试方法是在程序中设置若干个断点,程序执行到断点时暂停,如果未发现错误,继续执行到下一个断点。这种方法可以将找错的范围从整个程序缩小到一个分区,然后集中精力检查有问题的分区。再在该分区内设置若干个断点或单步跟踪,直到找到出错点。

(6) 启动调试器。

开始调试程序,由于断点前面有输入语句,所以提示输入数据。输入:

```
2000 3 1↙
```

程序运行到第9行就停下来了。观察year、month、day、sum等变量值,根据程序当前运行情况,判断其值是否正确。

(7) 继续执行到下一断点。

执行到下一个断点暂停,小箭头停在第14行,观察变量sum的值。

分析:从观察窗口可以看到程序中sum为60,因为1月31天+2月28天+3月1天=60,所以正确,

(8) 单步执行。

单击Next line按钮,执行小箭头指向的第14行,停在第15行,说明if后的表达式成立,year=2000被判为闰年,因为2000年是闰年,所以正确。

多次单击Next line按钮,直到小箭头停在第20行,观察窗口可以看到变量sum=61,因为加上了闰年2月多的1天,所以正确。再单击Next line按钮,第20行语句被执行,小箭头停在第21行,程序输出屏幕上显示“It is the 1th day.”。

分析:从观察窗口可以看到程序中sum的计算是正确的,但输出结果却显示“It is the 1th day.”,问题就出在printf函数语句内。仔细检查printf中以%开始的格式说明,与之对应的输出参数,分析出错的原因。

(9) 终止调试器。

终止调试或继续运行到程序结束。退出调试后,修改源程序。

(10) 重新编译运行。

运行过程中输入:“1900 12 31”,观察输出结果。屏幕上显示:“It is the 366th day.”。1900年是平年,所以12月31日应该是1900年的第365天,估计问题出在判断是不是闰年上。

(11) 删除第9行的断点,保留第14行的断点,再启动调试器。

程序将正常执行,运行到断点时暂停程序。断点前如果有输入语句,则需要输入数据,现在输入:“1900 12 31”,程序暂停在第14行。

观察各个变量的值,此时,从观察窗口可以看到局部变量:year=1900,month=12,day=31,sum=365。

(12) 单步执行。

单击Next line按钮,执行箭头指向的第14行代码,注意观察停在哪一行,按题意1900年不是闰年,应该执行else后的代码。但是,可以看到执行完第14行后直接下移到第15行停下了,而不是跳到第17行。

再单击Next line按钮,执行第15行后,调到第18行暂停,从观察窗口可以看到变量leap=1。

分析:跟踪到这已发现问题,可以看到leap的值为1,说明1900年被判断成了闰年,关于闰年的判断条件有问题。满足下面条件之一的是闰年:①年份是4的整数倍但不是100的整数倍;②年份是400的整数倍。

发现问题后,不需要再调试了,终止调试,修改源程序,重新编译运行。如果结果还有问题,就需要反复调试程序,直至结果正确。

4. 按下面的实验步骤编辑、编译、运行和调试程序,使程序最终输出正确结果。

【程序说明】 求1000内的完数,如果一个数等于它的因子之和,则称该数为“完数”(又称“完全数”或“完美数”)。例如,6的因子为1、2、3,而6=1+2+3,因此6是“完数”。函数isPerfect用来判断一个整数是否完数,是则返回1,否则返回0。

【源程序】 下面给出源程序代码。

```
1    #include<stdio.h>
2    /*判断x是否完数,是则返回1,否则返回0*/
3    int isPerfect(int x)
4    {
5        int y,s;
6        for(s=0,y=1;y<x/2;y++)
7        {   if(!(x%y))
8                s+=y;
9        }
10       if(s==x)
11           return 1;
12       return 0;
```

```
13  }
14
15  int main()
16  {
17      int a;
18      printf("1000内的完数有:");
19      for(a=1;a<=1000;a++)  /*遍历所有数*/
20          if(isPerfect(a))
21              printf("%8d",a);
22      return 0;
23  }
```

【实验步骤】

(1) 根据程序说明,阅读程序,理解编程思路和方法。

(2) 创建一个工程,编辑源文件并保存。

(3) 编译和运行程序。

纠正所有的error、warning,然后运行,此时会发现输出结果为:

```
1000内的完数有: 24
```

分析:根据程序说明,6是完数没有输出,24的因子为1、2、3、6、12,而1+2+3+6+12不等于24,24不是完数却输出了,显然结果不对。

下面通过调试程序找出逻辑错误。

(4) 在第20行设置断点。

(5) 启动调试器。

运行到第20行时程序暂停。打开Watches窗口跟踪观察变量a的值,查看for循环语句的执行情况。多次单击Debug/Continue按钮,每次执行到第20行就会暂停,直到a为6。因为1~5都不是完数,屏幕没有输出是正常的,但6是完数,前面运行的时候没有输出6,说明函数isPerfect有问题,现在转入单步跟踪方式进入函数isPerfect查找原因。

(6) 跟踪进函数isPerfect。

有两种单步模式:一种是“下一步”(Next line),执行当前箭头指向的代码,如果代码行包含了一个函数调用,不进入这个函数,直接停在下一行代码;另一种是“单步进入”(Step into),执行当前箭头指向的代码,如果代码行包含了一个函数调用,则进入这个函数,停在该函数内的第一条执行语句处。也就是说,如果箭头指向的代码行没有包含函数调用,两者是一样的。

单击“单步进入”按钮,则下一步进入isPerfect函数体,小箭头指向第6行,从Watches窗口看到,函数参数x已经被赋值为6,局部变量y和s还未被赋值,是系统赋予的随机值,这是因为第6行代码尚未执行。

再单击“下一步”按钮或者“单步进入”按钮,则在函数体内单步执行,不断单步执行,观察for的执行流程以及变量y和s的值,可以看到当y为3,箭头指向第6行时,再单步执行,箭头跳到第10行,说明y为3时退出循环,3没有加到s中,但是3是6的因子,按理应该继续循环,可能循环条件表达式描述有问题,漏检了边界值。请思考如何修改。

(7) 跳出 isPerfect 函数。

如果希望跳出 isPerfect 函数,可以单击“跳过函数”(Step out)按钮,则跳出 isPerfect 函数体,回到函数调用处(第 20 行)。

(8) 停止调试。

修改源程序,即第 6 行中的条件判断表达式,重新编译运行,直到结果正确。

5. 请单步运行下面程序,体会循环的执行过程,在单步执行期间,注意观察各个变量值的变化过程,找出程序中有错误的代码行,分析错误的原因并改正错误,使程序最终输出正确结果。

【程序说明】 输入一个正整数,统计该数各位数字中零的个数,以及找出最大的数字。例如。输入:

```
12007500↙
```

则输出应为:

```
该数有 4 个零,最大数字是 7
```

【源程序】 下面给出源程序代码。

```
#include<stdio.h>
int main()
{
    int count,max,x,t;
    printf("请输入一个正整数:");
    scanf("%d",&x);
    count=max=0;
    while(x)
    {
        t=x%10;
        if(t=0)
            count++;
        if(t>max)
            t=max;
        x=x/10;
    }
    printf("该数有 %d 个零,最大数字是 %d\n",count,max);
    return 0;
}
```

6. 请组合采用设置断点、单步执行、单步进入函数、观察变量值等多种调试程序的方式,找出程序中有错误的代码行,分析错误的原因并改正错误,使程序最终输出正确结果。注意:修改程序时不能改变函数的功能,不能改变函数采用的算法,不能改变程序的整体结构。

【程序说明】 输入一个字符串 s,统计字符串的长度,并将字符串反转后输出。例如,输入:

```
your↙
```

则输出应为：

```
串 your 的长度为:4
反转后:ruoy
```

strLength 函数计算并返回字符串的长度，strReverse 函数将字符串翻转，采用的方法是先将第一个字符和最后一个字符交换，再将第 2 个字符和倒数第 2 个字符交换，以此类推。对于样例即为：y 和 r 交换，o 和 u 交换，结束。

【源程序】 下面给出源程序代码。

```
#include<stdio.h>
void strReverse(char s[]);
int strLength(char s[]);
int main()
{
    char s[1000];
    printf("输入一个字符串\n");
    scanf("%s",s);
    printf("串%s 的长度为:%d\n",s,strLength(s));
    strReverse(s);
    printf("反转后:%s",s);
    return 0;
}

int strLength(char s[])                              /*返回字符串的长度(不含串尾)*/
{
    int i=0;
    while(s[i++]);
    return i;
}

void strReverse(char s[])                            /*反转串 s*/
{
    int i,j;
    for(i=0,j=strLength(s);i<j;i++,j--)          /*从两头遍历 s*/
    {
        char t;
        t=s[i];
        s[i]=s[j];
        s[j]=t;
    }
}
```

第2章　C语言基本语法元素

基本语法元素是指程序中具有一定语法意义的最小语法成分，包括标识符、关键字、常量、运算符和标点符号。

2.1　内容提要

2.1.1　标识符和关键字

标识符是用来标识用户定义的常量、变量、数据类型和函数等名字的符号，它由字母、数字和下画线组成，但首字符必须是字母或下画线，C语言中字母区分大小写。创建标识符是为了给程序中的对象进行唯一地命名，不能使用类似double和if这样的C语言关键字为自己的对象命名，同时也要避免使用C语言程序库中函数和常量的名称，例如scanf和sin。

关键字是被编译程序预定义的、具有特定含义的、由小写字母构成的标识符，C语言中标识符的含义不包含关键字但可以作为宏名。

分隔符是一类空白字符，包括空格符、制表符、换行符、换页符及注释符，它们在语法上仅起分隔单词的作用。当程序中两个相邻的单词之间不用分隔符就不能将两者区分开时，则必须加分隔符(通常用空格符)。

2.1.2　变量和常量

程序中用到的所有变量都必须先声明后使用，变量声明的一般形式如下：

```
类型名　标识符1[=常量]，标识符2[=常量]，…；
```

其中，[ ]括起来的部分表示可以省略，每个标识符代表一个变量。变量名的选择应尽量遵循“顾名思义”的原则，便于自己或他人阅读程序。

常量有文字常量和符号常量两种表示形式。文字常量就是在代码中使用文字书写的，C语言有4种类型的文字常量：整型常量、浮点常量、字符常量和字符串常量。

整型常量的表示形式如下：

```
[前缀]整数部分[后缀]
```

其中，前缀表示数的进制，后缀指定数的类型。前缀为数字0时，是八进制整数；前缀为0x或0X时(0是数字0，不是字母o)，是十六进制整数；无前缀时，是十进制整数。当后缀缺省时，类型一般为int，后缀u或U表示unsigned，l或L表示long，ul或UL表示unsigned long，ll或LL表示long long (C99)，ull或ULL表示unsigned long long (C99)。

浮点常量的表示形式如下：

```
[整数部分][.][小数部分][e(E)±n][后缀]
```

其中,e或E称为阶码标志,其后的有符号整数±n称为阶码,代表10的阶码(±n)次方,正号可以省略不写。[整数部分]和[小数部分]不能同时省略,[.]和[e±n]也不能同时省略。后缀指定数的类型,后缀缺省时其类型为double,后缀f或F表示float类型常量,后缀l或L表示long double类型常量。

C99新增了一种表示浮点型常量的格式,使用十六进制前缀0x或0X,用p或P代替e或E,而且阶码代表的是2的阶码次方。例如:

```
0xb.1ep9
```

其中,b等于十进制中的11,.1e等于(1/16+14/256),p9等于2^9即512。这个浮点型常量转换成十进制是:(11+1/16+14/256)×2^9=5692。

字符常量的表示形式如下:

```
'字符'
```

其中,括在单引号内的字符可以是除单引号(')和反斜线(\)之外的图形符号,也可以是以反斜线开头的转义字符序列。字符常量的值是一个整数,其值为该字符的ASCII码,类型为char。

字符串常量的表示形式如下:

```
"字符序列"
```

其中,字符序列是用一对双引号括起来的0至多个字符。字符串在计算机内存储时,系统会自动在其末尾添加一个空字符'\0'作为字符串的结束标志,故字符串的存储长度比字符串的实际长度大1。这种表示方法使程序在处理字符串时能确定字符串的长度。字符串本身是一个字符数组,其值是字符串的首地址,类型是char *。

一个符号常量就是一个标识符,是给程序中经常使用的文字常量定义的名字。使用符号常量与使用文字常量相比,可以减少麻烦和预防错误,另外具有一定意义的名字还可以增强程序的可读性。C语言中有以下3种定义符号常量的方法。

(1) 用#define指令:

```
#define  标识符  常量
```

(2) 用const声明语句:

```
const  类型名  标识符 =常量;
```

(3) 用枚举类型定义一组符号常量:

```
enum { 标识符[ =常量],标识符[ =常量],… };
```

2.1.3　运算符和表达式

运算符执行对操作数的各种操作,操作数可以是常量、变量和函数调用。表达式是由运算符和操作数组成的符合语法的算式,运算的结果是一个具有确定类型的值,这个类型称为表达式值的类型,它由组成表达式的运算符和操作数的类型决定。当表达式中包括多个运算符时，计算顺序取决于运算符的优先级和结合性。

C语言中的运算符十分丰富，按运算符的功能有算术运算符、关系运算符、逻辑运算符、按位运算符、赋值运算符、自增和自减运算符、条件运算符、顺序求值运算符和强制类型转换等。

计算表达式时会引起数据的类型转换，类型是 char 或 short 的操作数无论什么情况均被转换为 int，如果 int 不能表示原来类型的值，则转换成 unsigned int，这称为“整数提升”。当运算的两个操作数类型不同时，编译程序先将操作数转换为相同类型再计算结果，这称为“算术转换”。算术转换的基本规则是：值域较窄的类型向值域较宽的类型转换。值域是指类型所能表示的值的最大范围。各类运算对操作数的要求、类型转换、结果的类型如表 2-1 所示。

表 2-1　各类运算对操作数的要求、类型转换、结果的类型

<table>
<tr><th>运算类型</th><th>运　算　符</th><th>操作数类型</th><th>类型转换</th><th>结果的类型</th></tr>
<tr><td rowspan="3">算术运算</td><td>单目：+　−</td><td>基本类型</td><td>整数提升</td><td rowspan="3">转换后的类型</td></tr>
<tr><td>双目：+　−　*　/</td><td>基本类型</td><td>先整数提升再算术转换</td></tr>
<tr><td>双目 %</td><td>整数</td><td>先整数提升再算术转换</td></tr>
<tr><td>关系运算</td><td>>　>=　<　<=
==　!=</td><td>基本类型</td><td>先整数提升再算术转换</td><td>int</td></tr>
<tr><td>逻辑运算</td><td>!　&&　||</td><td>基本类型</td><td>不转换</td><td>int</td></tr>
<tr><td>自增、自减</td><td>++　−−</td><td>基本类型</td><td>不转换</td><td>同操作数</td></tr>
<tr><td rowspan="3">位运算</td><td>~</td><td rowspan="3">整数</td><td>整数提升</td><td rowspan="3">转换后的类型</td></tr>
<tr><td>&　|　^</td><td>先整数提升再算术转换</td></tr>
<tr><td>>>　<<</td><td>仅转换左操作数</td></tr>
<tr><td>条件运算</td><td>?:</td><td>基本类型</td><td>对操作数 2 和 3 执行类型转换</td><td>转换后的类型</td></tr>
<tr><td>赋值运算</td><td>=　+=　−=　*=
/=　%=　&=　^=
|=　<<=　>>=</td><td>基本类型</td><td>右操作数被转换为左操作数的类型</td><td>同左操作数</td></tr>
<tr><td>顺序求值运算</td><td>,</td><td>基本类型</td><td>两操作数之间不转换</td><td>同右操作数</td></tr>
<tr><td>强制类型转换</td><td>(类型名)</td><td>基本类型</td><td>强制转换</td><td>指定的类型</td></tr>
</table>

2.2　典型题解析

2.2.1　选择题

【例 2.1】　对于下列各小题，请选择 A、B 或 C 填入相应小题前的括号中。

A. 关键字　　B. 标识符　　C. 既不是关键字也不是标识符

(　)(1) Box　　(　)(2) I like C　　(　)(3) getchar

(　)(4) Enum　　(　)(5) _2　　(　)(6) _int
(　)(7) signed　　(　)(8) main　　(　)(9) 2sum
(　)(10) num.a　　(　)(11) name-1　　(　)(12) #include
(　)(13) auto　　(　)(14) total3　　(　)(15) week_da

【答案与解析】 关键字必须熟记,每个关键字都有特定含义,所有关键字都是由小写字母组成,如果其中有一个字母是大写的就不是关键字。对于标识符,须从标识符的定义和组成规则出发加以判断,一个字符串的首字符是字母或下画线(_),后续字符仅有字母、下画线和数字,只要它不是关键字,则一定是标识符,否则不是标识符。注意,主函数名 main 和标准库函数名(如 scanf 等)都是标识符。因此,答案为:

(7)和(13)选 A。

(1)、(3)、(4)、(5)、(6)、(8)、(14)和(15)选 B。

其他选 C。

【例 2.2】 对于下列各小题,请选择 A、B、C、D 或 E 填入相应小题前的括号中。

A. 字符常量　B. 整型常量　C. 浮点常量　D. 字符串常量　E. 非法表示

(　)(1) 7.9L　　(　)(2) '\0'　　(　)(3) 9UL
(　)(4) '\83'　　(　)(5) 0369　　(　)(6) 2.e+9
(　)(7) e40　　(　)(8) 0xffu　　(　)(9) ""
(　)(10) 3.1409　　(　)(11) 0Xabcd　　(　)(12) 0100
(　)(13) ''　　(　)(14) 0xeeH　　(　)(15) 23F
(　)(16) '\t'　　(　)(17) "40'10"\n"　　(　)(18) .001
(　)(19) "4""1"　　(　)(20) 55L　　(　)(21) '9'
(　)(22) 5.　　(　)(23) 2.2e-5.2　　(　)(24) '\0x99'
(　)(25) '\'　　(　)(26) "ab"　　(　)(27) '\020'
(　)(28) '\x8a'　　(　)(29) '\"'　　(　)(30) "1-0-1"

【答案与解析】 从各种常量表示的语法规则来判断,注意需考虑前缀、后缀以及一些特殊规定。第(4)题,从字面上看是字符常量的数字转义序列,无前缀 x,应为 1~3 位八进制数字,而 8 不是八进制数字;第(5)题,有前缀 0,其后应是八进制数字,而 9 不是八进制数字;第(7)题,浮点数的指数表示形式 e 前面缺数字,e40 是标识符不是浮点数;第(13)题,单引号之间必须有字符;第(14)题,有前缀 0X,其后应是十六进制数字,而 H 既不是十六进制数字也不是整数后缀;第(15)题,23 是整数,F 只能是浮点数后缀,表示单精度浮点数,不能作为整数后缀;第(17)题,字符串中的双引号字符必须使用转义序列表示;第(23)题,浮点数的指数表示形式 e 后面不能是小数;第(24)题,字符常量的数字转义序列的前缀是 x 不是 0x;第(25)题,反斜线字符(\)不能用图形符号表示,必须用转义序列表示为'\\'。因此,答案为:

(2)、(16)、(21)、(27)、(28)和(29)选 A。

(3)、(8)、(11)、(12)和(20)选 B。

(1)、(6)、(10)、(18)和(22)选 C。

(9)、(19)、(26)和(30)选 D。

其他选 E。

2.2.2 判断题

【例 2.3】 设变量说明为“int i,j; double a,b,c;”,对于下列表达式,判断哪些是正确的,哪些是错误的。

(1) a+'a' (2) 16/7%2 (3) 'c'| i (4) (i+j) ++
(5) j+a%3 (6) a>b>c (7) i-- (8) a&&b&i
(9) i='c'<='b' (10) a+=b+=c (11) '1'>>1^1 (12) c=i!=j
(13) (i=5)+(j=8) (14) i<=j&1./2 (15) i++?'a': 'b' (16) i+++j
(17) i=j,i+j (18) ~i+b (19) (b+j)/(b-j) (20) ~++i

【答案与解析】 在判断表达式是否正确时,要从这几方面考虑:操作数是否符合运算符对其类型的要求,操作数是否符合左值表达式的规定,表达式的语义是否正确。根据变量说明,结合运算符的优先级和结合性,表达式(4)、(5)、(6)、(8)、(14)是错误的,其他是正确的。

第(4)题,只能对变量进行自增运算,但(i+j)不能自增;第(5)题,先执行 a%3,求余运算要求操作数的类型是整型,而 a 是浮点型;第(6)题,语法上正确,语义上错误,a>b>c 的运算顺序是(a>b)>c,先计算 a>b,其结果是真或假的逻辑值,将逻辑值和浮点数比较无意义,数学上 a>b>c 有双重含义,应写成 a>b&&b>c;第(8)题,按位与 & 的优先级高于逻辑与 &&,先执行 b&i,位运算要求操作数的类型是整型,而 b 是浮点型;第(14)题,除法运算的优先级高于位运算,先执行 1./2,其结果是浮点型,无法与 i<=j 的结果执行 & 运算。

【例 2.4】 判断下面各题代码中是否存在错误,如果存在错误,请说明错误的原因并改正,使之实现题目要求的功能。

(1) 计算一元二次方程 $ax^2+bx+c=0$ $(a,b,c\in R)$的判别式 delta。

```
delta=(b^2-4*a*c);
```

(2) 如果 c 是小写字母,则将其转换成大写字母。

```
if ('a' <=c <='z')?c +='A' -'a';
```

(3) 输入圆的半径 r,计算圆的周长 s。

```
float r,s;
scanf("%d",&r);
s=2*3.14*r;
```

(4) 计算:s=1+2+3+…+100。

```
int s,i;
for (i=1; i<=100; i++)   s +=i;
```

(5) 当 x 等于 y 时,a 的值为 1,否则为-1。

```
a=(x=y?1:-1);
```

(6) 计算:$S=1+\frac{1}{2}+\frac{1}{3}+\cdots+\frac{1}{n}$。

```
float s=1; int i;
for (i=2; i<=n; i++)  s +=1/i;
```

(7) 下列是定义枚举类型和枚举变量,并对枚举变量进行赋值的语句。

```
enum color ={RED, GREEN, BLUE} c=BLUE;
```

(8) 判断 x 的值是否在闭区间[1,100]。如果是,则 a 的值为 1,否则为 0。

```
a=1<=x<=100
```

(9) 输入一个整数,输出该整数的平方。

```
int x;
scanf("%d",x);
printf("%d\n",x * x );
```

(10) 将输入复制到输出,直到输入换行符结束。

```
char a;
while (a=getchar( )!='\n')  putchar(a);
```

【答案与解析】

(1) C 语言中的^是位运算符,b 的平方应为 b * b,正确的写法是:

```
delta=(b * b-4 * a * c);
```

(2) 表达字符 c 的值是小写字母,应写成如下逻辑表达式:

```
if ('a' <=c &&c<='z')?c +='A' -'a';
```

(3) 半径 r 是单精度浮点型,输入 float 型数用格式字符 f,即:

```
scanf("%f",&r);
```

(4) 变量 s 未初始化,可修改:

```
int s=0, i;
```

(5) 一个等号(=)是赋值号,判断两个数是否相等用两个等号(==),应改为:

```
a=(x==y?1:-1);
```

(6) 在 C 语言中,参加运算的两个操作数如果都是整数的话,则结果也是整数。当 i 为 int 类型且值大于 2 时,1/i 的结果为 0,应改为:

```
s +=1.0/i
```

(7) 在枚举名 color 和左花括号之间不能有等号,应改为:

```
enum color  {RED, GREEN, BLUE} c=BLUE;
```

(8) 判断 x 的值是否在闭区间[1,100],有双重含义。即 x≥1 和 x≤100 要同时满足,应写成:

```
a=1<=x&&x<=100
```

(9) 在 scanf 中,与双引号中格式说明对应的参数应为地址值,即变量的地址,用 & 取得变量的地址,正确的 scanf 调用为:

```
scanf("%d",&x);
```

(10) 对于表达式 a=getchar( )!='\n',关系运算符(!=)的优先级高于赋值运算符(=),先执行 getchar( )!='\n',即读入一个字符,判断是否换行符,如果是则其值为 1,如果不是则其值为 0,再将 1 或 0 赋值给 a。a 的值不是刚才读入的字符,无法输出,所以要用括号提高=的优先级,先执行赋值再判断,while 语句应为:

```
while ((a=getchar( ))!='\n')  putchar(a);
```

2.2.3 简答题

【例 2.5】 设变量说明如下(假设字长是 32 位),计算下列表达式的值。

```
char a=4, b=6, c;   short x =0x80ff, y=10;
#define B  a +y
```

(1) ++a|b　　(2) c=x>>8　　(3) y&x<<4　　(4) a^b<<2

(5) 2 * B/2　　(6) a<=b&&a/y　　(7) y++? y+a: y-a　　(8) ~b|x

(9) !(~a)?a+b: a&b?a-b: b%2　　(10) !x||a!=b

【答案与解析】 对于表达式的计算,首先检查表达式中有哪些运算符,考虑运算符的优先级和结合性;在计算过程中,要考虑是否有类型转换;对于后缀自增和自减,要考虑是否存在序列点;对整型常量,要注意进制表达。

(1) 先 a 自增,a 的值为 5;再 5|b,结果为 7。

(2) x 的类型提升为 int,符号位扩展,值为 0xffff80ff,x 右移 8 位,低字节 ff 移出去,高位符号位扩展,为 0xffffff80,再将类型强制转为 char,取低字节 0x80 赋值给 c,最高位为 1,是负数的补码,所以结果为-128。

(3) 运算前 x 和 y 均提升为 int 类型,由于 x 的最高位为 1,提升后符号位扩展,值为 0xffff80ff。表达式中<<的优先级高于 &,先 x<<4,值为 0xfff80ff0,再计算 10&0xfff80ff0,结果为 0。

(4) a 和 b 先提升为 int 类型,值不变,然后计算 b<<2,值为 24,再计算 a^24,结果为 28。

(5) B 是宏名,先进行简单宏替换为 2 * a+y/2,2 * a 值为 8,y/2 值为 5,再 8+5,结果为 13。

(6) a<=b 关系成立,值为 1;a/y 即 4/10 值为 0,所以 1&&0 结果为 0。

(7) 这是一个条件表达式,先计算 y++,值为 10(非 0),取 y+a 作为表达式的值,由于?:是序列点,先 y 自增值为 11,再计算 y+a,结果为 15。

(8) b 和 x 提升为 int 类型,同第(3)题 x 为 0xffff80ff。先计算 ~b,对 int 数据的每个二进制位取反,值为 0xfffffff9,再计算 0xfffffff9|0xffff80ff,值为 0xffffffff,最高位为 1,是负

数的补码，结果为－1。

(9) 这是一个嵌套的条件表达式，先计算第1个操作数!(～a)，～a的值非0，所以!(～a)的值为0，因此，计算第3个操作数a&b? a－b: b%2，这又是一个条件表达式，a&b的值非0，于是计算a－b，值为－2，所以，该表达式结果为－2。

(10) !x的值为0，a!＝b的值为1，0||1的结果为1。

【例2.6】 请写一个C表达式，如果变量c是大写字母，则将其转变成对应的小写字母，否则c的值不变。

【答案与解析】 用一个表达式来完成给定的功能，首先要设计算法，然后正确选用运算符和操作数来实现算法，写表达式要注意运算符的优先级和结合性，保证运算顺序的正确性，可以使用括号"()"提高可读性。

按照题目的要求，结果是两种情况之一，选用的运算符应是三目条件运算符，表达式形式为"e1? e2:e3"。e1为判断变量c是否为大写字母，e2是将c转变成对应的小写字母，e3为c的值保持不变，要改变一个变量的值必须用赋值运算符将结果赋给该变量。表达式为：

```
c = (c >='A'&& c<='Z')?c-'A'+'a':c
```

【例2.7】 请写一个C表达式，其值是x、y和z 3个数中最大的一个。

【答案与解析】 按照题目的要求，结果是3种情况之一，最大值可能是x，也可能是y或z，需要使用嵌套的条件表达式，即e2或e3又是一个条件表达式，在实现方法上，常常有多种解法。

解法1：先找出3个数的任意两个数中较大的一个，将它与第3个数比较，如两个数中较大的一个大于第三个数，则前面两个数中较大的那个数为最大数；否则，第三个数为最大数。由于要根据第一次比较的结果再进行比较，所以表达式"e1?e2:e3"的e2和e3又得是一个条件表达式，形式为：e1?(e21? e22:e23):(e31? e32:e33)，本解法答案为：

```
x>y ?(x>z ?x : z) : (y>z ?y : z)
```

按照条件运算符的结合性，以上表达式中的括号可以省略，加上括号使表达式更清晰，增加可读性。

解法2：先将3个数中任意一个数与其余两个数比较，如果它比其余两个数大，则该数为最大数；否则，其余两个数进行比较求大者，所以在"e1?e2:e3"中，e1可以为x既大于y又大于z，e2为x，e3又是一个条件表达式，求y、z的较大数，即"y>z? y:z"。本解法答案为：

```
x>y&&x>z ?x : (y>z?y:z)
```

【例2.8】 判断int变量a与b的符号是否相同，如果是，则表达式的值为1，否则为0。注释：a与b均为0时，视为是相同的符号。

【答案与解析】 按照题目的意思，a与b符号相同是指它们均大于0或者均小于0或者均为0，满足该条件，值为1，否则为0。由于逻辑表达式的值不是1就是0，逻辑为真时值为1，逻辑为假时值为0，所以本题可用条件表达式来描述，也可用一个逻辑表达式来描述。

解法1：直接按照条件描述为一个逻辑表达式：

```
a>0&&b>0 || a<0&&b<0 || !a&&!b
```

解法 2：利用数学式子化简表达的条件，a 与 b 均大于 0 或者均小于 0 可表示为：a＊b＞0，解法 1 可简化为以下逻辑表达式：

```
a*b>0 || !a&&!b
```

解法 3：本题也可以用条件表达式来描述，如果 a 与 b 均为 0，符号相同，则表达式值为 1；否则取决于 a＊b 是否大于 0，大于 0 则符号相同，值为 1，否则符号不同，值为 0。和逻辑表达式一样，关系表达式的值不是 1 就是 0，关系成立则值为 1，关系不成立则值为 0，所以条件表达式的 e3 可为 a＊b＞0，相当于"a＊b＞0?1:0"。本解法的表达式为：

```
(!a&&!b) ?1:a*b>0
```

【例 2.9】 请写一个 C 表达式，如果变量 c 是十六进制数字，则将其转变成相应的整数值，否则 c 的值不变。例如，c 是字符'8'，转为整数 8；c 是字符'b'，转为整数 11。

【答案与解析】 要将一个数字转变成相应的值，需要了解数字字符与相应整数之间的关系。对于数字字符'0'～'9'，相应的整数为：该数字的字符码减数字'0'的字符码，例如'5'－'0'＝5，就将数字'5'转变成整数 5。十六进制字符'a'～'f'对应整数值 10～15，转换关系为：a～f 中任意字符的字符码减字符'a'的字符码加 10，例如 'c'－'a'＋10＝12，就将数字'c'转变成整数 12。本题表达式为：

```
c=(c>='0'&&c<='9')?c-'0':(c>='a'&&c<='f')?c-'a'+10:(c>='A'&&c<='F')?c-'A'
+10:c
```

【例 2.10】 写一个表达式，将 int 型数 x 向左循环移动 n 位，n 值小于 int 型数所占的位数。

【答案与解析】 向左循环移动 n 位是指将最左边的 n 位移出放到最右边。例如，在 32 位机下，0x12345678 向左循环移 4 位，结果为 0x23456781。大致思路是，第 1 步将 x 左移 n 位，高 n 位移出，右边 n 位补 0；第 2 步将 x 右移(int 数总位数－n)位，让高 n 位向右靠齐，空出的高位补 0；第 3 步将前 2 步的结果拼为一个整数。但是，在写表达式时要注意以下两点：

(1) x 为 int 型，即有符号数，有符号数右移时高位用符号位填补，只有无符号数右移时高位一律用 0 填补，所以可以用强制类型符将 x 转为 unsigned 型再右移。

(2) 右移的位数与 x 所占的总位数有关，int 数的位数与所用系统的字长一样，在 16 位机下，x 是 16 位；在 32 位机下，x 是 32 位。可以利用运算符 sizeof 求出数据所占字节数，再乘以 8 得总位数。

综上所述。本题表达式可写为：

```
x<<n | (unsigned)x>>sizeof(int)*8-n
```

【例 2.11】 请写一个 C 表达式，如果 int 型变量 x 和 y 的第 i 位(最低位为第 0 位)的值相同，则表达式的值为 0，否则为 1。(假定 i 在有效范围)

【答案与解析】 首先利用移位运算将一个数的第 i 位移到最右边(即第 0 位)，再将这位取出来，最后判断是否一样。判断两个数的某些位是否相同用按位加，对应位的值相同，则结果为 0；对应位的值不同，则为 1。本题表达式可写为：

```
(x>>i&1)^(y>>i&1)
```

【例 2.12】 写一个表达式，取整数 x 最右边的 m 位。例如 0x123456fa，取最右边 5 位等于 0x0000001a。

【答案与解析】 取出一个数的某些位用按位与运算，关键要设置好逻辑尺，逻辑尺中对应要取的位为 1，其余位为 0，本例中逻辑尺的最右边的 m 位应为 1，实现方法有多种。

解法 1：为了得到最右边 m 位为 1、其余位为 0 的逻辑尺，可以先得到一个最右边 m 位为 0、其余位为 1 的数再求反运算。最右边 m 位为 0、其余位为 1 的数可以由一个每位都是 1 的数左移 m 位得到(右边 m 位补 0)，而对 0 按位求反的结果就是全 1。因此，本题表达式可写为：

```
~(~0<<m) & x
```

解法 2：最右边 m 位是 1、其余位是 0 的数其值为 2^m-1，由于左移 1 位就是这个数乘以 2，所以 2^m 就是 1 左移 m 位(即 1<<m)，表达式如下：

```
(1<<m)-1 & x
```

注意，左移优先级低于减法，上式中的括号不能少。

【例 2.13】 请写一个 C 表达式，对无符号短整型变量 x 和 y，将 y 的低字节替换成 x 的高字节。

【答案与解析】 短整型数共 2 字节，右边 8 位是低字节，左边 8 位是高字节。解题思路可以是：将 x 的高字节右移到低字节位置，然后取出移位后的低字节；再取出 y 的高字节；最后两部分拼成为一个整数赋值给 y，实现该解法的表达式为：

```
y =y&0xff00 | x>>8&0xff
```

【例 2.14】 请写一个 C 表达式，其值是 short 型变量 x 的原码。

【答案与解析】 整数在计算机内部是以补码存储的，正数的补码就是原码，负数的补码和原码不同，这里应该选用条件表达式 e1?e2:e3。e1 为判断变量 x 是否为正数(x≥0)，e2 是 x 为正数时直接输出 x 就是原码，e3 是 x 为负数时计算原码的表达式，此题的关键在于 e3，解题思路有多种，这里给出两种。

解法 1：由原码的定义可知：负数的原码符号位为 1，其余各位是该数的绝对值，即绝对值相同的正数和负数的原码仅符号位不一样，因此，如果 x 是负数，可以先对 x 进行取负运算，再将最高位设置为 1，该逻辑尺为 0x8000。因此，本解法表达式可写为：

```
x>=0 ?x : -x|0x8000
```

解法 2：由补码的定义可知：负数的补码是其反码加 1，因此负数的补码减 1 得到反码，负数的反码为其原码除符号位不变，其余各位变反。因此，将反码除最高符号位外其余各位求反值就是原码。本解法表达式可写为：

```
x>=0 ?x : x-1 ^ 0x7fff
```

2.2.4 程序设计题

【例 2.15】 伞数的判断。判断一个数是否是伞数。所谓“伞数”是一个 3 位数，其十位数字比个位数字及百位数字都大。

【解析与答案】 根据伞数的定义，本题的关键是从一个 3 位数 x 中分离出百位数 c、十位数 b 和个位数 a，再利用语句 if (b>a && b>c) 进行判断。

计算出整数 x 的个位数，可以进行 x 和 10 求余运算，x%10 结果为 x 的个位数；百位数的计算用 x/10%10，x/10 相当于将十进制数 x 右移 1 位，原十位数移到了个位，再求余；百位数的计算用 x/100，前提是 x 是一个 3 位数，两个整数相除结果保留整数部分。

```
/* 例 2.15 程序:判断一个数是否是伞数 */
#include<stdio.h>
int main(void)
{
    int x,a,b,c;                          /* x 是 3 位数,a,b,c 分别是组成 x 的 3 个数字 */
    printf("输入一个 3 位数:");
    scanf("%d",&x);
    if(x<100||x>999)
    {
        printf("输入的不是 3 位数:");
        return -1;
    }
    c=x/100;                              /* 分解百位数 */
    b=x/10%10;                            /* 分解十位数 */
    a=x%10;                               /* 分解个位数 */
    if(b>a&&b>c)                          /* 是伞数则输出 */
        printf("%5d 是伞数\n",x);
    return 0;
}
```

【例 2.16】 找最高成绩。输入若干成绩，找最高成绩并输出。

【解析与答案】 用打擂法求最值：先找一个人(首任擂主)站在台上，第二个人上去与之比武，获胜者留在擂台上成为新擂主；再上去第三个人，与之比武，胜者留在台上，败者下台……直到所有的人都比试过后，最后留在擂台上的即是冠军。

用变量 max 来记录“擂主”，找哪一个数作为 max 的初始值(即首任擂主)呢？可以是输入数据的第一个数，或者待处理数据范围内的最小值(对于本例可以取 0 值)。

当输入数据个数不确定时，如何结束输入？可以设置一个输入数据的结束标记，需要注意的是，所选标记必须是待处理数据中不可能出现的数。本例处理成绩数据，成绩大于或等于 0，所以约定 −1 作为结束标记。

```
/* 例 2.16 程序:输入若干成绩,找最高成绩并输出 */
#include<stdio.h>
int main(void)
```

```
{
    int score,max;
    printf("输入成绩,以-1结束\n");
    max=0;                               /*以可能的最低成绩作为首任擂主*/
    scanf("%d",&score);
    while(score!=-1)                     /*约定-1作为结束标记*/
    {
        if(score>max)                    /*与擂主比*/
            max=score;                   /*胜者成为新擂主*/
        scanf("%d",&score);
    }
    printf("max=%d\n",max);
    return 0;
}
```

【例2.17】 十六进制数的统计。输入一个字符串,统计串中十六进制数字字符的个数。

【解析与答案】 十六进制数字字符为数字'0'～'9',小写字母'a'～'f',大写字母'A'～'F',利用循环结构,遍历字符串中的每个字符,统计这些字符出现的次数,直到遇到串结束标志'\0'。

```
/*例2.17程序:输入一个字符串,统计串中十六进制数字字符的个数*/
#include<stdio.h>
int main()
{
    int i, j;
    char s[1000];
    printf("输入一个字符串:");
    fgets(s,1000,stdin);
    j=0;
    for(i=0;s[i]!='\0';i++)              /*遍历字符串中的所有字符*/
    {
        if(s[i]>='0'&&s[i]<='9')         /*统计数字0~9*/
            j++;
        if(s[i]>='a'&&s[i]<='f')         /*统计小写字母a~f*/
            j++;
        if(s[i]>='A'&&s[i]<='F')         /*统计大写字母A~F*/
            j++;
    }
    printf("十六进制数字字符数:%d\n",j);
    return 0;
}
```

【例2.18】 字符串反转。输入一个字符串s,将其反转后输出。

【解析与答案】 本题是要求将字符串s在内存存放的内容反转。假设s原始为"hello",反转后s的内容应为"olleh"。有两种可用的算法:一种算法是使用一个同等大小的数组作辅助存储单元,先将原数组中所有数据复制到辅助存储单元,再将辅助存储单元的数据按逆序反向传回原数组;另一种算法是使用一个辅助存储单元,将字符串中的第一个字符和最后一个字符对调,第二个字符和倒数第二个字符对调,以此类推。后一种算法不但节约了存储单元,而且运算速度快。前一种算法在两个数组间共传递了 2*n(n 为字符串长度)次数据,而后一种算法交换了 n/2 次,也就是传递了 3*n/2 次数据。下面程序采用后一种算法实现反转。for 语句的第一和第三个表达式都是逗号表达式。

```
/*例 2.18 程序:输入一个字符串,将其反转后输出*/
#include<stdio.h>
int main()
{
    int i,j=0;
    char s[1000],t;
    printf("输入一个字符串:");
    fgets(s,1000,stdin);
    while(s[j]!='\0')                    /*用 j 统计字符串 s 的长度*/
    j++;
    for(i=0,--j;i<j;i++,j--)             /*从两头遍历 s*/
    {
        t=s[i];
        s[i]=s[j];
        s[j]=t;
    }
    printf("反转后的字符串:%s",s);
    return 0;
}
```

【例 2.19】 阶乘。计算并输出 1!,2!,…,10!的值。

【解析与答案】 使用 for 循环对 1~10 遍历,后一个数的阶乘可以在前一个数的基础上进行计算,例如 5!=4!*5。

```
/*例 2.19 程序:输出 1~10 的阶乘*/
#include<stdio.h>
int main()
{
    int i,n;
    for(n=1,i=1;i<=10;i++)               /*遍历 1~10,计算其阶乘*/
    {
        n*=i;                            /*计算 i 的阶乘*/
        printf("%d!=%d\n",i,n);
    }
    return 0;
}
```

【例 2.20】 字符分类统计。用 getchar 函数输入一段正文，统计其中英文字母、数字、空白符（水平制表符、空格和换行符）的个数。

【解析与答案】 使用循环读取字符，判断读取字符的类别，统计各类别字符的个数，直到输入结束。输入正文以 Ctrl＋Z（Windows 下）或 Ctrl＋D（Linux/UNIX 下）为结束标志（称为文件尾）。函数 getchar 遇文件尾时返回 EOF（end of file），EOF 是在 stdio.h 里定义的符号常量（通常值为－1）。使用 EOF 而不用－1 可增强程序的可读性。

```
/* 例 2.20 程序:统计英文字母、数字、空白符的个数 */
#include<stdio.h>
int main()
{
    char c;
    int ln,dn,bn;
    ln=dn=bn=0;
    printf("输入一段正文,以 Ctrl+Z 结束\n");
    while((c=getchar())!=EOF)                          /* 读取字符,直到输入结束 */
    {
        if(c>='a'&&c<='z'||c>='A'&&c<='Z' )   ln++;   /* 统计字母 */
        if(c>='0'&&c<='9')  dn++;                      /* 统计数字 */
        if(c=='\t'||c=='\n'||c==' ')  bn++;            /* 统计空白符 */
    }
    printf("字母个数:%d 数字个数:%d 空白符个数:%d",ln,dn,bn);
    return 0;
}
```

【例 2.21】 过滤前导空格。用 getchar 函数输入一行字符并复制到输出，复制过程中过滤前导空格（即前导空格不输出）。

【解析与答案】 该题有两种处理方法：一种方法是利用一条循环语句统一处理输入的字符，遇前导空格不输出，但中间空格要输出，所以需要设置一个标记来区分；另一种方法是用两条循环语句分步处理，先处理前导空格，再处理后续字符。

解法 1：利用循环读取字符，判断是否是前导空格，如果不是前导空格则进行输出，若读到换行符则结束循环。设置变量 leadsp 标记当前字符是否是前导空格，leadsp 为 1，是前导空格；leadsp 为 0，则不是前导空格。当输入非空格符的时候就要将标记 leadsp 设置为 0，表示其后输入的字符都不是前导空格。

```
/* 例 2.21 程序:标记法实现将一行字符复制到输出,前导空格不输出 */
#include<stdio.h>
int main()
{
    char c;
    int leadsp;                      /* 标记当前字符是否是前导空格,1 表示是,0 表示不是 */
    printf("输入一行字符:\n");
    leadsp=1;
```

```
    while((c=getchar())!='\n')  /*读取字符,遇到换行符结束*/
    {
        if(c!=' '||!leadsp)        /*不是空格或者是空格但不是前导空格*/
        {
            leadsp=0;
            putchar(c);
        }
    }
    return 0;
}
```

解法2:第一条while处理输入中的前导空格符,如果是空格,则不输出,所以while的语句部分为空语句,直到输入非空格符结束循环,输出该非空格字符。第二条while继续读入字符直到读入换行符,这个阶段读入的每个字符均要输出。

```
/*例2.21程序:分阶段实现将一行字符复制到输出,前导空格不输出*/
#include<stdio.h>
int main()
{
    char c;
    printf("输入一行字符:\n");
    while((c=getchar())==' ');                          /*前导空格字符不输出*/
    putchar(c);                                         /*输出第一个非空格字符*/
    while((c=getchar())!='\n')  putchar(c);   /*读取后续字符,均输出*/
    return 0;
}
```

【例2.22】 转义字符。用getchar函数输入一段正文,将输入中的双引号(")和反斜线(\)转换成对应的转义序列(\", \\ )输出,其他字符原样输出。例如,输入:

```
123"as↙
\world↙
^Z
```

则输出:

```
123\"as
\\world
```

【解析与答案】 使用循环读取字符,对双引号和反斜线进行替换,直到输入结束。注意,在程序中表示反斜线字符必须用转义字符('\\'),对于单个双引号字符用转义字符('\"')和图形符号('"')都可以,但是字符串中的双引号必须用转义字符。

```
/*例2.22程序:将输入中的双引号和反斜线转换成对应的转义序列*/
#include<stdio.h>
int main()
{
```

```
    char c;
    printf("输入一段正文,以 Ctrl+Z 结束\n");
    while((c=getchar())!=EOF)                    /*读取字符,直到输入结束*/
    {
        if(c=='"')   printf("\\\"");             /*替换双引号*/
        else if(c=='\\')  printf("\\\\");        /*替换反斜线*/
        else  putchar(c);
    }
    return 0;
}
```

【例 2.23】 完数。求某一范围内的完数。如果一个数等于它的因子之和,则称该数为"完数",又称"完全数"或"完美数"。例如,6 的因子为 1、2、3,而 6=1+2+3,因此 6 是完数。

【解析与答案】 根据完数的定义,本题的关键是计算出整数 x 的因子(可以整除这个数的数),将各因子累加到变量 s(即记录所有因子之和),若 s 等于 x,则可确认 x 为完数,反之则不是完数。

对于这类求某一范围内满足条件的数,一般采用遍历的方式,对给定范围内的数值一个一个地去判断是否满足条件,这一过程可利用循环来实现。

求出整数 x 的因子就是找从 1 到 x/2 范围内能整除 x 的数,这需要在 1～x/2 内进行遍历,同样采用循环实现。因此,本题从整体上看可利用两层循环来实现。外层循环 x 控制该数的范围;内层循环 y 控制除数的范围,通过 x 对 y 取余,如果余数为 0,则 y 是 x 的一个因子,累加到 s 中。

特别要注意每次计算下一个数的因子和之前,必须将变量 s 的值重新置为 0,编程过程中一定要注意变量 s 重新置 0 的位置。

```
/*例 2.23 程序:求某一范围内的完数*/
#include<stdio.h>
int main()
{
    int m,n,x,y,s;
    printf("输入 M 和 N(用空格分隔,M<=N):");
    scanf("%d%d",&m,&n);
    for(x=m;x<=n;x++)                            /*遍历范围内的所有数字*/
    {
        s=0;
        for(y=1;y<=x/2;y++)                      /*遍历找出 x 的所有因子*/
        {
            if(x%y==0)  s+=y;                    /*判断 y 是否是 x 的因子*/
        }
        if(s==x)  printf("%d ",x);               /*判断 x 是否是完数*/
    }
    return 0;
}
```

【例 2.24】 二进制位 1 的个数。表达式 v &=(v−1) 能实现将 v 最低位的 1 翻转。例如 v=108,其二进制表示为 01101100,则 v&(v−1)的结果是 01101000。用这一方法,可以实现快速统计 v 的二进制中 1 的个数,只要不停地翻转 v 的二进制数最低位的 1,直到 v 等于 0 即可。

以十六进制输入若干整数,用该方法统计整数的二进制中 1 的个数。

【解析与答案】 第一层循环读取十六进制输入,在第二层循环里对输入数据的最低位的 1 进行翻转并统计翻转次数,直到全部 1 都翻转为 0。

第一层循环利用 scanf 函数的返回值来控制输入数据的个数,scanf 的返回值表示正确输入参数的个数。例如,执行语句"scanf("%d %d", &a, &b);",如果用户输入"3 4",则返回 2(正确输入了两个变量);如果输入"3,4",可以正确输入 a,无法输入 b,则返回 1(正确输入了一个变量);如果输入"a23",则返回 0(表示用户的输入不匹配);如果按下 Ctrl+Z 快捷键,则返回 EOF。

```
/*例 2.24 程序:统计整数的二进制中 1 的个数*/
#include<stdio.h>
int main()
{
    int v,n,t;
    printf("输入一个十六进制数,以非十六进制字符结束。\n");
    while(scanf("%x",&v)==1)
    {
        t=v;
        for(n=0;v!=0;n++)                          /*统计二进制位是 1 的个数*/
        {
            v&=(v-1);                              /*将 v 最低位的 1 翻转*/
        }
        printf("%#x 中二进制中位是 1 的个数:%d\n",t,n);
    }
    return 0;
}
```

【例 2.25】 数据加密。加密的一种方法是将 4 字节的字每 4 位一组重新拼凑,拼凑方式如下:将位组分成 3 类,分别用字母标出,如图 2-1 所示,处于 x 位置上的位不移动,所有的 e 位左移 8 位,v 位放在位置 3~0 上。输入若干长整数,输出加密后的数据,输入输出均以十六进制方式。

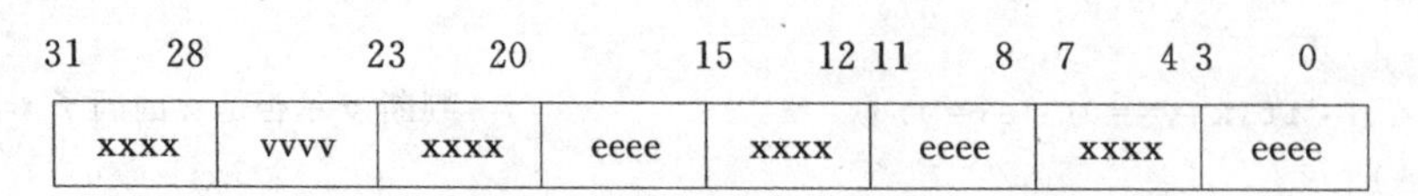

图 2-1　4 字节的字每 4 位一组分类示意图

【解析与答案】 设置一个逻辑尺 maskx 取出处于 x 位置上的位,maskx 应为 0xf0f0f0f0;设置一个逻辑尺 maske 取出所有的 e 位左移 8 位后的位,maske 应为

0x0f0f0f00;设置一个逻辑尺 maskv 取出处于位置 3～0 上的位,这些位对应 v 组移动后所在位置,maskv 应为 0x0f,最后进行按位或合并。

```
/*例 2.25 程序:数据加密*/
#include<stdio.h>
int main()
{
    long a,maskx=0xf0f0f0f0,maske=0x0f0f0f00,maskv=0x0f;
    printf("输入十六进制数,前导 0x 不输入。\n");
    while(scanf("%lx",&a)==1)
    {
        a=(a&maskx)|((a<<8)&maske)|((a>>24)&maskv);
        printf("%lx\n",a);
    }
    return 0;
}
```

【例 2.26】 整数的十六进制显示。定义函数 PrintHex(int x)以十六进制输出 int 数,即模拟实现 printf("%x",x)的功能。

【解析与答案】 利用循环,从高位起依次取出整数在十六进制下的每一位,如果该位是前导 0,则不输出,否则转换成对应的十六进制字符输出。转换时分两种情况:值小于 10 时,转换为数字符'0'～'9';值大于 10 时,转换为字母'a'～'f',程序中利用条件表达式实现。可以自行定义 main 函数,分别调用函数 PrintHex 和 printf 以十六进制输出一个 int 数,以验证函数 PrintHex 的正确性。

```
/*例 2.26 程序:模拟实现 printf("%x",x)的功能*/
#include<stdio.h>
/*按十六进制显示 int 数,前导 0 不输出*/
void PrintHex(int x)
{
    int  i,t,leadzero=1;
    int  n=sizeof(int) * 2;          /*int 数的十六进制位数*/
    int  mask =0x0f;                 /*取出低 4 位的逻辑尺*/
    for ( i=1; i<=n; ++i )           /*从左往右依次取出 x 的十六进制位*/
    {
        t=(x>>(n-i)*4) & mask;       /*取出一位*/
        if(t||!leadzero)             /*该位非 0,或者为 0 但不是前导 0*/
        {
            leadzero=0;
            t=t<10?t+'0':t+'a'-10; /*转换为对应的十六进制字符'0'~'9'和'a'~'f'*/
            putchar (t);
        }
    }
}
```

【例 2.27】 奇校验。输入一个字符串,对字符串中的每一个字符进行奇校验,即通过对字符的最高位置 0 或置 1 来保证校验后字符中为 1 的位为奇数;按照十六进制格式输出每一个校验后的字符数据。例如,输入字符'3',则输出为 b3。

【解析与答案】 为了简化程序流程,增强可读性,定义了函数 CheckOdd 实现对字符型数据进行奇校验,函数采用例 2.23 的方法先统计字符数据 x 中二进制位 1 的个数,如果 1 的个数为偶数,则将 x 的最高位置 1,函数返回附加校验位后的字符数据。

```
/*例 2.27 程序:对字符串中的每一个字符进行奇校验*/
#include<stdio.h>
unsigned char CheckOdd(char x);
int main()
{
    char i,s[100];
    printf("输入一个字符串:\n");
    scanf("%s",s);
    for(i=0;s[i]!='\0';i++)
    {
        unsigned char c;
        c=CheckOdd(s[i]);
        printf("%x\n",c);
    }
    return 0;
}
/*对 x 进行奇校验,返回加了检验位的字符*/
unsigned char CheckOdd(char x)
{
    char n=0,bak;
    bak=x;
    while(x)                          /*统计 x 中二进制 1 的个数*/
    {
        n++;
        x=x&(x-1);
    }
    if(!(n&1))                        /*n 是偶数*/
        bak=bak|(1<<7);               /*置最高位置为 1*/
    return bak;
}
```

【例 2.28】 汉字的区位码、国标码和机内码。输入一个汉字,以十六进制形式输出该汉字的区位码、国标码和机内码。

【解析与答案】 汉字的机内码占两字节,一个汉字就是长度为 2 的字符串,所以,定义长度为 3 的 char 数组 temp 来存放一个汉字,可用%s 读入。数据的输入顺序:先读入高位(高字节)再读入低位(低字节)。字符串的存放顺序:先读入字符(一字节)放在数组的低地址，后读入字符(一字节)放在数组的高地址。所以，汉字机内码的高字节在 temp[0]，低字节在 temp[1]。先将 temp[0]左移 8 位再与 temp[1]按位合并，就将字符数组中的机内码转换成 16 位的整数，再根据转换关系可以得到国标码和区位码：区位码＝机内码－0xa0a0，国际码＝机内码－0x8080。

```
/*例 2.28 程序:输出汉字的区位码、国标码和机内码*/
#include<stdio.h>
int main()
{
    unsigned char temp[3];
    short x;
    printf("请输入一个汉字\n");
    scanf("%s",temp);                    /*汉字的高字节在 temp[0],低字节在 temp[1]*/
    x=temp[0]<<8 | temp[1];              /*转换成 16 位的机内码*/
    printf("机内码是%#hx\n",x);
    printf("区位码是%#hx\n",x-0xa0a0);
    printf("国际码是%#hx\n",x-0x8080);
    return 0;
}
```

【例 2.29】 中文字符的统计。输入一段含西文字母和中文字符的正文，统计中文字符个数，以 Ctrl＋Z 键结束。

【解析与答案】 国标码是中文字符信息交换的标准编码，其前后字节的最高位均为 0，与 ASCII 码发生冲突。例如，“保”字，国标码为 31H 和 23H，而西文字符'1'和'#'的 ASCII 也为 31H 和 23H，如果内存中有两字节为 31H 和 23H，这到底是一个汉字还是两个西文字符？为了避免二义性，计算机存储中文字符时不能直接用国标码，而采用变形国标码，即将国标码两个字节中每个字节的最高位由 0 改为 1，这就是机内码。“保”字的机内码就是 B1A3H，这就解决了与西文字符的 ASCII 码冲突的问题。

解法 1：汉字机内码的两字节的最高位都为 1，所以遇到最高位为 1 的字符即说明读到了汉字。一个汉字有两字节，其最高位都是 1，可以在遇到汉字的第一字节时统计计数。所以，设置一个标志变量来记录遇到的最高位为 1 的字节是否汉字的第一字节。

```
/*例 2.29 程序:通过标记法统计中文字符个数*/
#include<stdio.h>
int main()
{
    char c;
    int num=0,flag=0;                    /*flag 记录是否遇到中文字符的第一个字节*/
    printf("请输入含西文字符和中文字符的正文,以 Ctrl+Z 结束\n");
    while((c=getchar())!=EOF)
    {
        if(c>>7&0x1 && flag==0)          /*如果是中文字符的第一字节*/
        {
```

```
            num++;
            flag=1;
        }
        else   flag=0;
    }
    printf("中文字符个数:%d\n",num);
    return 0;
}
```

解法 2：使用 getchar 函数读入字符，一次只能读入一字节，汉字机内码有两字节，读入一个汉字需要调用两次 getchar 函数。所以，一旦检测出当前读取的字节最高位为 1 时，可以判定这是汉字的第一字节，因此，计数同时继续用 getchar 读取第 2 字节。

```
/*例 2.29 程序:解法 2 统计中文字符个数*/
#include<stdio.h>
int main()
{
    char c;
    int num=0;
    printf("请输入含西文字符和中文字符的正文,以 Ctrl+Z 结束\n");
    while((c=getchar())!=EOF)
    {
        if(c&0x80)                  /*当前字节最高位为 1,是一个中文字符*/
        {
            num++;                  /*计数*/
            c=getchar();            /*读入中文字符的下一字节*/
        }
    }
    printf("中文字符:%d\n",num);
    return 0;
}
```

2.3 实验二 表达式和标准输入输出实验

2.3.1 实验目的

(1) 熟练掌握各种运算符的运算功能，以及操作数的类型、运算结果的类型及运算过程中的类型转换；重点掌握 C 语言特有的运算符，如位运算符、问号运算符、逗号运算符等；熟记运算符的优先级和结合性。

(2) 掌握 getchar、putchar、scanf 和 printf 函数的用法。

(3) 掌握简单 C 程序的编写方法。

2.3.2 实验内容与要求

1. 程序改错与跟踪调试

下面的实验 2-1 程序用来完成以下任务：

(1) 输入华氏温度 f,将它转换成摄氏温度 C 后输出。

(2) 输入圆的半径 r,计算并输出圆的面积 s。

(3) 将 k 的高字节作为结果的低字节,p 的高字节作为结果的高字节,拼成一个新的整数后输出。

在这个程序中存在若干语法和逻辑错误,要求先编译程序改正语法错误,再采用单步执行的方式调试程序找出逻辑错误。在单步执行程序的过程中,观察以下变量值:

(1) 执行完 c=5/9＊(f-32),c 的值为多少?

(2) 执行完 scanf("%f", &r),r 的值为多少?

(3) 执行完 newint=p&0xff00|k>>8, newint 的值是多少? 表达式 k>>8 的值是多少?

根据观察结果分析代码并修改程序,使之能够正确完成指定任务。

```
/*实验 2-1 程序改错与跟踪调试题源程序*/
#include<stdio.h>
#define PI 3.14159;
int main( void )
{
    int f ;
    short p, k ;
    double c, r, s ;

    /*任务 1*/
    printf("Input  Fahrenheit:" ) ;
    scanf("%d", f ) ;
    c =5/9*(f-32) ;
    printf("\n %d (F) =%.2f (C)\n\n", f, c ) ;
    /*任务 2*/
    printf("input the radius r:");
    scanf("%f", &r);
    s =PI * r * r;
    printf("\nThe acreage is %.2f\n\n",&s);
    /*任务 3*/
    k=0xa1b2, p=0x8423;
    newint =p&0xff00|k>>8;
    printf("new int =%#x\n\n",newint);
    return 0;
}
```

2. 程序分析与修改替换

下面的实验 2-2 程序用"更相减损"法求 m 与 n 的最大公约数。

```
/*实验 2-2 程序分析与修改题源程序:求最大公约数*/
#include<stdio.h>
```

```
int main()
{
    int m,n,k,p,i,d;
    printf("Input m,n\n") ;
    scanf("%d%d",&m,&n);
    if(m<n)                                /*交换m和n*/
    {
        int t;
        t=m;
        m=n;
        n=t;
    }
    k=0;
    while(m%2==0 && n%2==0)               /*m和n均为偶数*/
    {
        m/=2;                              /*用2约简m和n*/
        n/=2;
        k++;
    }
    for(p=1,i=0;i<k;i++)  p*=2;    /*求p=2^k*/

    while((d=m-n))
    {
        if(d>n)  m=d;
        else
        {
            m=n;
            n=d;
        }
    }
    d=n*p;
    printf("the greatest common divisor : %d",d);
    return 0;
}
```

(1) 分析源程序采用的"更相减损"法的算法步骤。

(2) 按以下要求对源程序进行优化,提高程序的执行效率。

将交换 m 和 n、判断一个整数是否偶数、用 2 约简 m 和 n、求 $p=2^k$ 等操作改用位运算实现,并且 m 和 n 的交换不能使用中间变量 t,需要删除声明 t 的语句。

(3) 将 else 后的复合语句改用一条表达式语句。

3. 程序设计

(1) 输入字符 c,如果 c 是大写字母,则将 c 转换成对应的小写,否则 c 的值不变,输入 Ctrl+Z 程序结束。要求:①用条件表达式;②字符的输入输出用 getchar 和 putchar 函数。

程序应能循环接受用户的输入,直至输入 Ctrl+Z 结束。例如:

```
A↙                    (键盘输入)
a
^Z                    (键盘输入)
```

(2) 输入一个十进制正整数 n,求它是几位数并计算它的各位数字之和。例如,输入 20190223,则输出 20190223 是 8 位数,且各位数字之和为 19。

(3) 给定 n 个整数表示一个商店连续 n 天的销售量(假设相邻两天的销售量不同),计算出这些天总共有多少个折点。折点就是:某天之前销售量在增长而之后销售量减少,这一天为折点;反之,某天之前销售量减少而之后销售量增长,这一天也为折点。输入输出如下所示:

```
7↙                    (键盘输入的天数)
6 3 1 4 5 8 6↙        (键盘输入的 7 天销售量)
2                     (输出折点为 2,第 3 天和第 6 天是折点)
```

(4) 判断输入的字符串是否符合手机号码的格式,手机号码的特点:①长度 11 位;②每一位都是数字,且第一位是 1,第二位是 3、4、5、7、8 中的任意一个。要求程序能循环接受用户的输入,直至输入 Ctrl+Z 结束。例如:

```
1304567854↙           (键盘输入)
长度不合法
10234567543↙          (键盘输入)
第 2 位不合法
^Z
```

(5) 输入无符号短整数 x、m、n(0≤m≤15, 1≤n≤16-m),取出 x 从第 m 位开始向左的 n 位(m 从右至左编号为 0～15),并使其向左端(第 15 位)靠齐。要求:① 检查 m 和 n 的范围;②x 的值以十六进制输入,m 和 n 以十进制输入;③结果以十六进制输出。

(6) IP 地址通常被写成 4 个用句点分隔的小整数(即点分十进制),但这些地址在机器中是用一个无符号长整型数表示的。例如,整数 3232235876,其机内二进制表示就是 11000000 10101000 00000001 01100100,按照 8 位一组用点分开,该 IP 地址就写成 192.168.1.100。

读入无符号长整型数表示的互联网 IP 地址,对其译码,以常见的点分十进制形式输出。要求循环输入和输出,直至输入 Ctrl+Z 结束。

(7) 给定一个年份 year 和一个整数 d,求出这一年的第 d 天是几月几日。注意:平年的 2 月有 28 天,闰年 29 天。满足下面条件之一的是闰年:①年份是 4 的整数倍但不是 100 的整数倍;②年份是 400 的整数倍。

(8) 输入一个仅有英文大写字母、逗号、句点和空格符组成的英文句子(字符数不超过 80 个)和正整数 k(1≤k≤26),将其中的大写英文字母替换成字母表中该字母开始的第 k 个字母,其他字符保持不变。例如,k 取 9 时,A 替换成 I,Y 替换成 G。为了使原句难于破译,再将上述转换后的句子自左至右两两字符交换,若最后仅剩下单个字符则不换。输出最后

的密文句子。例如，

```
ON A CLEAR DAY,YOU CAN SEE FOREVER↙     (键盘输入的原句)
9↙                                      (键盘输入的整数)
VWI K MTZIL GIG,CWK VIA MMN ZWDMZM      (输出的密文句子)
```

(9) 某工厂为制造大型设备购买了一批零件，为了解这批零件工作的稳定性，技术部门对它们进行了故障检测，并记录了每个零件的故障系数(1～1000的整数)。现在要找出哪种故障系数下零件数最多，如果有多个解，仅输出故障系数最小的那个。输入输出如下所示：

```
5↙              (键盘输入的零件个数)
1 3 4 3 4↙      (键盘输入的每个零件的故障系数)
3 2             (故障系数是3、4的零件数都是2,则输出故障系数较小的那个)
```

*(10)[①] 用getchar函数输入一段含西文字符和中文字符的正文，统计字数、字符数和行数。字是指一个中文字符或一个西文字符串(由空白符分隔)；字符是指一个西文字符或一个中文字符；空白符是指空格或回车或水平制表Tab。

*(11) 输入两个非负的整数x和y，判断两个数是否是2的幂，并计算两个数的平均值。注意，用(x+y)/2求平均值，会产生溢出，因为x+y可能会大于INT_MAX。本题要求用位运算求平均值，该方法不会溢出且高效。

*(12) IP地址是用一个32位的无符号整数来存储，用“点分十进制”来显示。请根据以下规则，用getchar函数输入一个“点分十进制”格式的IP地址，判断该地址是否合法，如果合法，则输出YES，并将其转换为32位无符号整数形式输出；如果不合法，则输出NO。

① 点分十进制IP地址由4个整数跟3个句点(.)组成，就是a.b.c.d的形式。

② a、b、c、d 4个部分的数字位数都可以是1～3位，其整数值都在0～255。

③ 不能有除了数字和.之外的字符出现。

要求程序能循环接受用户的输入并输出，直至输入Ctrl+Z结束。例如：

```
211.92.88.40↙       (键盘输入)
YES
3546044456          (即 11010011.01011100.01011000.00101000)
2345.123.10.5       (键盘输入)
NO
^Z
```

*(13) 某加密算法对数据按字节进行加密，具体为：对字节的8个二进制位从右向左用0～7编号，先将0、2、4位分别与1、3、5位两两对应交换，接着对0～5位进行循环左移(左边移出的位接在右边)，循环左移的位数由6、7两位的值决定。例如，若6、7位组成的二进制数为01，则将0～5位循环左移1位，最后得到加密结果，如图2-2所示。

---

① *号为选做题。

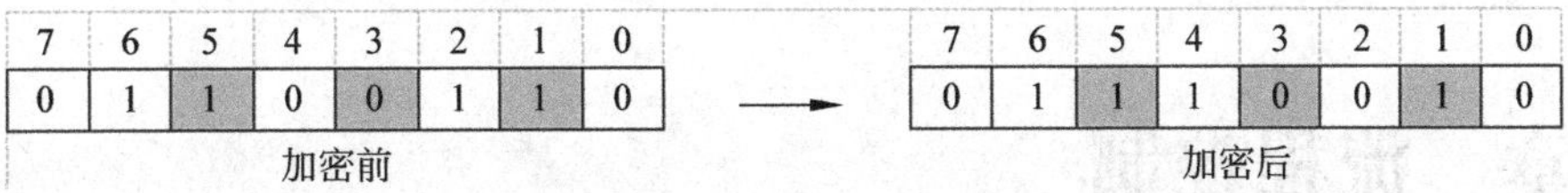

7	6	5	4	3	2	1	0
0	1	1	0	0	1	1	0

加密前

→

7	6	5	4	3	2	1	0
0	1	1	1	0	0	1	0

加密后

图 2-2 加密示意图

输入一行明文字符串，按该算法进行加密后输出密文。例如，输入“abcd”，则输出“dbfp”。

第3章 流程控制

任何一个计算机程序在逻辑上即程序执行时的控制流程都可以用3种基本结构表示：顺序结构、分支结构和循环结构。顺序结构按语句在源程序中出现的顺序依次执行；分支结构根据一定的条件有选择地执行或不执行某些语句；循环结构在一定条件下重复执行相同的语句。所有的流程控制都是由语句实现的，能够支持结构程序设计的语言必须有好的流程控制语句。

C语言通过6种执行语句实现上述3种基本结构，这6种语句是：①表达式语句；②复合语句；③标号语句；④选择语句(if和switch)；⑤循环语句(while、for和do-while)；⑥转移语句(break、continue、goto和return)。

3.1 内容提要

3.1.1 复合语句

复合语句的一般形式如下：

```
{
    声明语句部分
    可执行语句部分
}
```

一个复合语句在语法上等价于单个语句，这包含两层含义：一是凡一个语句能够出现的地方都能够出现复合语句；二是花括号中的所有语句是一个整体，要么全部执行，要么一句也不执行。复合语句可以嵌套，即复合语句中还可以有复合语句。

3.1.2 选择语句

1. if语句

if语句有以下两种形式。

(1) if格式如下：

```
if(表达式)语句
```

(2) if-else格式如下：

```
if(表达式)语句1  else语句2
```

if语句允许嵌套，嵌套时else与其前面最靠近的未配对的if配对，此即内层优先配对原则。

2. switch 语句

switch 语句的一般形式如下：

```
switch (表达式) {
    case 常量表达式 1: 语句序列;
    case 常量表达式 2: 语句序列;
      ⋮
    case 常量表达式 n: 语句序列;
    default: 语句序列;
}
```

case 和 default 只能在 switch 语句中使用。表达式是选择条件，其值必须为整型(包括字符型和枚举型)。switch 语句的语句体由多个 case 子句和至多一个(可以没有)default 子句组成；case 后面的常量表达式是值为常数的表达式，通常为字面常量或符号常量，其值在类型上必须和选择条件的类型相一致；同一个 switch 语句中的所有 case 常量值必须互不相同；每个 case(称为一种情况)下可以有零个或多个语句，有多个语句时可以不用加{ }。

switch 语句执行时，先计算作为选择条件的表达式，并将表达式的值依次与 case 后面的每个常量比较，当与某个 case 的常量值相等时，则执行该 case 后面的语句。若表达式的值与各 case 的常量值都不相等，在有 default 的情况下则执行 default 后面的语句；否则不执行 switch 中的任何语句，此时 switch 等价于一个空语句。switch 语句体在执行时，一旦遇到 break 语句，则终止剩余语句执行，而执行该 switch 语句的下一条语句。

3.1.3 循环语句

C 语言提供 while、for 和 do-while 3 种循环语句。

1. while 语句、for 语句和 do-while 语句

while 语句一般形式如下：

```
while (e)  s
```

for 语句一般形式如下：

```
for (e1; e2; e3)  s
```

do-while 语句一般形式如下：

```
do  s  while (e);
```

其中 e 代表表达式，s 代表语句(即循环体)。while 语句和 for 语句都是先计算并测试表达式(e 或 e2)的值，后执行循环体，若第一次测试时表达式的值就为 0 值，则循环体一次也不执行。do-while 语句则先执行循环体，然后计算并测试表达式的值，所以循环体至少被执行一次。

循环语句的使用要点如下：

(1) 第一次测试循环条件(e 或 e2)之前，循环变量必须赋初值；在循环体或循环控制部分的表达式 e、e2 或 e3 中必须有能够改变循环变量值的语句或表达式。写循环条件时，应注意避免无限循环、永不执行的循环或执行次数不正确的循环等情况。

(2) for 语句控制部分的 e1 可以包含除给循环变量赋初值之外的其他与循环有关的运算(在循环开始之前仅执行一次的运算)。e2 只须具有确定循环是否继续的测试值,而不要求一定是 i<n 之类的关系表达式。e3 是每次执行循环体后紧接着要执行的表达式,通常用于改变循环变量的值,如 i++之类;e3 可以包括某些属于循环体部分的内容,也可将 e3 放到循环体中。可见,for 语句的控制部分很灵活,可以容纳除循环变量赋初值、测试循环条件和修改循环变量值的运算以外的其他与循环有关的运算。写 for 语句时应兼顾算法的简洁性和可读性。此外,对于嵌套的循环语句,应写成缩进对齐格式,以增加程序结构的清晰感和美感。

(3) 任何循环语句,当循环体含有一个以上语句时。必须加大括号组成复合语句;当循环体为空语句时不要掉了分号。

2. 多重循环

当循环语句的循环体是一个循环语句或者包含有循环语句时,即为多重循环(或嵌套的循环)语句。

多重循环语句的使用要点如下:

(1) 对于多重循环语句,特别要注意给出与循环有关的变量赋初值的位置,只须执行一次的赋初值操作应放在最外层循环开始执行之前。

(2) 内、外循环变量不应同名,否则将造成循环控制混乱,导致死循环或计算结果错误。

(3) 应正确书写内、外循环的循环体。需要在内循环语句中执行的所有语句必须用{}括起来组成复合语句作为内循环体;属于外循环体的语句如果有多个,则应放在内循环体的{}之外,并用外层{}括起来组成复合语句作为外循环体。

(4) 不应在循环中执行的操作应该放在进入最外层循环之前或最外层循环结束之后。

3.1.4 转移语句和标号语句

转移语句包括 break、continue、goto 和 return 语句。其中,break、continue 和 goto 用于改变由 3 种基本结构(顺序、分支和循环)的语句预定的程序流程,return 用于从函数返回到函数的被调用点。

1. break 语句

break 语句的形式如下:

```
break;
```

break 语句只能用于下面两种情况:

(1) 用于循环语句的循环体中,当循环条件还未变为假时提前结束循环语句的执行(强行退出循环)。

(2) 用于 switch 语句中,从中途退出 switch 语句,即跳过 break 语句之后直到 switch 语句结束的所有语句。

对于嵌套的循环语句或 switch 语句,break 语句的执行只能退出包含 break 语句的那一层结构,不能隔层退出。

2. continue 语句

continue 语句的形式如下：

```
continue;
```

continue 语句只能用于循环语句的循环体中，终止循环体的本次执行，即在循环体的本次执行中跳过从 continue 语句之后直到循环体结束的所有语句(未退出循环语句)，控制转移到循环体的末尾。对于 while (e) s 和 do s while (e)；语句，执行 continue 语句之后马上执行表达式 e。而对于 for (el；e2；e3)　s 语句，则马上执行表达式 e3。

3. goto 语句和标号语句

goto 语句的形式如下：

```
goto 标号;
```

标号语句的形式如下：

```
标号:语句;
```

goto 语句的用途是将控制转移到由标号指定的语句(标号语句)开始执行。标号语句是 goto 语句转向的目标。

标号是一个标识符，任何可执行语句都可以加标号而成为标号语句。goto 语句的目标语句允许出现的范围称为标号的作用域，C 语言中标号的作用域是 goto 语句所在的函数，即 goto 语句不能将控制转出它所在的函数。goto 语句和标号语句在函数中的位置没有先后关系约束。

4. return 语句

retum 语句有以下两种形式。

(1) 不带表达式的 return 语句，其形式如下：

```
return;
```

(2) 带表达式的 return 语句，其形式如下：

```
return 表达式;
```

return 语句的用途是将控制返回到函数的被调用点。不带表达式的 return 语句只返回控制，但不返回值。带表达式的 return 语句，表达式可以用( )括起来，在返回控制的同时将表达式的值返回到被调用处(该值作为函数调用表达式的值使用)。对于无 return 语句的函数，当执行完函数体中最后一个语句后控制自动返回到调用点。

3.2 典型题解析

3.2.1 判断题

【例 3.1】 下列各小题程序均是为测试所使用机器的机器字长而编制的。请指出哪些程序是正确的？哪些程序不正确？为什么？

(1)

```
#include<stdio.h>
int main(void)
{
    unsigned k =~0;
    int bits =0;
    while (k !=0)    {
        k<<=1;
        ++bits;
    }
    printf("bits =%d\n", bits);
    return 0;
}
```

(2)

```
#include<stdio.h>
int main(void)
{
    unsigned k;
    int bits;

    for (k =~0, bits =0; k; k >>=1)
        ++bits;
    printf("bits =%d\n", bits);
    return 0;
}
```

(3)

```
#include<stdio.h>
int main(void)
{
    int k =~0, bits =0;
    do  {
        k<<=1:
        ++bits;
    }  while (k);
    printf("bits=%d\n", bits);
    return 0;
}
```

(4)

```
#include<stdio.h>
int main(void)
{
    int k, bits;

    for (k=~0, bits=0; k; k>>=1)
        ++bits;
    printf("bits=%d\n", bits);
    return 0;
}
```

【解析与答案】 因为整型(int 或 unsigned)的长度与机器字长相同,所以测试所使用机器的机器字长即确定一个整型变量存储单元的位数。实现方法上可以先将一个整型变量置为全 1,然后通过移位来统计最初的 1 的个数。移位时,无论左移或右移都必须保证填充位为 0;否则,程序将陷于死循环,永远不可能得到正确的统计结果。

题目所给的 4 个程序中,(1)、(2)和(3)是正确的,(4)是不正确的。

说明:4 个程序在解题思路方面是一样的,都是首先将一个字(int 型或 unsigned 型变量)的所有位置全为 1;然后用一个循环语句将这个字每次移 1 位,并计算循环的次数(即最初的 1 的个数),直到没有为 1 的位为止。循环结束时的计数结果则为所求。

程序(1)和(2)是通过将一个值为全 1 的 unsigned 变量 k 向左或向右移位来达到目的的。unsigned 整数无论是左移还是右移,都是逻辑移位,空出的位用 0 来填充;当移位的次数等于字的位数时,此 unsigned 整数为 0,从而统计出所使用机器的字长。

程序(3)使用的是 int 整数左移的方法。虽然 int 整数的移位运算是算术移位,但左移时低位仍然是用 0 来填充,所以同样可以达到目的。

程序(4)使用的是 int 整数 k 右移的方法。由于各位均为 1 的 int 整数即 −1,右移时是用符号位(1)来填充高位,k 右移的结果永远是 −1(非 0)。所以,该程序是一个死循环程序,永远无法达到目的。

此外,作为循环条件的表达式 k!=0 可简化为 k,使程序的代码更优。

【例 3.2】 输入任意一个大于或等于 2 的整数 n,判断该数是否是素数并输出相应的结果。请阅读下列程序,指出哪些程序是正确的?哪些程序不正确?为什么?

(1)

```
#include<stdio.h>
int main(void)
{
    int i, n;
    printf("input n (n>=2):");
    scanf("%d", &n);
    if (n<2) {
        printf("input error\n");
```

```
        return -1;
    }
    if (n==2)
        printf("2 is a prime\n");
    else {
        for (i=2; i<n; ++i)
            if (!(n %i)) {
                printf("%d isn't a prime\n", n);
                return 0;
            }
        printf("%d is a prime\n", n);
    }
    return 0;
}
```

(2)

```
#include<stdio.h>
int main(void)
{
    int i, j, n;
    printf("input n (n >=2) : ");
    scanf("%d", &n)
    if (n <2) {
        printf("input error\n");
        return -1;
    }
    for (i=2, j=n>>1; i<j; ++i)
        if (!(n %i)) {
            printf("%d is not a prime\n",n);
            return 0;
        }
    printf("%d is a prime\n", n);
    return 0;
}
```

(3)

```
#include<stdio.h>
int main(void)
{
    int i, j, n;

    printf("input n (n >=2) : ");
    scanf("%d", &n)
    if (n <2) {
```

```
        printf("input error\n");
        return -1;
    }
    if (!(n & 1) && n!=2) {
        printf("%d is not a prime\n", n);
        return 0;
    }
    for (i=3,j=sqrt(n); i<j; i+=2)
        if (!(n%i)) {
            printf("%d is not a prime\n", n);
            return 0;
        )
    printf("%d is a prime\n", n);
    return 0;
}
```

【解析与答案】 按照素数的定义，除 1 和自身以外不含任何其他因子的整数是素数，2 是最小素数。因此，判断一个整数 n 是否是一个素数就是要找出 n 是否包含 1 和自身以外的其他因子。根据数学知识可知，用 2～n－1(或 n/2、$\sqrt{n}$)作为除数 i，如果 i 均不能整除 n(表达式 n%i 结果非 0)，则 n 是一个素数；否则，n 不是素数。显然，用 2～$\sqrt{n}$作为除数时，所做的除法次数比用 2～n－1 或 2～n/2 作除数时少得多。

此外，按照素数的定义，除 2 以外的偶数一定不是素数。因此，可以首先检查输入的整数 n，如果 n 是一个偶数且不等于 2(表达式!(n%2) && n!＝2 非 0，或者!(n&1) && n!＝2 非 0)，则可直接输出 n 不是素数的结论。如果 n 已经确定为奇数，还可以使除数 i 从 3 开始，且 i 每次增加 2(奇数的因子不可能为偶数)。这样处理减少了运算次数，从而提高了程序的运行速度。

$\sqrt{n}$在程序中应表示为标准函数 sqrt(n)，且应包含所需头文件＜math. h＞，sqrt(n)的结果是浮点数，应通过赋值或类型强制符强制为整型。sqrt(n)要执行函数调用，表达式 n/2 要做除运算，而 sqrt(n)或 n/2 的结果在找因子的过程中(循环)是不变的。因此，应在循环开始之前执行 sqrt(n)或 n/2，以免在循环过程中重复计算相同的结果。n/2 的结果是整数，如果用 n＞＞1 代替 n/2 可达到相同的目的，而且移位运算比除运算快得多。

可见，一个好的程序不仅要求正确，而且应考虑影响程序运行速度的各种因素。

题目所给的 3 个程序中，(1)是正确的，(2)和(3)是不正确的。

程序(2)和(3)中 j 的值是最后一个除数，因此循环条件应为 i≤j 而不是 i<j；否则，会因漏掉一个除数而使不符合素数定义的数被作为素数输出。例如，程序(2)中的 4 和 9，本不是素数但会被作为素数输出。此外，程序(3)中用了标准函数 sqrt 但未包含头文件＜math. h＞。

本例题给读者的启示：编写程序，特别是编写循环条件，一定要仔细、严密、逻辑简单且结构清晰。

3.2.2　写运行结果题

对于此类型题目，应按照程序运行时的实际输出顺序及输出形式写出结果。

【例 3.3】 读下列程序，假定每次运行程序时输入依次为：

1　1.5　1.9　2　2.5　2.9　3　3.5　3.9　4　4.5　4.9　0.9　5

请写出程序各次运行时的输出结果。

```
#include<stdio.h>
int main(void)
{
    double x, y;
    printf("please input a real number x, (x>=1 and x<5): ");
    scanf("%lf", &x);
    switch ((int)x) {
        case 1:
            printf("x =%.1f\tY=%.2f\n", x, y=3*x+5);
            break;
        case 2:
            printf("x =%.1f\tY=%.2f\n", x, y=(2+x)+(2+x));
            break;
        case 3:
            printf("x=%.1f\tY=%.2f\n", x, y=1+x+x);
            break;
        case 4:
            printf("x=%.1f\tY=%.2f\n", x, y=x*x-2*x+5);
            break;
        default:
            printf("x=%.1f\terror in input data\n", x);
        }
    return 0;
}
```

【解析与答案】 此程序中，double 变量 x 是分支的选择条件，由于 switch 语句中选择条件表达式的值要求为整型，因而用强制类型符(int)将 x 的值强制转换为整数。(int)x 的结果为 x 截去小数部分后的整数值。当 x≥1 且 x<5 成立时，(int)x 的值分别为 1、2、3、4，正好与 case 后面常量表达式的值匹配；否则，对 x 不进行处理，而是输出 error in inputdata 信息。

本程序实现的功能是求分支函数的函数值，程序各次运行时的输出结果如下：

```
x =1.0,  Y=8.00
x =1.5,  Y=9.50
x =1.9,  Y=10.70
X =2.0,  Y~16.00
x =2.5,  Y=20.25
x =2.9,  Y~24.01
x =3.0,  Y=10.00
X =3.5,  Y=13.25
```

```
x =3.9,   Y=16.21
x =4.0,   Y=13.00
x =4.5,   Y=16.25
x =4.9,   Y=19.21
x =0.9,   error in input data
x =5.0,   error in input data
```

【例 3.4】 阅读下列程序，假设输入为：HeHeHeHeHeHe↙，写出程序的输出结果。

```
#include<stdio.h>
#include<string.h>

int main()
{
    int i, j, len;
    char word[100];

    scanf("%s", word);
    len =strlen(word);
    for (i=1; i<=len; i++)     /* 从小到大找周期 */
        if (len %i ==0) {       /* 周期必须能整除长度 */
            int ok =1;
            for (j=i; j<len; j++)
                if (word[j] !=word[j %i]) {   /* 不满足相隔周期步长相等，做标记并终止
                                                 循环 */
                    ok =0;
                    break;
                }
            if (ok) {           /* 一旦找到满足条件的周期，则输出周期并终止 */
                printf("%d\n", i);
                break;
            }
        }
    return 0;
}
```

【解析与答案】 此程序的主体是一个嵌套的循环语句。外循环是 for 语句，外循环的循环体由一条 if 语句组成，该 if 语句的 if 子句中，定义了标记变量 ok 并初始化为 1；其后是一条 for 循环语句，这个内层循环的循环体又是一条 if 语句，这条 if 语句在条件 word[j]!=word[j%i]成立时，将标记变量 ok 置为 0 并终止内层循环，word[j]和 word[j % i]是字符串 word 中相隔若干个间隔为 i 的两个字符，因此内层循环是在判断串中字符是否按周期 i 重复出现，由此可知，程序用于分析所输入字符串的周期。如果一个字符串可由长度为 k 的字符串重复多次得到，则该串以 k 为周期。本程序从小到大枚举各个周期，一旦符合条件就立即输出并终止循环。可见，如果一个周期串存在多个周期，那么输出的将是最小周期。

程序的输出结果是：

```
2
```

【例 3.5】 阅读下列程序，假定输入为：cast=3，house=5，sum is 8↙，请写出输出结果。

```
#include<stdio.h>
int main(void)
{
    char c;
    int alpha, digit, other;

    alpha =digit =other =0;
    printf("input characters end of newline:\n");
    while ((c=getchar()) !='\n') {
        if (c>='a' && c<='z' || c>='A' && c<='Z')
            alpha++;
        else if (c>='0' && c<='9')
            digit++;
        else
            other++;
    }
    printf("alphas=%d\ndigits=%d\nother=%d\n", alpha, digit, other);
    return 0;
}
```

【解析与答案】 该程序通过一个 while 语句对输入的一行字符（以'\n'结束）进行分类计数。分类方法是字母字符为一类，数字字符为一类，其余字符为一类。表达式 c>='0'&&c<='9'为 c 是否数字的条件；c>='a'&&c<='z' || c>='A'&&c<='Z'为 c 是否字母的条件，该条件表示对大小写字母统一计数。

此外，函数 getchar 每次读入一个字符存入变量 c，包括输入行上的空格字符在内。该程序的输出是：

```
alphas=14
digits=3
other=6
```

【例 3.6】 阅读下列程序，假定运行程序时输入如下，请写出运行程序时的输出结果。

```
123  456↙
555  555↙
123  594↙
0    0↙
#include<stdio.h>
int main()
{
```

```
    int a, b;
    int c, ans;
    int i;

    while (scanf("%d%d", &a, &b) ==2) {
        if (!a && !b)
            return 0;
        c =0, ans =0;
        for (i=9; i>=0; i--) {
            c = (a%10 +b%10 +c) >9 ?1 : 0;
            ans +=c;
            a /=10;
            b /=10;
        }
        printf("%d\n", ans);
    }
    return 0;
}
```

【解析与答案】 外层 while 循环的循环条件：scanf("%d%d", &a, &b)==2，库函数 scanf 的返回值表示按格式从标准输入设备成功转化的数据的个数，所以循环条件表达式从输入设备读取两个十进制整数，并分别存入变量 a 和 b，如果这两个变量输入成功，则循环继续下去，否则退出循环。循环体中，首先判断 a 和 b 是否同时为 0，若同时为 0，则终止程序；接下来，在进入内层 for 循环前，将变量 c 和 ans 赋值为 0，标识符 ans 通常用来存放问题的解；for 循环体内是 4 条赋值语句，第一条根据变量 a 和 b 的个位数字及 c 的和值是否大于 9，对 c 赋值 1 或 0。可见，c 存放的是进位值：产生进位(本位数字和加低位进位值大于 9)，c 为 1；否则，c 为 0。语句“ans+=c;”是对进位情况进行累计，内层循环的后两条语句“a/=10; b /=10;”将变量 a 和 b 的个位切除，使十位变个位，百位变十位。因此，程序用来计算两个十进制整数在做加法运算时，所产生进位的次数。

运行程序时，输出结果为：

```
0
3
1
```

3.2.3 完善程序题

【例 3.7】 下面的程序是计算级数 $S=1+\sqrt{2}+\sqrt{3}+\cdots+\sqrt{10}$，将程序中下画线处的内容补充完整。

级数中自然数 A 的平方根是通过牛顿迭代法求出的，牛顿迭代公式为：

$$X_1=1, \quad X_{n+1}=1/2*(X_n+A/X_n), \quad n=1,2,3\cdots$$

迭代过程直到 $|X_{n+1}-X_n|\leqslant 10^{-7}$ 时为止，X_{n+1} 即为所求自然数的平方根。

下面的程序中，变量 x 为自然数，它在 1～10 变化；变量 xl、x2 和 limit 分别为公式中的

X_n、X_{n+1}和$|X_{n+1}-X_n|$；变量 s 为求得的结果。

```
/* 例 3.7 程序:牛顿迭代法求级数 */
#include<stdio.h>
#include<math.h>
#define EPS 1.0E-7

int main(void)
{
    int x;
    double s =0, xl =1, x2, limit;

    for (x=1; x<=10; x++) {
        do {
            x2 = ____(1)____;
            limit =fabs(xl -x2);
            ____(2)____;
        } while (____(3)____);
        ____(4)____;
    }
    printf("s =%.8f\n", s);
    return 0;
}
```

【解析与答案】 程序有两重循环，外循环控制代表自然数的变量 x 由 1～n 变化，内循环是通过牛顿迭代法求$\sqrt{X}$的迭代过程。

迭代时，X_{n+1}（即 x2）可通过迭代公式 $1/2*(X_n+A/X_n)$求出，写为表达式的形式即 x2＝(xl＋x/xl)/2，当求出 X_{n+1}后，调用库函数 abs 求出$|X_{n+1}-X_n|$，并将它存入变量 limit 中。为了能正确地执行下一轮迭代，应更新 X_n（即 x1）。当$|X_{n+1}-X_n|$（即 limit）＞EPS 时，继续迭代，否则停止迭代。

在结束一个自然数平方根的求值之后，x2 为该自然数的开平方结果。在求下一个自然数的平方根时，xl 的值为迭代初值。

说明：除$\sqrt{2}$的迭代初值与迭代结果相差较大外（也只有 0.4），以后各$\sqrt{X}$的迭代初值愈来愈接近迭代结果。也就是说，直接使用上一自然数的开平方结果作为下一个自然数开平方的迭代初值是合适的，不需要重新赋迭代初值。

综上所述，填入各下画线处的语句如下：

(1) (xl＋x / xl) / 2　　　　(2) xl＝x2

(3) limit ＞ EPS　　　　(4) s ＋＝x2 或 s＝s＋x2

【例 3.8】 下面的程序将输入正文中的横向制表符('\t')换成空格符(' ')输出。将程序中下画线处的内容补充完整。

当输出横向制表符时，光标定位在某数（即下列程序中的 TAB，通常为 8）倍数的位置上。将横向制表符换成空格符输出时，也应保持这种特性。为此，每次输出字符时都需记录当前光标的位置,以便在将横向制表符换成空格符时计算出应输出的空格数目。

设光标当前位置记录在整型变量 pos 中,换掉横向制表符时应输出的空格数目 nb 可由公式 TAB－pos %TAB 计算出来。

```
/* 例 3.8 程序:将输入正文中的横向制表符换成空格符输出 */
#include<stdio.h>
#define TAB 8

int main(void)
{
    int nb;                          /* 应输出的空格数目 */
    int pos;                         /* 记录光标当前位置 */
    char ch;

    for (____(1)____; (ch=getchar0)!=EOF; )
        switch (ch) {
        case '\t':
            nb =TAB -pos %TAB;
            ____(2)____;
            while (nb --)
                putchar(' ');
            break;
        caset '\n':
            putchar(ch);
            ____(3)____;
            break;
        default:
            putchar(ch);
            ____(4)____;
        }
    return 0;
}
```

【解析与答案】 程序从正文中读取字符,当读取的字符是横向制表符时,由公式 TAB－pos% TAB 算出应输出的空格字符数 nb,并换成 nb 个空格输出;当读取的字符是其他字符时,则原样输出。重复此过程直至遇到文件尾为止。

程序在计算空格字符数 nb 时使用了变量 pos,而变量 pos 在题目给出的程序中从未赋过值,显然是在预留的空处给变量 pos 赋值的。从题目说明可知,变量 pos 用于记录光标的当前位置。开始读入字符时,pos 应置初值 0;输出行结束符('\n')后,光标回到行首,pos 应重新置 0;在遇到横向制表符输出 nb 个空格后,光标向后移动了 nb 个字符位置,pos 也应加 nb;至于其他字符,每输出一个字符,pos 都应增 1。

综上所述,填入各下画线处的语句如下:

(1) pos＝0　　(2) pos ＋＝nb　　(3) pos＝0　　(4) ＋＋pos

3.2.4 程序设计题

【例 3.9】 猴子吃桃问题。猴子第一天吃掉桃子总数的一半多一个，第二天又将剩下的桃子吃掉一半多一个，以后每天吃掉前一天剩下的桃子一半多一个，到第十天准备吃的时候见只剩下一个桃子。猴子第一天开始吃的时候桃子的总数是多少？

【解析与答案】 第 n 天吃之前余下的桃子数 X_n(n=10,9,…,1)如下：

$$X_{10}=1,\quad X_9=2\ (X_{10}+1),\quad X_8=2(X_9+1),\quad \cdots,\quad X_1=2(X_2+1)$$

从上面的分析可以得到求 X_n 的递推公式：$X_n=2\times(X_{n-1}+1)$，可根据递推公式采用循环方法实现该解法。

```
/* 例 3.9 程序:猴子吃桃问题 */
#include<stdio.h>
int main(void)
{
    int d, x;

    for (d=10,x=1; d>1; --d)   /* 从第十天倒推到第一天 */
        x = (x +1) <<1;
    printf("x=%d\n", x);
    return 0;
}
```

【例 3.10】 微生物分裂问题。假设有两种微生物 X 和 Y，X 出生后每隔 3 分钟分裂一次(数目加倍)，Y 出生后每隔 2 分钟分裂一次(数目加倍)。一个新出生的 X，半分钟之后吃掉一个 Y，并且从此开始，每隔 1 分钟吃一个 Y。现在已知有新出生的 X=10，Y=89，求 60 分钟后 Y 的数目。如果 X=10，Y=90，那么 60 分钟后 Y 的数目又是多少呢？

【解析与答案】 用 X 和 Y 表示两种微生物的数量。从零时刻开始，每过 1 分钟，Y 的数量减少 X，即 Y=Y−X>=0？Y−X:0；每过 2 分钟，Y 的数量翻倍，即 Y=Y<<1；每过 3 分钟，X 的数量翻倍，即 X=X<<1。我们用 t 表示从零时刻起，时间所过的分钟数，那么用 t 作循环变量，使其从 0 变为 60，每次循环 t 增加 1，在循环体内按上述规律改变 X 和 Y 的值，直到循环结束，输出 Y 的值即可。值得注意的是，循环在边界条件时的处理：t=0 时，X 和 Y 均不翻倍；t=60 时，X 和 Y 均翻倍。

题目的结果令你震惊吗？这不是简单的数字游戏。真实的生物圈有着同样脆弱的性质，也许因为你消灭的那只 Y 就是最终导致 Y 种群灭绝的最后一根稻草。

```
/* 例 3.10 程序:微生物分裂问题 */
#include<stdio.h>

int main(void)
{
    int X, Y, t;
```

```
    printf("In the beginning, X =10, Y =89\n");
    t =0, X =10, Y =89;              /* 0时刻 X和 Y的数量 */
    Y =Y -X;                         /* 半分钟后,每个 X吃掉一个 Y */
    for (t=1; t<60; t++) {
        if (!(t %2)) {               /* 每过 2分钟,Y数量翻倍 */
            Y <<=1;
        }
        if (!(t %3)) {               /* 每过 3分钟,X数量翻倍 */
            X <<=1;
        }
        Y =Y -X;                     /* 每过 1分钟,每个 X吃掉一个 Y */
        if (Y <0) {                  /* Y不可能为负数 */
            Y =0;
        }
    }
    Y <<=1, X <<=1;
    printf("After 60 minutes, Y =%d\n", Y);
}
```

【例 3.11】 奇怪的算式。福尔摩斯到某古堡探险,看到门上写着一个奇怪的算式:

ABCDE＊?＝EDCBA

A、B、C、D、E代表不同的数字,问号也代表某个数字,福尔摩斯想了好久没有算出合适的结果来。请你利用计算机的优势,找到破解的答案。把A、B、C、D、E所代表的数字写出来。

【解析与答案】 可用枚举的方法来求解,涉及6个变量A、B、C、D、E和X(X代表?),构造6重循环,分别让这6个变量从0变到9,判断下式是否成立:

$(A\times10000+B\times1000+C\times100+D\times10+E)\times X==E\times10000+D\times1000+C\times100+B\times10+A$

如果成立,则得到一组解,输出A、B、C、D、E和X的值。

根据题意,A、B、C、D、E互不相等,且A和E不得为0。

```
/* 例 3.11程序:奇怪的算式 ABCDE * ?=EDCBA */
#include<stdio.h>
int main(void)
{
  int A, B, C, D, E, X;

  for (A=1; A<10; A++) {
    for (B=0; B<10; B++) {
      if (B-A ==0) continue;
      for (C=0; C<10; C++) {
        if ((C-A) * (C-B) ==0) continue;
        for (D=0; D<10; D++) {
          if ((D-A) * (D-B) * (D-C) ==0) continue;
```

```
            for (E=1; E<10; E++) {
              if ((E-A) * (E-B) * (E-C) * (E-D) ==0) continue;
              for (X=2; X<10; X++) {
              if(A * 10000+B * 1000+C * 100+D * 10+E) * X==E * 10000+D * 1000+C * 100+B * 10+A) {
                  printf("A=%d, B=%d, C=%d, D=%d, E=%d, X=%d\n", A, B, C, D, E, X);
                }
              }
            }
          }
        }
      }
    }
    return 0;
}
```

【例 3.12】 比拼酒量。有一群海盗(不多于 20 人)在船上比拼酒量。过程如下：打开一瓶酒,所有在场的人平分喝下,有几个人倒下了。再打开一瓶酒平分,又有人倒下了……直到打开第四瓶酒,坐着的人已经所剩无几,海盗船长也在其中。当第四瓶酒平分喝下后,大家都倒下了。等船长醒来,发现海盗船搁浅了。他在航海日志中写到:“昨天,我正好喝了一瓶……奉劝大家,开船不喝酒,喝酒别开船。”

请你根据这些信息,推断开始有多少人,每一轮喝下来还剩多少人。如果有多个可能的答案,请列出所有的答案,每个答案占一行。格式是:人数,人数,……。

例如,有一种可能是:20,5,4,2,0。

【解析与答案】 根据题目意思,一共喝了 4 轮,船长最后一轮醉倒,醉倒前正好喝了一整瓶。本题仍然可用枚举的方法求解。假设开始人数为 x0,则 x0 不多于 20 人,第一轮到第三轮喝下来,分别还剩 x1、x2、x3,第四轮喝过后还剩 0 人。设计一个 4 重循环,x0 从 20 递减到 1,x1 从 x0 递减到 1,依次,x3 从 x2 递减到 1,4 重循环的循环变量每次减少 1,那么当 1.0/x0+1.0/x1+ 1.0/x2+ 1.0/x3==1 时,得到一组解,将解输出。

```
/* 例 3.12 程序:比拼酒量 */
#include<stdio.h>

int main(void)
{
    int x0, x1, x2, x3;

    for (x0=20; x0>0; x0--) {
        for (x1=x0; x1>0; x1--) {
            for (x2=x1; x2>0; x2--) {
                for (x3=x2; x3>0; x3--) {
                    if (1.0/x0 +1.0/x1 +1.0/x2 +1.0/x3 ==1) {
                        printf("%d, %d, %d, %d, 0\n", x0, x1, x2, x3);
                    }
```

```
                }
            }
        }
    }
    return 0;
}
```

【例 3.13】 输入的正文复制到输出,复制过程中删去每个输入行的前置空格。

【解析与答案】 为了删去每个输入行的前置空格,可以用一个整型变量 flag 使其置为非 0 或 0 来标记当前的空格字符是处于行外或行内。如果 flag 为非 0,表明当前空格字符处于行外,则不复制,继续读入下一个字符;否则(flag 为 0),将当前字符(无论是否空格字符)复制到输出。

```
/*例 3.13 程序:输入的正文复制到输出,前置空格不输出*/
#include<stdio.h>
int main(void)
{
    char ch;
    int flag=1;
    printf("input text:\n");
    while((ch=getchar())!=EOF)    {
        if (flag && (ch==' '||ch=='\t'))
            continue;
        putchar(ch);
        if (ch=='\n')
            flag=1;
        else
            flag=0;
    }
    return 0;
}
```

【例 3.14】 大奖赛计分。某电视台举办了低碳生活大奖赛,题目的计分规则相当奇怪:每位选手需要回答 10 个问题(其编号为 1～10),越到后面越有难度。答对的,当前分数翻倍;答错了则扣掉与题号相同的分数(选手必须回答问题,不回答按错误处理)。

每位选手都有一个起步的分数 10 分。某获胜选手最终得分刚好是 100 分,如果不让你看比赛过程,你能推断出他(她)哪个题目答对了,哪个题目答错了吗。

如果把答对的记为 1,答错的记为 0,则 10 个题目的回答情况可以用仅含有 1 和 0 的串来表示。例如,0010110011 就是可能的情况。你的任务是算出所有可能情况,每个答案占一行。

【解析与答案】 每个题目的回答情况有两种,则 10 个题目的回答情况有 $2^{10}=1024$ 种,按照计分规则依次判断每种情况下的最终得分,如果是 100 分,则得到一个答案。

```
/*例 3.14 程序:大奖赛计分*/
#include<stdio.h>
```

```
#define MSK 0x200
int main(void)
{
    int i, x, j;

    for (i=0; i<1024; i++) {
        x =10;
        for (j=0; j<10; j++) {
            if ((i<<j) & MSK)
                x <<=1;
            else
                x -=j +1;
        }
        if (x ==100) {
            for (j=9; j>=0; j--)
                putchar((i>>j&1)+'0');
            putchar('\n');
        }
    }
    return 0;
}
```

3.3 实验三 流程控制实验

3.3.1 实验目的

(1) 掌握复合语句和 if 语句和 switch 语句的使用，熟练掌握 for、while、do-while 3 种基本的循环控制语句的使用，掌握重复循环技术，了解转移语句与标号语句。

(2) 熟练运用 for、while、do-while 语句来编写程序。

(3) 练习转移语句和标号语句的使用。

(4) 使用集成开发环境中的调试功能：单步执行，设置断点，观察变量值。

3.3.2 实验内容及要求

1. 程序改错

下面的实验 3-1 程序是合数判断器(合数指自然数中除了能被 1 和本身整除外，还能被其他数整除的数)，在该源程序中存在若干语法和逻辑错误。要求对该程序进行调试修改，使之能够正确完成指定任务。

```
/*实验 3-1 改错题程序:合数判断器*/
#include<stdio.h>
int main()
{
```

```
    int i,x,k,flag=0;
    printf("本程序判断合数,请输入大于 1 的整数,以 Ctrl+Z 结束\n");
    while(scanf("%d",&x)!=EOF) {
    for(i=2,k=x>>1;i<=k;i++)
            if(!x%i) {
                flag=1;
                break;
        }
    if(flag=1)  printf("%d 是合数\n",x);
    else  printf("%d 不是合数\n",x);
    }
    return 0;
}
```

2. 程序修改替换

(1) 修改实验 3-1 程序,将内层两出口的 for 循环结构改用单出口结构,即不允许使用 break、goto 等非结构化语句。

(2) 修改实验 3-1 程序,将 for 循环改用 do-while 循环。

(3) 修改实验 3-1 程序,将其改为纯粹合数求解器,求出所有的 3 位纯粹合数。一个合数去掉最低位,剩下的数仍是合数;再去掉剩下的数的最低位,余留下来的数还是合数,这样反复,一直到最后剩下的一位数仍是合数,这样的数被称为纯粹合数。

3. 程序设计

(1) 假设工资税金按以下方法计算：x<1000 元,不收取税金;1000≤x<2000,收取 5%的税金;2000≤x<3000,收取 10%的税金;3000≤x<4000,收取 15%的税金;4000≤x<5000,收取 20%的税金;x>5000,收取 25%的税金。输入工资金额,输出应收取的税金额度,要求分别用 if 语句和 switch 语句实现。

(2) 625 这个数很特别,625 的平方等于 390625,其末 3 位也是 625。请编程输出所有这样的 3 位数：它的平方的末 3 位是这个数本身。

(3) 输入一只股票连续 n 天的收盘价格,输出该股票这 n 天中的最大波动值,波动值是指某天收盘价格与前一天收盘价格之差的绝对值。

(4) 将输入的正文复制到输出,复制过程中将每行一个以上的空格字符用一个空格代替。

(5) 打印如下杨辉三角形。

```
                1                  /*第 0 行*/
              1   1                /*第 1 行*/
            1   2   1              /*第 2 行*/
          1   3   3   1
        1   4   6   4   1
      1   5   10  10  5   1
    1   6   15  20  15  6   1
  1   7   21  35  35  21  7   1
1   8   28  56  70  56  28  8   1
1   9   36  84  126 126 84  36  9   1
```

第 i 行第 j 列位置的数据值可用组合 C_i^j 表示，C_i^j 的计算公式如下：

$$C_i^j=1 \qquad (i=0,1,2,\cdots)$$

$$C_i^j=C_i^{j-1}*(i-j+1)/j \quad (j=1,2,3,\cdots,i)$$

根据以上公式，采用顺推法编程，输出金字塔效果的杨辉三角形。特别要注意空格的数目，一位数之间是 3 个空格，两位数之间有 2 个空格，3 位数之间只有一个空格。

(6) 梅森数是形如 2^n-1 的正整数，其中指数 n 是素数，记为 M(n)。如果一个梅森数是素数，则称其为梅森素数。例如，$M(2)=2^2-1=3$ 是梅森素数，而 $M(11)=2^{11}-1=2047=23\times89$ 不是梅森素数。输入一个大于 3 的长整数 m，输出不大于 m 的所有梅森素数，输出格式按下面示例。

输入：

```
97↙
```

输出：

```
M(2)=3
M(3)=7
M(5)=31
```

(7) 一辆卡车违犯交通规则，撞人后逃跑。现场有 3 人目击事件，但都没记住车号，只记下车号的一些特征。甲说：牌照的前两位数字是相同的；乙说：牌照的后两位数字是相同的，但与前两位不同；丙是位数学家，他说：4 位的车号刚好是一个整数的平方。现在请根据以上线索帮助警方找出车号以便尽快破案。

(8) 某游戏规则中，甲乙双方每个回合的战斗总是有一方胜利，一方失败。失败的一方要把自己的体力值的 1/4 加给胜利的一方。例如，如果双方的体力值都为 4，经过一轮战斗后，双方的体力值会变成 5，3。

现在已知：双方开始时的体力值，甲为 1000，乙为 2000。假设战斗中，甲乙获胜的概率都是 50%。求解：双方经过 4 个回合的战斗，体力值之差小于 1000 的理论概率。

*(9) 用牛顿迭代法求方程 $f(x)=3x^3-4x^2-5x+13=0$ 满足精度 $e=10^{-6}$ 的一个近似根，并在屏幕上输出所求近似根。求方程近似根的迭代公式为：

$$\begin{cases} x_0=a \\ x_{k+1}=x_k-f(x)/f'(x_k) \end{cases}$$

其中，$f'(x)$是函数 $f(x)$的前导函数。牛顿迭代法首先任意设定的一个实数 a 来作为近似根的迭代初值 x_0，然后用迭代公式计算下一个近似根 x_1。如此继续，迭代计算 $x_2,x_3,\cdots,x_n$，直到 $|x_n-x_{n-1}|\leqslant$精度 e，此时值 x_n 即为所求的近似根。

*(10) 用筛法构造素数表，输入 $m(4\leqslant m\leqslant1000000)$，查表找出 m 之前的所有孪生素数。孪生素数就是指距离为 2 的相邻素数，例如(3,5)，(5,7)。

*(11) 输入正整数 $x(2\leqslant x\leqslant79)$，输出所有形如 abcde/fghij=x 的表达式，其中 a～j 由不同的数字 0～9 组成。例如，x=32 时，输出为：75168/02349=32。

*(12) 接受一个以 $N/D(0\leqslant N\leqslant65535,0\leqslant D\leqslant65535)$形式输入的分数，其中 N 为分子，D 为分母，输出它的小数形式(运算结果小数点后最多保留 100 位)。假如它的小数形式

存在循环节，要将其用括号括起来。例如，1/3＝.33333…表示为.(3)，又如 41/333＝.123123123…表示为.(123)。

*(13) 判断给定的字符串是否是合法的C整型常量，如果是，则输出Yes；不是，则输出No。例如，0xabL是C整型常量，而092不是C整型常量。要求程序能循环接受用户的输入，每行输入一个字符串，给出判定结果，再输入一个字符串，给出判定结果，直至输入Ctrl＋Z结束。

第4章　函数与编译预处理

C程序是由一个或多个函数组成的，函数是C程序的基本组成单位。一个C程序中main函数有且仅有一个，此外还会用到C语言提供的标准库函数以及用户自定义的其他函数。为了更好地组织程序及方便编程，C语言还提供了一组编译预处理指令，掌握它们可以帮助开发人员提高编程效率。

4.1　内容提要

4.1.1　函数的定义与调用

函数定义的一般形式如下：

```
类型名　函数名(参数列表)
{
    声明部分
    语句部分
}
```

在程序中写出函数的完整实现称为定义函数。如果是定义在后、使用在前，则需要在使用前先对函数进行声明。声明的一般方法是使用函数原型，其一般形式如下：

```
类型名　函数名(参数类型表);
```

C语言的参数传递采用的是值传递，即调用函数时，为形式参数(简称形参)分配存储单元，然后将实际参数(简称实参)的值复制给形参。实参和形参在内存中各自有自己的存储空间，是两个相互独立的单元，它们之间的本质关联只在于值的复制。

C语言中，函数调用被看成表达式，可以以以下两种形式出现：

(1) 作为单独的表达式语句出现。不管是void类型的函数还是非void类型的函数都可以以这种形式调用。例如：

```
getchar();
```

(2) 作为表达式的一部分出现。非void函数才能以这种形式调用，例如，作为表达式的操作数：

```
c=getchar();
```

或作为另一个函数调用时的实参：

```
printf("%10.0f",sqrt(x));
```

递归调用是一种特殊形式的函数调用，是指在一个函数的函数体中调用了它自己。含有函数递归调用的程序称为递归程序。如果在函数体内直接调用自己,这种递归称为直接递归;如果函数 A 调用了函数 B,而函数 B 又回头调用了函数 A,则称为间接递归。

设计递归函数时需要注意两点:

(1) 递归结束条件,这是递归函数执行的边界,通常对应某个参数的最小值(如上面的 x≤1)。此时不再进一步递归调用,而是直接返回。如果没有递归结束条件,递归程序将陷入无限循环而最终导致程序异常。

(2) 递归执行部分,通常是参数不足够小时,以参数某个变化后的值(当作实参)递归调用函数。

递归程序设计是一种有用而且重要的程序设计技术,应多加训练,熟练掌握。

4.1.2 实参的求值顺序

实参的求值顺序是一个很微妙的问题。这里以计算 x^n 的函数 power(x,n)为例进行说明。设有“int a=1;”,函数调用“power(a,a++);”是相当于 power(2,1)呢,还是相当于 power(1,1)呢?

或许会想当然地认为:从左向右地看,序列点在右括号处,所以结果是 power(1,1)。但事实并非如此,大多数编译器实现的方式是从右向左,即先计算第二个实参表达式 a++的值,并且将 a 加 1 后再计算第一个实参,所以实际上是 power(2,1)。

实参的求值顺序在 C 语言标准中属于未定义行为,需要编译器的实现者根据对代码进行优化的需要,自行规定。这就使得有的编译器规定求值顺序是自右至左,而有的编译器规定求值顺序是自左至右,所以上面的 power(1,1)也许是正确的。但显然两种求值顺序带来了不同的结果,对应用程序来说存在计算错误的隐患。发生这种现象的根本原因并不在于函数本身,而是由于函数调用时对实参使用了带有副作用的操作符,如这里的++运算,不同的编译器对这些参数的处理机制存在二义性。

为了保证程序清晰、可移植,应避免使用会引起副作用的实参表达式。

4.1.3 作用域和可见性

作用域是一个名字在程序中的有效范围,标准 C 定义了 4 种作用域范围:文件范围、块范围、函数原型范围和函数范围。

根据作用域的不同,变量首先被分为局部变量和全局变量。局部变量的作用域限于某个程序块中,局部变量只在包含它的程序块中有效,出了这个程序块就不能再引用它了。而全局变量的作用域属于文件范围,从源程序文件中的定义之处开始即可在后面的函数中引用,并且通过 extern 声明,可以将全局变量的作用域扩展到定义它之前的范围或其他源文件中。需要注意的是,全局变量的定义只能有一处,但引用性声明(extern 声明)可以有多处。

可见性则描述了在嵌套的多重程序块间,同名变量的可用性问题。基本的规则是内层变量屏蔽外层的同名变量,局部变量在其作用域内屏蔽同名的全局变量。当在内层定义了同名变量,就相当于在同名的内层变量和外层变量之间“竖起了一堵墙”,从内层往外层看,外存变量“不可见”了。

4.1.4 存储类型

存储类型有 auto、extern、static 和 register，其中 auto 和 register 只能作用于变量，而 extern 和 static 既可作用于变量，也可作用于函数。

程序块中定义的局部变量的默认存储类型是 auto。定义局部变量时，关键字 auto 可以写，也可以不写，

在函数外部定义的全局变量的存储类型是 extern，但定义全局变量时不能加 extern 关键字，否则就成了对全局变量的引用性声明，而非定义。例如，若函数外有“int x;”则定义了全局变量 x，而“extern int x;”仅是对 x 的引用性声明。

静态变量既可以用于定义局部变量，也可以用于定义外部变量。但不管是静态局部变量，还是静态外部变量，都与外部变量一样具有永久生命周期，且在静态数据区分配空间。

静态局部变量具有记忆功能，利用这一性质，可以设计保持某些内部变量值连续性的函数，这是一种有用的设计技术。而静态外部变量使得外部变量的作用域仅限于变量所在的源程序文件，解决了多文件同名外部变量命名冲突的问题，在工程开发中经常会被用到。这些技术都需要程序设计人员熟练掌握。

register 变量因为被直接分配在寄存器中，所以访问效率高，但能否成功使用，则由运行时 CPU 寄存器被使用的情况决定。同时要知道，由于 register 变量使用的是硬件 CPU 中的寄存器，所以寄存器变量无内存地址，不能使用取地址运算符“&”求寄存器变量的地址。

4.1.5 编译预处理

编译预处理指令都以井号“#”开始，这里主要掌握文件包含(#include)、条件编译(#if)、宏定义(#define)等编译预处理命令的使用。编译预处理是在对源程序实际编译前，由预处理器负责完成，本质上是做一些文本替换，而替换的结果是经过展开或整理后的新程序，并且仍是源程序代码，而不是目标代码。

文件包含命令#include 有两种形式：

```
#include<文件名>
```

和

```
#include "文件名"
```

这两种形式均是用指定的文件代替本行。如果包含的文件在标准目录下，则用尖括号形式，否则用双引号形式。标准目录可以在开发环境的安装目录下或从 IDE 的设置里找到，用户目录一般就是源程序所在的目录。

宏定义指令#define 除了可以定义符号常量外，还可以定义带有参数的宏。但无论是哪种形式的宏，处理机制都是一样的，就是在预编译的时候进行文本替换。

充分利用宏定义，可以使源程序的编写简洁、清晰、易读，是一种良好的编程习惯。另外要清楚的是，带参数的宏与函数之间的差异，尽管调用形式表面看起来一样，但二者的定义和内部处理机制有着本质的区别。

条件编译可以对源代码进行选择编译，在跨平台开发时选择平台相关部分代码进行编

译或抑制头文件被多次嵌套包含等方面有实际而广泛的应用。条件编译有灵活的使用方式,在学习中应该多加练习。

4.2 典型题解析

4.2.1 判断题

【例 4.1】 设 r 是圆的半径,设计一个函数计算圆的面积。下面的程序段是几种不同的定义形式,判断哪些是错误的,哪些是正确的。

(1)

```
void Area1(double r)
{
    return 3.14 * r * r;
}
```

(2)

```
double Area2(double r)
{
    3.14 * r * r;
}
```

(3)

```
double Area3(double r)
{
    return 3.14 * r * r;
}
```

(4)

```
double Area4(double r);
{
    return 3.14 * r * r;
}
```

(5)

```
Area5(double r)
{
    return 3.14 * r * r;
}
```

【解析与答案】

(1) 错误。如果函数的类型是 void,意味着该函数没有返回值。但根据题意,显然是需要函数返回圆的面积(double 类型),所以函数类型定义是错误的。

(2) 错误。函数的返回值必须通过 return 语句返回。

(3) 正确。符合函数定义规范的要求。

(4) 错误。定义函数时,函数头的最后不能跟分号,否则函数头这一行就成了函数原型的表示,显然与该处的设计不符。

(5) 错误。函数定义没有类型名时,编译器会默认函数是 int 型的,而根据题意,函数的功能是计算圆的面积,应该是与 r 对应的 double 类型,所以函数类型是错误的。但需要注意的是,对于本例这种形式的定义一般可以通过编译,编译器会给出一个警告,指出函数类型被默认当作整型处理,即最后的计算结果被强制转换成 int 型数据返回。如果程序设计人员忽略了编译器给出的警告性错误,保持原样的话,则会对后续计算造成误差(double 型数据强制转换成 int 型数据存在截断误差)而引起错误。这种错误是隐式的,很难发现,应避免出现这类问题。

【例 4.2】 设计一个有两个 float 型参数的函数 func,用于计算两个参数的平均值,然后返回结果,并在 main 函数中调用它。以下是程序的几种描述,判断哪些是错误的,哪些是正确的。

(1)

```
#include<stdio.h>
float func(float x, float y)
{
    return (x+y)/2;
}
int main()
{
    float x, y;
    scanf("%f %f", &x, &y);
    printf("average of x and y is %f\n",func(x,y));
    return 0;
}
```

(2)

```
#include<stdio.h>
int main()
{
    float x, y;
    scanf("%f %f", &x, &y);
    printf("average of x and y is %f\n",func(x,y));
    return 0;
}
float func(float x, float y)
{
    return (x+y)/2;
}
```

(3)

```
#include<stdio.h>
float func(float x, float y);
int main()
{
    float x, y;
    scanf("%f %f", &x, &y);
    printf("average of x and y is %f\n",func(x,y));
    return 0;
}
float func(float x, float y)
{
    return (x+y)/2;
}
```

(4)

```
#include<stdio.h>
int main()
{
    float x, y, func(float x, float y);
    scanf("%f %f", &x, &y);
    printf("average of x and y is %f\n",func(x,y));
    return 0;
}
float func(float x, float y)
{
    return (x+y)/2;
}
```

(5)

```
#include<stdio.h>
int main()
{
    float x, y;
    scanf("%f %f", &x, &y);
    printf("average of x and y is %f\n",func(x,y));
    return 0;
}
float func(float x, float y);
float func(float x, float y)
{
    return (x+y)/2;
}
```

【解析与答案】

(1) 正确。func 函数在 main 函数调用它之前定义,函数定义本身具有函数声明的作用,符合函数先声明后使用的要求。

(2) 错误。func 函数在 main 函数之后定义,但之前在 main 函数里已经发生了对 func 的调用,不符合函数先声明后使用的要求。

(3) 正确。虽然 func 函数在 main 函数之后定义,但在 main 函数的前面通过函数原型对 func 函数进行了引用性声明,符合函数先声明后使用的要求。

(4) 正确。函数原型可以出现在函数之外,也可以出现在任何程序块中,只要此处对其声明的函数符合先声明后使用规则即可。这里 func 函数的函数原型出现在 main 函数内,且在调用 func 之前,所以是正确的用法。

(5) 错误。函数原型声明可以在程序的任何位置出现,但其出现的任何位置对其声明的函数都要符合先声明后使用的要求。此处虽然有 func 函数的函数原型声明,但却在 main 函数之后,而对 func 函数的调用发生在 main 函数里面,显然不符合函数先声明后使用的要求。

【例 4.3】 下列关于静态变量的描述,判断哪些是错误的,哪些是正确的。

(1) 静态局部变量是全局变量。

(2) 静态局部变量的生命周期与全局变量相同。

(3) 定义静态全局变量的目的是把全局变量的生命周期延长到文件的结束。

(4) 通过"extern static int i;"语句可将变量 i 的作用域从一个文件延伸到另一个文件中。

(5) 由于静态局部变量存储在静态数据区,即使退出函数,静态局部变量依然存在。

【解析与答案】

(1) 错误。定义在一个程序块中,作用域仅限于该程序块的变量称为局部变量。而全局变量定义在任何函数之外,作用域是文件范围。静态局部变量虽然空间分配在静态数据区,具有永久生命周期,但其作用范围仍限于定义该变量的程序块内,所以仍是一种局部变量,只有进入其所在的程序块中才能访问,程序块之外不可用。

(2) 正确。静态局部变量的存储空间分配在静态数据区,具有永久生命周期,生命周期与全局变量相同。

(3) 错误。只要是全局变量,不管是动态全局变量还是静态全局变量,都具有永久生命周期。定义静态全局变量的作用,是将该全局变量的作用域仅限于定义它所在的源程序文件,在其他源程序文件中不可见。这样允许不同的文件具有同名的静态全局变量,避免多人协同开发时可能引发的全局变量命名冲突。

(4) 错误。正如对(3)的解析,定义静态全局变量的目的是为了将变量的作用域限于定义它的文件内,所以不能再用 extern 扩展它的作用域到其他文件。而如果想定义跨文件作用域的变量,就应该将变量定义为动态全局变量。

(5) 正确。这正是和自动变量的区别。利用这一性质,可以用静态局部变量记录函数执行的状态,从而可以在再次进入函数的时候获得上次执行时的静态局部变量的值。

【例 4.4】 下列定义宏的语句是否存在错误,如果存在错误,请说明错误的原因并改正。

定义圆周率符号常量 PI：

(1) #define PI3.14159

(2) #define PI 3.14159;

定义计算 x^2 的带有参数的宏 SQ(x)：

(3) #define SQ(x) {(x) * (x)}

(4) #define SQ(x) ((x) * (x));

(5) #define SQ(x) ((x) * (x))

【解析与答案】

(1) 错误。定义宏时，宏名和其值(字符串)之间要用空格隔开，不能连在一起。

(2) 隐含错误。定义宏时，除非必要，不要在最后加分号。否则宏展开后可能会引起文法错误。例如，语句“double a=PI * r * r;”，若引用本题中定义的 PI，则预处理后，宏展开的结果是“double a=3.14159; * r * r;”，显然存在问题。而如果是“double a=r * r * PI;”，则宏展开的结果是“double a=r * r * 3.14159;;”，虽然最后多了一个分号，但也是正确的。

(3) 错误。宏定义的字符串部分不能使用花括号，此处应该用圆括号。

(4) 隐含错误。与(2)类似，除非必要，不要在宏定义语句后加分号。

(5) 正确。

4.2.2 完善程序题

【例 4.5】 找水仙花数。如果一个 3 位正整数等于其各位数字的 3 次方之和，则称该数为水仙花数，例如 $153=1^3+5^3+3^3$。下面的程序中，设计了一个函数 isNarcissusNum(int x)，对其参数 x 判断是不是水仙花数，如果是则返回 1，否则返回 0。在 main 函数中调用 isNarcissusNum 函数，找出所有的水仙花数。

```
/*例 4.5 程序:找水仙花数*/
#include<stdio.h>
____(1)____ isNarcissusNum(int x)
{
    int s, t, h;
    if(x<100||____(2)____)  return 0;
    h =x/100;
    t =____(3)____;
    s =x%10;
    if(x==h*h*h+t*t*t+s*s*s)  return 1;
    ____(4)____;
}
int main()
{
    int num;
    for(num=100;____(5)____;num++)
       if(____(6)____)  printf("%d  ",num);
    printf("\n");
```

```
    return 0;
}
```

【解析与答案】 水仙花数特指 3 位数,如果 x<100 或 x>999,则 x 显然不可能是水仙花数,所以 isNarcissusNum(int x)函数应对越界的整数进行判定,避免浪费计算时间。对于一个 3 位正整数,判定是否为水仙花数的方法就是按照其定义验证各位数字的 3 次方之和是否等于数本身。提取整数的各位可以借助“/”和“%”运算完成。填入各空的字句如下:

(1) int　　(2) x>999　　(3) x%100/10

(4) return 0　　(5) num <1000　　(6) isNarcissusNum(num)

【例 4.6】 编程计算下面的公式:

$$s=1+\frac{x}{1!}+\frac{x^2}{2!}+\frac{x^3}{3!}+\cdots+\frac{x^n}{n!}$$

其中 x 是浮点数,n 是正整数。从键盘输入 x 和 n,然后计算 s 的值。

```
/*例 4.6程序:根据公式计算 s*/
#include<stdio.h>
____(1)____;
long fac(int n);

____(2)____ sum(____(3)____,int n)
{
    int i;
    double z=1.0;
    for(i=1;i<=n;i++)
    {
        z=z +____(4)____/fac(i);
    }
    return z;
}

double mulx(double x,int n)
{
    int i;
    double z=1.0;
    for(i=0;i<n;i++)
    {
        z=z*x;
    }
    ____(5)____;
}

long fac(int n)
{
```

```
    int i;
    ____(6)____;
    for(i=2;i<=n;i++)
    {
        h=h*i;
    }
    return h;
}

int main()
{
    double x;
    int n;
    printf("Input x and n: ");
    scanf(____(7)____,&x,&n);
    printf("The result is %lf",____(8)____);
    return 0;
}
```

【解析与答案】 函数 mulx 是对指定的 x 和 n 计算 x^n，用循环语句实现 n 个 x 的连续相乘。函数 fac 是对指定的 n 计算 n! 的值，同样用循环实现从 1 到 n 的连乘。函数 sum 调用 mulx 函数和 fac 函数计算 s。填入各空的字句如下：

(1) double mulx(double x,int n);　　(2) double

(3) double x　　(4) mulx(x,i)

(5) return z;　　(6) long h=1;

(7) "%lf%d"　　(8) sum(x,n)

【例 4.7】 欧几里得算法。欧几里得算法又称辗转相除法。古希腊数学家欧几里得在其著作 *The Elements* 中最早描述了这种算法，所以被命名为欧几里得算法。算法用于计算两个整数的最大公约数，计算公式是 gcd(a,b)=gcd(b,a mod b)。设计一个递归程序实现欧几里得算法，从键盘输入两个整数 a 和 b，然后求 a 和 b 的最大公约数。

```
/*例 4.7 程序:欧几里得算法*/
#include<stdio.h>
int gcd(int a,int b)
{
    if(____(1)____) return a;
    return ____(2)____;
}
int main()
{
    int a,b;
    printf("Input a and b: ");
    scanf("%d%d", &a, &b);
    printf("gcd(%d,%d)=%d", a, b, ____(3)____);
```

```
    return 0;
}
```

【解析与答案】 欧几里得算法是计算最大公约数的经典算法,其基本思想是:对于两个整数 a 和 b,如果 b 等于 0,则 a 和 b 的最大公约数就是 a;否则 a 和 b 的最大公约数等于 b 和 a 除以 b 的余数的最大公约数。递归函数 gcd(int a, int b)是用递归调用的方式实现最大公约数的计算过程。填入各空的字句如下:

(1) b==0　　　　(2) gcd(b,a%b)　　　　(3) gcd(a,b)

【例 4.8】 可变参数宏的定义和使用。下面的程序定义了一个宏 PR,封装了 printf 函数的功能,该宏可以用和 printf 函数一样的参数进行调用。请完善程序。

```
/* 例 4.8 程序:可变参数宏的定义和使用 */
#include<stdio.h>
#define PR(____(1)____) printf(____(2)____)
int main( )
{
    char name[10];
    int age;
    PR("Please input your name and age:");
    scanf("%s%d",____(3)____, &age);
    PR(____(4)____);  /* 设输入:Zhang 20,则此处将输出:My name is Zhang, my age =20. */
    return 0;
}
```

【解析与答案】 printf 是 C 语言预实现的标准库函数,具有参数可变的性质。那么根据 printf 函数参数可变的性质,宏 PR 也必须定义成一个可变参数的宏。可变参数宏是 C 语言从 C99 标准开始引入的新特性,使得带有参数的宏可以有 0 个或多个参数。定义具有可变参数的宏的方式是:宏参数列表中使用省略号(3 个英文点号"…")表示这是一个可变参数表,而在宏字符串中每处参数需要出现的位置,使用保留名__VA_ARGS__占位。在宏扩展期间,就会用实际参数替换宏串中__VA_ARGS__的每次出现。

综上所述,填入各空的字句如下:

(1) ...　　　　(2) __VA_ARGS__

(3) name　　　　(4) "My name is %s, my age=%d.",name,age

【例 4.9】 防止重复包含头文件。头文件包含可以嵌套,即一个头文件中还可以包含#include 命令而包含其他文件。如果使用不当,就有可能造成一个头文件被多次包含进一个.c 文件中,其中多余的包含一般就是这个.c 文件中某个#include 命令包含其他头文件时引入的。可以使用条件编译和宏定义避免一个头文件被多次包含进一个文件中。下面是这种使用方式的示例,请完善必要的语句。

```
/* 例 4.9 头文件内容:防止重复包含头文件 */
____(1)____ __MyHeaderFile__
#define ____(2)____
...
```

头文件其他内容
…

____(3)____

【解析与答案】 头文件的重复包含可能引起编译时出现类型和常量重复定义的问题，甚至可能造成循环包含而造成严重的编译错误。为此，避免重复包含头文件是良好的编程习惯。避免重复包含头文件的方法，就是在每个头文件的前面通过＃define命令定义一个宏符号，而定义之前用条件编译指令先判断该宏是否被定义过，如果没有定义过则再定义。在预处理一个包含该头文件的源文件时，每次都检查上面设置的条件编译指令，第一次时因为从没有定义过其中的宏，所以保留头文件的所有内容，包括定义该宏；而后若再次包含该头文件，因为宏已经被定义过，所以后面的程序代码被预处理器过滤掉，从而避免了重复包含。

综上所述，填入各空的字句如下：

(1) ＃ifndef　　　　(2) __MyHeaderFile__　　　　(3) ＃endif

4.2.3　程序设计题

【例4.10】 回文数。设n是一任意自然数，若将n的各位数字反向排列所得的自然数n′与n相等，则称n为一回文数(palindrome number)。例如，12321是一个回文数；而12341就不是回文数。编写一个函数，判定一个10位以内的自然数是否为回文数。

【解析与答案】 根据回文数的定义，判定一个数是否为回文数就是判定这个数的左起第一位是否等于它的右起第一位、左起第二位是否等于右起第二位……如果依次相等，则为回文数；否则，任何一位不能对应相等就不是回文数，可停止判定。

函数依次提取参数n各位的值，存于整型数组dig中，然后判断对应位是否相等。若所有位都对应相等，则输出1；否则，某位置不相等时返回0。由于要求判断10位以内的自然数，为提高函数可处理数据的范围，函数的参数被定义为unsigned long int类型。

```
/*例4.10程序:判定一个10位以内的自然数是否为回文数*/
#include<stdio.h>
int palindrome_number (unsigned long int n)
{
    int data[10];
    int i, j;
    i=0;
    while(n!=0)
    {
        data[i] =n%10;
        n=n/10;
        i++;
    }
    for(i=i-1, j=0; j<=i; i--, j++)
    {
```

```
        if(data[i] !=data[j])
            return 0;
    }
    return 1;
}

int main()
{
    unsigned long int x;
    printf("Please input a positive number:");
    scanf("%ld",&x);
    if(palindrome_number (x))
        printf("%lu is a palindrome number.\n",x);
    else
        printf("%lu is not a palindrome number.\n",x);
    return 0;
}
```

【例 4.11】 采用冒泡排序法实现数据的排序。排序是对已知的 n 个开始时无序的元素,通过某种方式使之重新排列成为一个按关键字大小递增(或递减)有序的序列。排序是最常使用的数据处理操作之一,有很多排序算法。冒泡排序法是其中一种精巧、简单的排序方法,其核心是将无序表中的元素,通过两两比较,得出它们升序(或降序)序列。设 n 个元素存于整型数组 a 中,采用冒泡排序法对数组 a 中 n 个整数完成升序排序。

【解析与答案】 冒泡排序法按趟对数组 a 中的元素进行扫描和调整,最后完成排序过程。设置两个变量 i 和 j。i 控制扫描的趟数,i=0 从开始逐趟进行扫描。每趟扫描时,先置 j=0,然后将 a[j]与其相邻元素 a[j+1]进行比较。如果 a[j]>a[j+1],则交换 a[j]和 a[j+1]的值,否则 a[j]和 a[j+1]保持不变;然后 j 加 1,重复进行 a[j]和 a[j+1]的比较和交换,直到 j=n-2-i 时结束第 i 趟扫描。第 i 趟扫描结束时,数组中的第(i+1)大元素被放到数组中 a[n-1-i]位置。

然后 i++,开始下一趟扫描,直到 i=n-2 时算法结束。此时所有的元素都按照其值从小到大的顺序被放到 a[0]、a[1]、…、a[n-1]的位置上,a 就是一个升序序列了。

设数组中有 5 个元素,如图 4-1 所示。第一趟扫描说明如下:置 j=0(此时 i=0),然后 a[j]和 a[j+1]进行比较,即元素 a[0]和 a[1]进行比较。由于 a[0]>a[1],所以交换 a[0]和 a[1]的值,交换的结果是 a[0]的值等于 10,a[1]的值等于 25。然后 j 加 1,进行下一对相邻元素 a[1]和 a[2]的比较,由于 a[1]<a[2],所以不用交换它们。j 继续加 1,进行元素 a[2]和 a[3]的比较,同理由于 a[2]<a[3],不用交换它们。最后 j 再加 1,比较元素 a[3]和 a[4],由于 a[3]>a[4],又发生一次交换,同时第一趟扫描结束。可见,这次交换后数组中的最大元素 75 被放到了数组最后的位置上。图 4-2 是 4 趟扫描后的结果。对于 5 个元素的序列,总共进行 4 趟扫描。

j=0:	{25	10}	45	75	15
交换	{10	25}	45	75	15
j=1:	10	{25	45}	75	15
不用交换	10	{25	45}	75	15
j=2:	10	25	{45	75}	15
不用交换	10	25	{45	75}	15
j=3:	10	25	45	{75	15}
交换	10	25	45	{15	75}

图 4-1 冒泡排序第一趟扫描

原始序列:	25	10	45	75	15
第一趟 i=0:	10	25	45	15	75
第二趟 i=1:	10	25	15	45	75
第三趟 i=2:	10	15	25	45	75
第四趟 i=3:	10	15	25	45	75

图 4-2 4 趟扫描后的结果

显然程序的主体将是一个双重循环结构,描述如下。函数 void bubble_sort(int a[], int n)实现冒泡排序算法,函数的第一个参数 a 是整型数组,代表待排序的元素集合,而且在方括号内不用写数组的大小;第二个参数 n 是 a 中待排序元素的个数。函数体中的双重循环完成对数组元素的冒泡排序计算过程,并在每趟扫描后输出当前 a 中元素的排列情况,这样程序运行的时候可以从中观察 a 中元素在各趟扫描中的变化情况。常量 SIZE 是数组的大小,可以根据需要改变其值。关于数组更多的知识将在第 5 章介绍。

```
/* 例 4.11 程序:采用冒泡排序法实现数据的升序排序 */
#include<stdio.h>
#define SIZE 5

void bubble_sort(int a[], int n)
{
    int i, j, temp;
    for (i =0; i <n-1; i++) {
        for (j =0; j <n-1-i; j++)
        {
            if(a[j] >a[j +1])
            {
                temp =a[j];
                a[j] =a[j +1];
                a[j +1] =temp;
            }
        }
        /* 每趟排序后输出 a 中元素的排列情况 */
        for (j =0; j <n; j++)  printf("%d ", a[j]);
        printf("\n");
    }
}

int main()
```

```
{
    int numa[SIZE] ={25, 10, 45, 75, 15};
    int i;
    printf("Before: \n");
    for (i =0; i <SIZE; i++)  printf("%d ", numa[i]);
    printf("\n");

    printf("Sorting....\n");
    bubble_sort(numa, SIZE);

    printf("After: \n");
    for (i =0; i <SIZE; i++)  printf("%d ", numa[i]);
    printf("\n");
    return 0;
}
```

【例 4.12】 利用函数实现例 3.9 的猴子吃桃问题。

【解析与答案】 根据猴子吃桃的做法，第十天剩 1 个桃子，那么第九天的桃子数量就是(1+1)×2 个，第八天的桃子数是(第九天桃子数+1)×2。以此类推，即前一天的桃子数量等于当天桃子的数量+1 的两倍。

解法 1：采取倒推的方法设计：从最后一天往前考虑，直到算出第一天桃子的数量。事实上，可以假设猴子到任意一天的时候还剩余 1 个，问第一天它摘了多少桃子。因此，设计一个函数 int peachnum(int day)计算当第 day 天还剩 1 个桃子的时候，第一天猴子摘了多少桃子。

```
/* 例 4.12 程序:采取倒推的方法实现 */
#include<stdio.h>
int peachnum(int day)
{
    int num=1;
    while(day>0)
    {
        num=(num+1) * 2;        /* 前一天的桃子数是当天桃子数加 1 后的 2 倍 */
        day--;
    }
    return num;
}

int main()
{
    int day;
    int num;
    printf("Please input the day number: ");
    scanf("%d",&day);
```

```
    num =peachnum(day-1);    /*实参应是 day-1*/
    printf("When the first day, the monkey has %d peaches.\n",num);
    return 0;
}
```

解法 2：本题还可以正向进行推导：猴子吃桃子的过程是从第一天持续到第十天，因此第一天桃子的数量是(第二天桃子的数量+1)×2，第二天桃子的数量是(第三天桃子的数量+1)×2，……，到第十天，桃子剩 1 个。这样可以构造一个递归过程计算当第 day 天剩 1 个桃子的时候，第一天猴子摘了多少桃子。

```
/*例 4.12 程序:采取递归方法实现*/
int peachnum_cur(int day)
{
    int num=1;
    if(day ==1) return 1;
    return 2*(peachnum_cur(day-1)+1);
}
```

对比上面两种计算方法，从程序的结构理解两种方法设计思路上的差异(递推思想和递归思想)。另外，虽然结果都是一样的，但要知道递归程序存在较大的系统开销，所以从程序效率的角度，就本问题而言递归程序 peachnum_cur(int day)并不是一个好的实现。

【例 4.13】 游程编码(Run Length Coding，RLC)，又称为"行程编码"，是一种统计编码，可用于数据的无损压缩。其基本思想是将文本中重复且连续出现多次的字符使用(f_i，c_i)二元组的形式来表示，其中 c_i 是字符，f_i 是 c_i 在一处连续出现的次数。

对已知字符序列进行游程编码，是从第一个字符开始，对从当前位置开始连续出现的字符，记录下来字符和它连续出现的次数，构造一个二元组，然后对下一个出现的不同字符及其位置继续处理。整个过程得到的所有二元组构成了该字符序列的游程编码。

例如，aaaaaa333337777555222 2b11111111，其游程编码为：('a',6)('3',5)('7',4)('5',3)('2',4)('b',1)('1',8)。

可见，存储游程编码需要的空间(本例中每个二元组可用两个字节表示)远少于原始字符串，从而达到数据压缩的目的。而由游程编码恢复原始字符串也很容易，只要顺序扫描游程编码中的每个二元组，按照其中字符及其出现的次数重复字符即可。(注：这里给出的仅是由字母和数字组成的简单字符序列，处理起来比较简单。在现实应用中，对不同类型的数据，游程编码还有很多深入的问题需要研究和解决，这里不做讨论，感兴趣的读者可以查阅相关资料进行学习)

编写程序实现对字符序列的游程编码，包括压缩过程和解压过程。

【解析与答案】 为简单起见，假设待压缩的对象是由英文字母和数字组成的字符串，存放在一个字符数组中，并假设每个字符出现的次数不超过 255。这样游程编码的每个二元组可以用一个 short int 类型的整数表示，其高字节存放字符的 ASCII 码，低字节存放出现的次数。为了表示字符串的游程编码，定义一个 short int 类型的数组 rlcAry，rlcAry[0]记录数组中所有游程编码二元组的个数(设总的编码长度不超过 32 767 个)，从 rlcAry[1]开始每个元素依次存放字符串游程编码的二元组。例如：

```
char data[]="aaaaaa3333377775552222b11111111";
short int rlcAry[]={7,0x6106,0x3305,0x3704,0x3503,0x3204,0x6201,0x3108};
```

函数 rlcCompress(char data[],short int rlcary[])实现对给定的字符串 data 进行游程编码数据压缩功能。函数 rlcDecompress(short int rlcary[],char data[])实现对给定的游程编码解压缩功能,恢复的字符串存放到字符数组 data 中。

带参数的宏 GETSHORT(c,f)实现将 c 和 f 组合成一个 short int 型整数的功能,其中 c 和 f 都是不大于 255 的小整数,在程序中分别代表字符和字符出现的次数。

带参数的宏 RLCPRINT(code)实现对一个用 short int 表示的游程编码二元组的输出功能,要求输出格式：(c,f),其中 c 代表字符,f 是其出现的次数。

```
/* 例 4.13 程序:实现对字符序列的游程编码 */
#include<stdio.h>
#include<string.h>
#define GETSHORT(c,f) (short int)((c&0xff)<<8|(f&0xff))
#define GETCHAR(d) (char)(d>>8)
#define GETFREQ(d) (int)(d&0xff)
#define RLCPRINT(d) printf("(\'%c\',%d)",d>>8,d&0xff)
int rlcCompress(char data[], short int rlcary[])
{
    char c;
    int len;
    int f,i,j,k;

    len =strlen(data);                       /* len 等于字符串的长度 */
    k=1;
    for(i=0;i<len;) {
        c =data[i];                          /* c 是当前字符 */
        f =1;                                /* f 记录 c 连续出现的次数 */
        for(j=i+1;j<len;j++) {
            if(c ==data[j])
                f++;
            else
                break;
        }
        i =j;
        rlcary[k++]=GETSHORT(c,f);           /* 构造游程编码二元组 */
    }
    k--;
    rlcary[0] =k;
    return k;
}
int rlcDecompress(short int rlcary[],char data[])
```

```
{
    char c;
    int len;
    int f,i,j,n;

    len =0;
    n=rlcary[0];
    for(i=1;i<=n;i++){
        c =GETCHAR(rlcary[i]);              /*取出字符*/
        f =GETFREQ(rlcary[i]);              /*取出次数*/
        for(j=0;j<f;j++)
            data[len++] =c;                 /*还原c的出现*/
    }
    data[len] =0;
    return len;
}

int main()
{
    char str1[100] ="aaaaaa33333777755552222b11111111";
    char str2[100];
    short int rlcAry[100];
    int i;

    printf("Before: String =%s\n",str1);

    rlcCompress(str1, rlcAry);
    printf("RLC: ");
    for(i=1;i<=rlcAry[0];i++)
        RLCPRINT(rlcAry[i]);               /*以(c,f)的格式输出游程编码二元组*/
    printf("\n");
    rlcDecompress(rlcAry,str2);
    printf("After: String =%s\n",str2);
    if(strcmp(str1,str2))
        printf("Error!\n");
    else printf("Success!\n");
    return  0;
}
```

4.3 实验四 函数与编译预处理实验

4.3.1 实验目的

(1) 熟悉和掌握函数的定义和声明，函数调用与参数传递，函数返回值类型的定义和返回值使用。

(2) 熟悉和掌握不同存储类型变量的使用。

(3) 掌握文件包含、宏定义、条件编译和 assert 宏的使用。

(4) 练习使用集成开发环境的调试功能：单步执行，设置断点，观察变量值。

(5) 熟悉多文件编译技术。

4.3.2 实验内容及要求

1. 程序改错

(1) 下面是计算 s=1!+2!+3!+…+n!的源程序(n≤20)。在这个源程序中存在若干语法和逻辑错误。要求对该程序进行调试修改，使之能够输出以下结果。

```
k=1  the sum is  1
k=2  the sum is  3
k=3  the sum is  9
⋮
k=20  the sum is  2561327494111820313
/*实验 4-1 改错题程序:计算 s=1!+2!+3!+…+n!*/
#include<stdio.h>
int main(void)
{
    int k;
    for(k=1;k<=20;k++)
        printf("k=%d\tthe sum is %ld\n",k,sum_fac(k));
    return 0;
}
long sum_fac(int n)
{
    long s=0;
    int i,fac;
    for(i=1;i<=n;i++)   fac*=i;
    s+=fac;
    return s;
}
```

(2) 下面是用宏来计算平方差、交换两数的源程序。在这个源程序中存在若干错误，要求对该程序进行调试修改，使之能够正确完成指定的任务。

```
/*实验 4-2 改错与跟踪调试题程序:计算平方差、交换两数*/
#include<stdio.h>
#define SUM a+b
#define DIF a-b
#define SWAP(a,b)  a=b,b=a
int main()
{
```

```
    int a,b;
    printf("Input two integers a, b:");
    scanf("%d%d", &a,&b);
    printf("\nSUM=%d\n the difference between square of a and square of b is:%d",
        SUM, SUM*DIF);
    SWAP(a,b);
    printf("\nNow a=%d,b=%d\n",a,b);
    return 0;
}
```

2. 程序修改替换

(1) 根据$\sum_{i=1}^{n} i! = \sum_{i=1}^{n-1} i! + n!$将本实验第1题中的sum_fac函数修改成为一个递归函数，用递归的方式计算$\sum_{i=1}^{n} i!$。

(2) 修改例4.6中的sum和fac函数，使之计算量最小。

(3) 修改例4.7中的gcd函数，将之变成一个不用递归而用循环实现的过程。学习递归函数和非递归函数之间相互转换的方法。

(4) 下面是用函数实现求3个整数中最大数、计算两浮点数之和的程序。在这个源程序中存在若干语法和逻辑错误。要求：①对这个程序进行调试和修改，使之能够正确完成指定的任务；②用带参数的宏替换max函数，实现求3个整数中最大数的功能。

```
/*实验4-3程序修改替换第(4)题程序*/
#include<stdio.h>
int main(void)
{
    int a, b, c;
    float d, e;
    printf("Input three integers:");
    scanf("%d %d %d",&a,&b,&c);
    printf("\nThe maximum of them is %d\n",max(a,b,c));

    printf("Input two floating point numbers:");
    scanf("%f %f",&d,&e);
    printf("\nThe sum of them is  %f\n",sum(d,e));
    return 0;
}

int max(int x, int y, int z)
{
    int m=z;
    if (x>y)
        if(x>z) m=x;
```

```
    else
        if(y>z) m=y;
    return m;
}
float sum(float x, float y)
{
    return x+y;
}
```

3. 跟踪调试

(1) 下面是计算 fabonacci 数列前 n 项和的源程序，现要求单步执行该程序，在 watch 窗口中观察变量 k、sum、n 值。具体操作如下：

① 设输入 5，观察刚执行完"scanf("%d",&k);"语句时，sum、k 的值是多少。

② 在从 main 函数第一次进入 fabonacci 函数前的一刻，观察各变量的值是多少。

③ 在从 main 函数第一次进入 fabonacci 函数后的一刻，观察光条从 main 函数"sum+=fabonacci(i);"语句跳到了哪里。

④ 在 fabonacci 函数内部单步执行，观察函数的递归执行过程。体会递归方式实现的计算过程是如何完成 fabonacci 数计算的，并特别注意什么时刻结束递归，然后直接从第一个 return 语句处返回到了哪里。

⑤ 在 fabonacci 函数递归执行过程中观察参数 n 的变化情况，并回答为什么 k、sum 在 fabonacci 函数内部不可见。

⑥ 最终从 fabonacci 函数返回 main 函数时，观察光条跳到了哪里。

⑦ 如果要计算 fabonacci 数列前 50 项的和，应该对程序做怎样修改才能输出正确的结果？

⑧ 下面的程序在计算 fabonacci 数列前 50 项之和时运行时间有点长，而且随着项数的增大运行时间将急剧增多，为什么？请修改 fabonacci 函数，提高计算速度（注意，保持 fabonacci 函数还是一个递归函数，不能用循环）。

```
/*实验 4-4 跟踪调试第(1)题程序:计算 fabonacci 数列前 n 项和*/
#include<stdio.h>
int main(void)
{
    int i,k;
    long sum=0,fabonacci(int n);
    printf("Input n:");
    scanf("%d",&k);
    for(i=1;i<=k;i++){
        sum+=fabonacci(i);
        printf("i=%d\tthe sum is %ld\n",i,sum);
    }
    return 0;
}
```

```
long fabonacci(int n)
{
    if(n==1 || n==2)
        return 1;
    else
        return fabonacci(n-1)+fabonacci(n-2);
}
```

(2) 单步执行例 4.11 的冒泡排序程序，在跟踪调试到 bubble_sort 函数内部后，观察数组 a 中的元素在每一次迭代时发生的比较-交换过程，记下前 5 次发生交换的情况。

(3) 单步执行例 4.7 的求最大公约数程序，在跟踪调试到 gcd 函数内部后，观察光条的移动轨迹和形参 a、b 的值在 gcd 函数每次递归调用时的变化情况。

(4) 下面的程序利用 R 计算圆的面积 s，以及面积 s 的整数部分。现要求：

① 修改程序，使程序能通过编译并运行。

② 单步执行。进入函数 integer_fraction 时，watch 窗口中的 x 为何值？在返回 main 时，watch 窗口中的 i 为何值？

③ 观察何时会触发 assert 输出 assertion failed 信息，原因是什么？

④ 修改程序，使程序能输出面积 s 值的整数部分(要求四舍五入)，不会输出错误信息 assertion failed。

```
/*实验 4-5 跟踪调试第(4)题程序:利用 R 计算圆的面积 s*/
#define R
int  main(void)
{
    float  r, s;
    int s_integer=0;
    printf ("Input a number: ");
    scanf("%f",&r);
    #ifdef  R
        s=3.14159*r*r;
        printf("Area of round is: %f\n",s);
        s_integer=integer_fraction(s);
        assert((s-s_integer)<0.5);
        printf("The integer fraction of area is %d\n", s_integer);
    #endif
    return 0;
}

int integer_fraction(float x)
{
    int i=x;
    return i;
}
```

4. 程序设计

(1) 编程验证哥德巴赫猜想：一个大于等于4的偶数可以表示成两个素数之和。要求设计一个函数对其形参n验证哥德巴赫猜想，并以"n=n1+n2"的形式输出结果。例如，n=6，输出："6=3+3"。main函数循环接收从键盘输入的整数n，如果n是大于或等于4的偶数，调用上述函数进行验证。

(2) 完全数(Perfect number)，又称完美数或完备数，特点是它的所有真因子(即除了自身以外的约数，包括1)之和恰好等于它本身。例如，6=1+2+3，28=1+2+4+7+14等。编程寻找10^8以内的所有完全数。要求设计一个函数，判定形参n是否为完全数，如果是，则以n的真因子之和的形式输出结果，例如，"6=1+2+3"；否则，输出"not a perfect number"，例如"5 is not a perfect number"。在main函数中调用该函数求10^8以内的所有完全数。

(3) 自幂数是指一个n位数，它的每个位上的数字的n次幂之和等于它本身。水仙花数是3位的自幂数，除此之外，还有4位的四叶玫瑰数、5位的五角星数、6位的六合数、7位的北斗七星数、8位的八仙数等。编程求8位以内的自幂数。要求编写一个函数，判断其参数n是否为自幂数，如果是，则返回1；否则，返回0。main函数能反复接收从键盘输入的整数k，k代表位数，然后调用上述函数求k位的自幂数，输出所有k位自幂数，并输出相应的信息，例如"3位的水仙花数共有4个：153,370,371,407"。当k=0时，程序结束执行。

(4) 三角形的面积是$area=\sqrt{s(s-a)(s-b)(s-c)}$，其中$s=(a+b+c)/2$，a、b、c为三角形3条边的长度，要求用带参数的宏来计算三角形的面积。定义两个带参数的宏，一个用来求s，另一个用来求area。

(5) 用条件编译方法来编写程序。输入一行英文字符序列，可以任选两种方式之一输出：一为原文输出；二为变换字母的大小写后输出，例如小写'a'变成大写'A'，大写'D'变成小写'd'，其他字符不变。用#define命令控制是否变换字母的大小写。例如，#define CHANGE 1，则输出变换后的文字；#define CHANGE 0，则原文输出。

*(6) 假设一个C程序由file1.c和file2.c两个源文件及一个file.h头文件组成，file1.c和file2.c的内容分别如下所述。试编辑该多文件C程序，补充file.h头文件内容，然后编译和链接，并运行最后生成的可执行文件。

```
/*源文件 file1.c 的内容*/
#include "file.h"
int x,y;                                /*外部变量的定义性说明*/
char ch;                                /*外部变量的定义性说明*/
int main(void)
{
    x=10;
    y=20;
    ch=getchar();
    printf("in file1 x=%d,y=%d,ch is %c\n",x,y,ch);
    func1();
    return 0;
}
```

```
/* 源文件 file2.c 的内容 */
#include "file.h"
void func1(void)
{
    x++;
    y++;
    ch++;
    printf("in file2 x=%d,y=%d,ch is %c\n",x,y,ch);
}
```

*(7) 将例 4.13 改写成一个多文件结构程序：把函数 rlcCompress、rlcDecompress 和 main 分别组织在 3 个不同的.c 源文件中，自行补充相应的头文件，然后编译、链接并运行。

*(8) 尝试运行下面的程序，并自行查找相关资料学习其中关于用#define 定义宏的高级技术。

```
/*用#define 定义宏的高级技术*/
#include<stdio.h>
#include<string.h>              /*本题使用了 strcpy 函数，必须包含 string.h*/
#define STRCPY(a, b) strcpy(a##_p, #b)   /*#为字符串化操作符，将后面所连接部分转化为字符串；##为字符串连接符，将两个字符串连接成一个字符串，如将 a 和_p 连接成 a_p*/
int main()
{
    char var1_p[20];            /*定义数组存储字符串*/
    char var2_p[30];
    strcpy(var1_p, "aaaa");     /*把字符串的内容复制到数组中*/
    strcpy(var2_p, "bbbb");
    STRCPY(var1, var2);         /*本句在预编译时被展开为 strcpy(var1_p,'var2');*/
    STRCPY(var2, var1);         /*分析本句在预编译时被展开成什么形式*/
    printf("var1 =%s\n", var1_p);
    printf("var2 =%s\n", var2_p);
    return 0;
}
```

*(9) 数轴上有一段长度为 L(L 为偶数)的线段，左端点在原点，右端点在坐标 L 处。有 n 个不计体积的小球在线段上，开始时所有的小球都在不同的偶数坐标上，且以大小为 1 单位长度每秒的速度向右运动。当小球到达线段两侧端点的时候，会立即向相反的方向移动，但速度大小不变。当两个小球撞到一起的时候，也会分别向与自己原来移动方向相反的方向运动，且速度大小不变。现在，已知线段的长度 L，小球数量 n，以及 n 个小球的初始位置，请计算任意 t 秒之后，各个小球的位置。提示：因为线段的长度为偶数且所有小球的初始位置为偶数，可以证明，不会有 3 个小球同时相撞的情况发生且小球到达线段端点以及小球之间的碰撞时刻均为整数。同时也可以证明两个小球发生碰撞的位置也一定是整数(但不一定是偶数)。

第5章　数组

数组是类型相同数据的集合，通过数组名和下标可以访问数组中指定的元素，再通过循环就可以利用计算机来自动处理大批数据。

5.1　内容提要

5.1.1　数组的定义和存储结构

可以用下面的一般形式来定义一个 n 维数组：

```
[存储类型] 数据类型 数组名[整型常量表达式 1]...[整型常量表达式 n]={初值表};
```

其中，“={初值表}”是一个可选项，用于创建数组时对数组中的元素进行初始化，当存储类型是 auto 或 extern 时可缺省。例如：

```
int a[8],b[2][4],c[2][2][2];
```

上述 a 是有 8 个整型元素的数组，或者说 a 是有 8 个元素的整型数组；b 是有 2 个一维数组为元素的数组，每个一维数组有 4 个整数，即 b 是有 2×4 个整型元素的二维数组；c 是有 2 个二维数组为元素的数组，每个二维数组有 2×2 个整型元素，即 c 是有 2×2×2 个整型元素的三维数组。

系统在给数组分配存储时，是从低地址到高地址依次连续地给每个元素分配存储，各元素在内存中是连续存放的，在 C 语言中，数组名标识数组在内存中的起始地址，即首元素的地址。数组 a、b、c 的存储结构如图 5-1 所示。

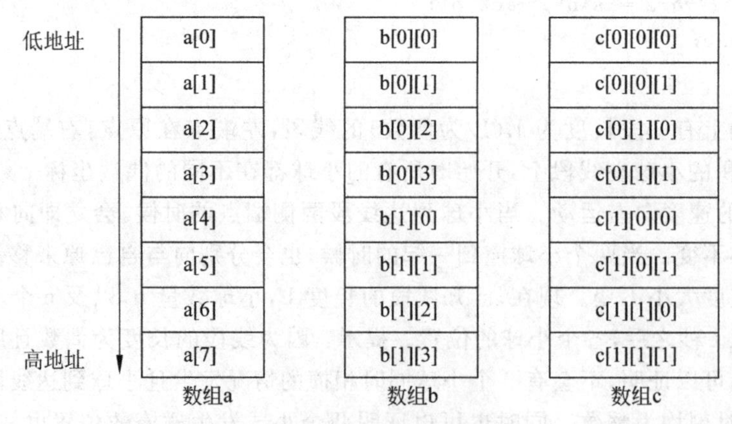

图 5-1　数组的物理存储结构

通过在初值表中给出初值可以对数组元素进行初始化。例如：

```
int a[12]={31,28,31,30,31,30,31,31,30,31,30,31};
```

上述数组 a 的 12 个元素 a[0]、a[1]、a[2]、a[3]、a[4]、a[5]、a[6]、a[7]、a[8]、a[9]、a[10]、a[11]分别初始化为 31、28、31、30、31、30、31、31、30、31、30、31。当初值表中初值的个数和数组的大小相同时，可不指定数组大小，上面的例子可写成如下等价的形式：

```
int a[ ]={31,28,31,30,31,30,31,31,30,31,30,31};
```

初值的个数可以小于数组的大小，此时给定的初值与数组中开头若干元素一一对应，例如：

```
int x[5]={1,3,5};
```

则 x[0]、x[1]和 x[2]分别初始化为 1、3 和 5，而 a[3]和 a[4]没有被初始化，编译器会将其设置为 0。

C99 新增特性：允许对数组的特定元素进行初始化而不用按顺序进行初始化。例如：

```
int x[10]={[1]=2, [4]=8, 7 };
```

则 x[1]、x[4]和 x[5]分别初始化为 2、8 和 7，其他未被初始化的元素都置为 0。

多维数组可以看成以下一级数组为元素的数组，所以初始化时下一级数组对应的初值一般也用{}括起来。例如：

```
int x[3][4]={{1,3,5,7},{2,4,6,8},{3,4,5,6}};
```

多维数组在初始化时只有第 1 维的大小可以缺省，其他各维的大小必须指定，上面的例子可写成如下等价的形式：

```
int x[ ][4]={{1,3,5,7},{2,4,6,8},{3,4,5,6}};
```

同样，允许对指定各维下标的元素进行初始化，例如：

```
int a[3][3] ={ [0][0]=1, [1][1]=1, [2][2]=1};
```

矩阵 a 除了主对角线初始化为 1 外，其他的都被置为 0。

多维数组的初值表形式也可以和一维数组一样，初值表中初值的顺序与数组元素的物理存储的顺序一致。例如：

```
int a[2][3]={85,91,82,95};
```

则 a[0][0]=85，a[0][1]=91，a[0][2]=82，a[1][0]=95。

5.1.2 数组元素的引用和数组的边界

n 维数组元素的引用形式如下：

数组名[第 1 维下标] [第 2 维下标]…[第 n 维下标]

下标是从 0 开始的正整数表达式，注意下标不能超过数组的边界，应该在数组的有效范围内。如果下标越界了，编译器不会检查下标的合法性，程序也许能运行，但执行结果可能很奇怪,也可能后果很严重,例如程序崩溃等。程序员应当养成良好的编程习惯,避免这样的错误发生。

5.1.3 字符数组

用 char 声明的数组称为字符数组,一维字符数组可以用来存放字符串,二维字符数组的每一行都可以用于存放一个字符串,因此二维字符数组又称为字符串数组。例如:

```
char s[10];                          /* 可以存放的字符串长度最长为 9 */
char s[5][10];                       /* 可以存放 5 个字符串,每个长度不超过 9 */
```

字符数组的初始化可以按前面所述采用初值表的形式,也可以直接用字符串作为初值。例如:

```
char buf[ ]={'W','u','h','a','n','\0'};      /* 等价于 char buf[ ]="Wuhan"; */
char text[ ][4]={ {'a','b','c','\0'},{'d','e','f','g','\0'}};
                                    /* 等价于 char text[ ][5]={ "abc","defg"}; */
```

注意,采用初值表进行初始化时,字符串终结符'\0'必须在初值表中显示给出。如果'\0'未给出,例如:

```
char buf[ ]={'W','u','h','a','n'};
```

则数组 buf 大小为 5,初始化为存放 5 个字符,而不是字符串。

对一维字符数组的使用可以通过下标来访问单个字符元素,也可以通过数组名来访问字符串。例如,buf[i]表示引用第 i 个字符,buf 是引用字符串。

对二维字符数组的使用可以通过行下标和列下标来访问单个字符元素,也可以通过行下标来访问字符串。例如,text[i][j]表示引用第 i 行第 j 列的单个字符,buf[i] 是引用第 i 行的字符串。

5.2 典型题解析

5.2.1 判断题

【例 5.1】 对于下列说明,判断哪些是正确的,哪些是错误的?

(1) int a['0'];

(2) char b[4]="abcd";

(3) float c[2][ ]={{2.2,3.2,4.4}, {2.1,4.2,3.4}};

(4) float d[2][2]={[1][0]=2.2};

(5) int n=3, e[n][4]={1,2,3};

(6) char f[ ][4]={"MON","TUE","WED","THU","FRI","SAT","SUN"};

【解析与答案】

(1) 正确。'0'在表达式中提升为 int,其值为数字'0'的 ASCII 码 48,相当于 int a[48]。

(2) 错误。字符串"abcd"隐含有终结符'\0',其存储长度为 5,相当于初值个数 5,大于数组定义的大小 4，是不合法的。

(3) 错误。二维数组有显示初始化时只能缺省第 1 维的长度说明，第 2 维的长度说明不能缺省。

(4) 正确。d 是二维数组，C99 标准允许对数组的特定元素进行初始化，但 C99 之前的标准不允许。

(5) 错误。C99 引入了变长数组，声明数组时方括号内可以用变量，但是变长数组声明时不能进行初始化。

(6) 正确。f 是字符串数组，未给出第 1 维的长度但给出了初值表，很容易确定第 1 维的长度为 7。

【例 5.2】 假定有如下说明，下列语句哪些是正确的？哪些是错误的？

```
int i,a[3]={1,3,5},b[3],c[2][3]={1,3,5,7,9,10};
```

(1) b=a;

(2) b[0]=a[3];

(3) for(i=0; i< 3;) b[i]=2*i++;

(4) printf("%d", c[0][4]);

【解析与答案】

(1) 错误。数组 a 和 b 虽然类型和大小都一样，但在 C 语言中，数组名表示第 0 个元素的地址，即 b 等价于 &b[0]，这是一个地址常量，其值不能更改，不能作为赋值运算符的左操作数。

(2) 错误。数组元素的下标一律从 0 开始，数组 a 有 3 个元素，其下标范围为 0～2，a[3] 中下标越界。

(3) 正确。使用循环语句对数组 b 的元素逐个赋值，把 0、2、4 赋给数组 b，b[i]=2*i++等价于 b[i]=2*i, i++。

(4) 正确。c 是二维数组，共有 6 个元素，它们在内存中连续存放。虽然 c[0][4]的第 2 维下标 4 越界，但它实际上代表以 c[0]为起始地址后的第 4 个元素，c[0]是 0 行首地址(即 c[0]等于 &c[0][0])，按照二维数组的存储结构，c[0][0]后的第 4 个元素是 c[1][1]，所以 c[0][4]即 c[1][1]，下标的变化仍然在所定义数组的元素范围内。

【例 5.3】 假定有如下说明，下列语句哪些是正确的，哪些是错误的？

```
char s[10],t[ ][11]={"science","technology"};
int  i;
```

(1) s="energy";

(2) strcpy(s, t[1]);

(3) for(i=0; i<9; i++) s[i]='a'++;

(4) for(i=0; i<2; i++) t[i][0] -='a' - 'A';

【解析与答案】

(1) 错误。数组名表示数组的首地址，该值是常量，不能给数组名赋值。

(2) 错误。调用库函数 strcpy 将地址 t[1]处的字符串复制给字符数组 s，但是源串 t[1]

处的"technology"的存储长度是11(含串尾'\0'),而数组s的长度为10,复制后会导致数组s越界,所以是错误的。

(3) 错误。表达式 'a'++ 是错误的,'a' 是字符常量,不能对其进行自增运算。

(4) 正确。该语句将字符串数组t中每个串的首字母变为大写。

【例5.4】 下面各题代码中是否存在错误,如果存在错误,请说明原因并改正之。

(1) 下列程序段实现从键盘输入数组x的各元素值。

```
int i,x[5];
for(i=0;i<5;i++) scanf("%d",x[i]);
```

(2) 通过键盘输入的方式为二维数组p的首列各元素赋值。

```
int i,p[3][4];
for(i=1;i<4;i++)  scanf("%d",p[i]);
```

(3) 以下代码要实现的功能是:使用字符指针数组str1输入5个字符串,存放到数组str2中。要求在scanf函数中只能用str1。

```
int i;
char  *str1[5], str2[5][80];
for(i=0;i<5;i++)  scanf("%s", str1[i]);
```

(4) 下列程序段实现输入字符串到数组str中。

```
char str[20];
scanf("%s",&str);
```

(5) 下列程序段实现输入一行字符到字符数组s中。

```
char s[100]; int i=0;
while (s[i++]=getchar()!='\n');
s[i]='\0';
```

【解析与答案】

(1) 错误。函数scanf的参数应是地址参数,表达式x[i]是数组元素,类型为int,应改为"scanf("%d",&x[i]);"或"scanf("%d",x+i);"。

(2) 错误。对于二维数组p,表达式p[i]表示第i行首元素(即第i行第0列元素)的地址,等价于&p[i][0],类型为int *,注意行号表达式的值应该为0~2,所以可将scanf语句改为"scanf("%d",p[i-1])"或将for循环改为"for(i=0;i<3;i++)"。

(3) 错误。指针数组的元素str1[i]未初始化,使用悬挂指针是错的。在for语句前增加下面语句"for(i=0;i<5;i++) str1[i]=str2[i];"。

(4) 错误。数组名str表示数组首元素的地址,它是一个常量,不能对其进行取地址"&"运算。读入字符串到数组中,只需给定数组的首地址,可改为"scanf("%s",str);"或"scanf("%s",&str[0]);"。

(5) 错误。在表达式"s[i++]=getchar()!='\n'"中,!=的优先级高于=,所以先执行getchar()!='\n',即读入字符和换行符比较,读入的不是换行符,表达式值为1,否则为0;再执行赋值(=)运算,将关系表达式的值(1 或 0)赋值给 s[i++],显然逻辑不对。应改为"while ((s[i++]=getchar())!='\n')"。

5.2.2 完善程序题

【例 5.5】 ISBN 识别码的判断。每一本正式出版的图书都有一个 ISBN 号码与之对应,ISBN 码由 13 位数字组成,被分隔为 5 段,每一段都有不同的含义,格式为"xxx-x-xxx-xxxxx-x"。例如 978-7-302-02368-5,其中 978 代表图书,7 代表中国,302 代表清华大学出版社,02368 代表该书在该出版社的编号;最后一位 5 是识别码。下面的程序判断输入的 ISBN 号码的识别码是否正确,如果正确,则输出"Right";否则,按照规定的格式,输出正确的 ISBN 号码(包括分隔符"-")。

```
/* 例 5.5 程序:ISBN 识别码的判断 */
#include<stdio.h>
int main()
{
    char s[18],c;
    while(scanf("%s",s)!=EOF) {
        int sum =0, i,j =1;
        for(i=0; i<15; i++) {                    /* 计算识别码 */
            if(s[i] !='-')
                if(j){
                    j--;
                    sum +=____(1)____;
                }
                else {
                    j++;
                    sum +=____(2)____;
                }
        }
        c =10-____(3)____;
        if(____(4)____) c ='0';                  /* 识别码转字符 */
        else  c =c +'0';
        if(c ==s[16])                            /* 判断识别码、校正和输出 */
            puts("Right");
        else  {
            ____(5)____;
            puts(s);
        }
    }
    return 0;
}
```

【解析与答案】 ISBN 码最右边这位是识别码,它由左边的 12 位数字计算得到,方法为：12 个数字从左至右分别编号为 1、2、…、12，奇数位数字乘 1，偶数位数字乘 3，然后求和，得到的和再除以 10 得到余数，再用 10 减去余数即为校验位，如相减后的数值为 10，校验位则为 0。

例如，ISBN 码 978-7-302-02368-5 中的识别码 5 是这样得到的：左边 12 位数字为 978730202368。9×1+7×3+8×1+7×3+3×1+0×3+2×1+0×3+2×1+3×3+6×1+8×3=105，再 105%10=5，10−5 为 5，因此识别码即为 5。

综上所述，填入各空的字句如下：

(1) (s[i]-'0')　　(2) (s[i]-'0')*3　　(3) sum % 10

(4) c==10　　(5) s[16]=c

【例 5.6】 下面是将字符串转换为双精度浮点(double)数的程序，浮点数的一般形式为：[±][整数部分][.][小数部分][e±n]，其中[ ]表示可选，指数部分 e±n 也可写成 E±n。

```
/*例 5.6 程序:将字符串转换为双精度浮点数*/
#include<stdio.h>
#include<ctype.h>
double atof(char s[]);
int main()
{
    char str[3];
    printf("请输入浮点数串,Ctrl+z 结束\n");
    while(scanf("%s",str)!=EOF)  printf("%f\n",atof(str));
}

double atof(char s[])
{
    double  val,power;
    int exp,sign,i=0;
    while(isspace(s[i])) i++;                      /*跳过前导空白符*/
    sign =(s[i]=='-')?-1:1;                        /*处理符号*/
    if(s[i]=='+' || s[i]=='-')   i++;
    for(val=0;isdigit(s[i]);i++)                   /*处理整数部分*/
        val=____(1)____;
    if(s[i]=='.')                                  /*处理小数部分*/
    for(i++,power=____(2)____;isdigit(s[i]);i++,____(3)____)
        val+=(s[i]-'0')*power;
    val *=sign;
    if(s[i]=='e'||s[i]=='E')  {                    /*处理指数部分*/
      i++;
      power=(s[i]=='-')?____(4)____;               /*处理指数部分的符号*/
      if(s[i]=='+' || s[i]=='-')   i++;
      for(exp=0;isdigit(s[i]);i++)
          exp=exp*10+(s[i]-'0');
```

```
        while(exp--)    val *= ____(5)____ ;
    }
    return val;
}
```

【解析与答案】 函数 atof 用于将字符串转换为 double,程序先跳过前面的空白字符(如空格、Tab 缩进等,通过 isspace 函数检测),直到遇上数字或正负符号才开始做转换,程序按照一般形式中各部分的先后次序逐部分识别和处理,遇到非浮点数的组成字符或串尾('\0')时结束转换,并返回转换后的 double 数。如果字符串 s 不能被转换为 double,那么返回 0.0。

综上所述,填入各空的字句如下:

(1) 10 * val+(s[i] - '0')　　(2) 0.1　　(3) power *=0.1

(4) 0.1 : 10　　(5) power

【例 5.7】 查找子串。给定一段长度为 N 的文本字符串(主串)和长度为 M 的模式字符串(子串),下面是在主串中查找子串的程序。

```
/*例 5.7 程序:查找子串*/
#include<stdio.h>
int FindSubstr(char str[],char substr[])
{
    int i, k;                          /*i 为主串的开始比较处的索引,k 为子串索引*/
    for (i =0; str[i] !='\0'; i++) {/*子串和主串在索引 i 处对齐*/
        for (k=0; substr[k]!='\0' ; k++)
            if( ____(1)____ !=substr[k] ) /*失配*/
                ____(2)____ ;
            if (substr[k] =='\0')         /*匹配成功*/
                return ____(3)____ ;
    }
    return ____(4)____ ;
}
int main(void)
{
    char text[ ][50]={
        "The expression expr1 is evaluated first.",
        "If it non-zero(true),then the expression ",
        "expr2 is evaluated,and that is the value",
        "of the conditional expression."
    };
    char pattern[]="is";
    int i;
    for(i=0;i<4;i++)                  /*查找并输出给定的 4 行文本中含子串"is"的行*/
        if ( FindSubstr( ____(5)____ ,"is" ) >=0 )
            printf("%s\n", ____(6)____ );
    return 0;
}
```

【解析与答案】 函数 FindSubstr 搜索一个子串 substr 在主串 str 中的第一次出现的位置,如果在主串中找到和模式相符的子串,则该函数返回 substr 在 str 中第一次出现的位置(即下标);如果不存在和模式匹配的子串,则返回−1。因此,填入各空的字句为:

(1) str[i+k]　　(2) break　　(3) i

(4) −1　　(5) text[i]　　(6) text[i]

【例 5.8】 填字游戏。在 3×3 的方格方阵中填入数字 1～N(N≥10)内的某 9 个数字,每个方格填一个整数,使得所有相邻两个方格内的两个整数之和为质数。下面的程序求出所有满足填字游戏要求的填法。

```
/* 例 5.8 程序:填字游戏 */
#include<stdio.h>
#define N 10
void output(int a[]);
int isprime(int m);
int check(int pos);
void writeNum(int pos);

/* 9 行 3 列的数组,存放与每个方格相邻的方格编号 */
int checkmatrix[ ][3]={  {-1},    {0,-1},    {1,-1},
                         {0,-1},  {1,3,-1},  {2,4,-1},
                         {3,-1},  {4,6,-1},  {5,7,-1}
                     };
int tag[N+1];                    /* 标记某个整数是否被用过,如 i 被用过,则 tag[i]=0 */
int a[9];                        /* 存放 3×3 方阵中所填的数字 */

int main(void)
{
    int i;
    for (i=1;i<=N;i++)  tag[i]=____(1)____;
    writeNum(0);
    return 0;
}

/* 输出一个解 */
void output(int a[ ])
{
    int i,j;
        for (i=0;i<3;i++)
    {
        for (j=0;j<3;j++) printf("%5d",____(2)____);
        printf("\n");
    }
    printf("\n\n");
```

```
}

/*判断m是否素数,是,则返回1;不是,则返回0*/
int isprime(int m)
{
    int i;
    if(m==2) return 1;
    if (m==1||m%2==0)  return 0;
    for (i=3;i*i<=m;i+=2)
    {
        if ____(3)____)    return 0;
    }
    return 1;
}

/*检查当前位置pos填放的合理性*/
int check(int pos)
{
    int i,j;
    for (i=0;(j=checkmatrix[pos][i])>=0;i++)
        if (!isprime(____(4)____))  return 0;
    return 1;
}
/*填字游戏的递归算法。在第pos方格填入一个数*/
void writeNum(int pos)
{
    int i;
    if(____(5)____)                              /*递归边界:已填入9个数*/
    {
        output(a);                               /*输出一个可行解*/
    }
    else                                         /*否则,还未填入到9个数,继续填入*/
        for(i=1;i<=N;i++)  {
            if(____(6)____)  {                   /*未用过*/
                a[pos]=i;
                tag[i]=____(7)____;
                if(____(8)____)                  /*合要求*/
                    writeNum(____(9)____);       /*填下一方格*/
                tag[i]=____(10)____;
            }
        }
}
```

【解析与答案】

(1) 方阵的表示方法：3×3的方阵共有9个方格，用一个一维数组a[pos]来表示，其值是方格 pos 上填的数字，pos 表示按行顺序的方格编号，取值为 0～8。第 i 行第 j 列方格的 pos 值为 3×i+j。填数字时，按顺序往每个方格填上一个数，即先填方格 0，最后是方格 8。

(2) 相邻方格的识别：对于方阵中的任意一方格 pos，有与之相邻的方格。为了便于判断相邻两个方格内的两个整数之和是否为质数，用一个二维数组 checkmatrix[pos][i]存储与第 pos 个方格相邻的方格编号，而且只需要标记已填数字的方格编号。例如，当 pos=4，在方格 pos 填上数字时，只有方格 1 和方格 3 与之相邻且填有数字，所以，二维数组 checkmatrix 的第 4 行为{1,3,-1}；pos=6，在方格 pos 填上数字时，只有方格 3 与之相邻且填有数字，所以，二维数组 checkmatrix 的第 6 行为{3,-1}，这里 -1 是结束标记。函数 check 检查当前位置 pos 填放的合理性，即相邻两个方格内的整数之和是否为质数，只要 checkmatrix[pos][i]>0，就将 checkmatrix[pos][i]赋值给 j，再判断 a[pos]+a[j]是否是素数即可。

(3) 为了能记住某个整数是否被填过，用数组 tag 来标记。如果 tag[i]=0，则表示整数 i 被用过，不能再用，转而试探下一个整数。

(4) 采用试探法用递归进行求解。从第一个方格开始，按从小到大的顺序为当前方格寻找一个还未填的整数填入，然后检查当前填入的整数是否能满足要求。若满足，继续用同样的方法为下一方格寻找可填入的合理整数；如果最近填入的整数不能满足要求，就改填下一个整数。如果对当前方格试尽所有可能的整数都不能满足要求，就要回退到前一方格，调整前一方格的填入数，如此重复。当第 9 个方格也填入合理的整数后，就找到了一个解，将该解输出，并调整第 9 个方格填入的整数，寻找下一个解。

综上所述，填入各空的字句为：

(1) 1　(2) a[3*i+j]　(3) !(m%i)　(4) a[pos]+a[j]　(5) pos>=9

(6) tag[i]　(7) 0　(8) check(pos)　(9) pos+1　(10) 1

5.2.3 程序设计题

【例 5.9】 手机键盘。手机的键盘如图 5-2 所示，通常要按数字键多下才能按出相应的英文字母。例如，按 9 键一下会出 w，按 9 键二下会出 x；按 0 键一下会出一个空格。读取一行只包含英文小写字母和空格的句子(不超过 200 个字符)，统计在手机上按出这个句子至少需要按多少下键盘。例如，输入：i have a pen ↵，则应输出：20。

1	2 abc	3 def
4 ghi	5 jkl	6 mno
7 pqrs	8 tuv	9 wxyz
*	0	#

图 5-2　手机键盘图

【解析与答案】 统计在手机上按出句子得按下键盘多少次，需要一个整型变量来计数。根据手机的键盘布局，在手机上按出每个字母需要按下的键盘次数是已知的，例如要输出 f，就按 3 键 3 下，即计数器变量累加 3，可以一个个地读入字符，然后用 switch 语句判断，使用计数器累加。因为一共有 26 个字母，所以这种实现方式就会有较多的 case 子句。为了使程序简洁、美观，可以利用数组来预先存储每个字母需要按的次数，定义一个有 26 个元素的整型数组 n，n[0]存储按出 a 需要按的次数，n[1]存储按出 b 需要按的次数……n[25]存储按出 z 需要按的次数。根据读入的字符，直接查按键次数表 n 获得次数。

```
/*例 5.9程序:统计在手机上按出句子至少需要按多少下键盘*/
#include<stdio.h>
int main()
{
    int i,sum=0;
    int n[26]={1,2,3,1,2,3,1,2,3,1,2,3,1,2,3,1,2,3,4,1,2,3,1,2,3,4};
                                                        /*26个字母按键次数表*/
    char c;
    while ((c=getchar())!='\n')
        if(c==' ')  sum++;                              /*空格加1*/
        else sum+=n[c-'a'];                             /*小写字母则查表*/
    printf("%d\n",sum);
    return 0;
}
```

【例 5.10】 采用插入的方法实现数据的排序。插入排序的基本思想是：每次将一个待排序的数据，插入前面已经排好序数组的适当位置，直到全部数据插入为止。要求计算机生成3位的随机整数，依次放入数组，完成对数组的升序排序。

【解析与答案】 假设待排序的 n 个数据存放在数组 a 中，a 被划分成两个子区：有序区(a[0]～a[i－1])和无序区(a[i]～a[n－1])。开始时，i＝1，即有序区中只包含 1 个元素 a[0]，无序区中包含有 n－1 个元素(a[1]～a[n－1])。排序过程中每次从无序区中取出第 1 个元素 a[i]，将它插入有序区中的适当位置，使 a[0]～a[i]成为新的有序区，重复 n－1 次可完成排序过程。因为这种方法每次使有序区增加 1 个记录，通常称其为增量法。图 5-3 给出 int a[ ]＝{25,10,45,75,15}时的直接插入排序过程，其中大括号内为有序区，大括号后面为无序区。

第1趟 i=1:	{25}	10	45	75	15
	{10	25}	45	75	15
第2趟 i=2:	{10	25}	45	75	15
	{10	25	45}	75	15
第3趟 i=3:	{10	25	45}	75	15
	{10	25	45	75}	15
第4趟 i=4:	{10	25	45	75}	15
	{10	15	25	45	75}

图 5-3 直接插入排序的过程

```
/*例 5.10 解法 1 程序:采用插入的方法实现数据的排序*/
#include<stdio.h>
#define N 10                                            /*需要排序的数组元素的数量*/
void InsertSort(int a[], int n) ;
void output(int a[], int n) ;
int main(void)
{
    int i,data[N]={2,87,39,49,34,62,53,6,44,98};
    printf("排序前:");
    output(data,N);
    InsertSort(data, N);
```

```
    printf("\n 排序后:");
    output(data,N);
    printf("\n");
    return 0;
}

/* 直接插入排序算法, 对数组 a 中的 n 个整数递增排序 */
void InsertSort(int a[], int n)
{
    int i,j,temp;
    /* 从无序区头部开始,将其中的每个元素插入有序区 */
    for (i=1; i<n; i++)
    {
        temp =a[i];                          /* 使用变量 temp 临时保存待插入元素 a[i] */
        for (j=i-1; j>=0 && temp <a[j]; j--) /* 在有序区中查找应插入的位置 */
        {
            a[j+1] =a[j];                    /* 后移一个位置 */
        }
        a[j+1] =temp;                        /* 插入 */
    }
}
/* 输出数组 a 中的 n 个元素 */
void output(int a[], int n)
{
    int i;
    for(i=0;i<n;i++)
        printf("%d  ",a[i]);
}
```

解法 2：本解法是对直接插入排序算法的改进，称为带哨兵的插入排序。解法 1 函数 InsertSort 的内循环是实现从后往前查找应插入的位置。在查找中，为防止数组越界，要判断 j≥0。为了进一步提高直接插入排序的效率，可以引入被称为哨兵的附加元素 a[0]，被排序的记录放在 a[1]～a[n−1]中。哨兵 a[0]有两个作用：① 暂时存放待插入的元素；②防止数组下标越界，一旦越界(即 j=0)，因为和自己比较，循环判定条件不成立将使得查找循环结束，所以不会出现越界。这样 for 循环无须判断 j≥0，将 j≥0 与 a[j]>temp 两个判断条件结合成一个判断 a[j]>a[0]，这样提高了效率。实际上，一切为简化边界条件而引入的附加结点(元素)称为哨兵。引入哨兵后，使得测试查找循环条件的时间大约减少了一半，当记录数较大时，节约的时间是相当可观的。所以，不能把算法中的哨兵视为雕虫小技，而应该深刻理解并掌握这种技巧。

```
/* 例 5.10 解法 2 排序函数:使用哨兵的直接插入排序算法 */
void WithSentrySort(int a[], int n)
{
    int i,j;
```

```
    for(i=2;i<n;i++)
    {
        a[0]=a[i];
        for(j=i-1;a[j]>a[0];j--)
        {
            a[j+1]=a[j];
        }
        a[j+1]=a[0];
    }
}
```

排序中的两个基本操作是比较和移动，可以从减少这两个操作的次数来对直接插入排序法进行改进，例如，通过将折半法应用于查找应插入的位置，可以减少关键字的比较次数，改善算法的性能。

【例 5.11】 统计整数出现的次数。给定 n(1≤n≤1000)个正整数，统计出每个整数出现的次数，并按出现的次数从多到少的顺序输出。如果两个整数出现的次数一样多，则先输出值较小的，然后输出值较大的。每行输出包含两个整数，分别表示给定的整数和它出现的次数。

【解析与答案】 为了统计每个整数出现的次数，可以设置一个数组 data，数组元素的下标代表这个数，数组元素的值代表这个数出现的次数。例如，data[2]=1 表示整数 2 出现了 1 次。为了保证按照出现次数从多到少的顺序输出，可以设置一个标尺变量 ruler，标尺 ruler 从次数最多的地方开始，依次减 1，如果遇到 data[i]=ruler，则输出 i。为了保证次数相同时小数在前面，代表整数本身的数组下标 i 从最小整数 1 开始，依次加 1 即可。

```
/*例 5.11 程序:统计每个整数出现的次数*/
#include<stdio.h>
#define MAX 1001
int main()
{
    int n,i,max_times,ruler;
    int temp,data[MAX]={0};
    printf("输入整数的个数 n(1 ≤ n ≤ 1000)\n");
    scanf("%d",&n);
    printf("输入%d 个正整数\n",n);
    for(i=0;i<n;i++){
        scanf("%d",&temp);
        data[temp]++;
    }
    max_times=0;
    for(i=1;i<MAX;i++)                          /*找最多的次数*/
        if(max_times<=data[i])      max_times=data[i];
    for(ruler=max_times;ruler>0;ruler--) /*标尺 ruler 从最多次数开始向下移动*/
        for(i=1;i<MAX;i++)                      /*i 从最小数开始向右移动*/
```

```
        if(data[i]==ruler) printf("%d:%d\n",i,ruler);
    return 0;
}
```

【例 5.12】 从源字符串 s 中最多取 n 个字符添加到目的字符串 t 的尾部，且以'\0'终止。

【解析与答案】 第 1 步扫描串 t，直到串尾，下标 i 定位到串 t 的结尾'\0'；第 2 步从串 s 中依次取一个字符放到串 t 的尾部，直到取了 n 个字符或者串 s 结束；第 3 步如果新串 t 后面没有串尾，则添加结束标记'\0'（当串 s 的长度大于或等于 n 时，串尾'\0'没有复制过去）。

在调用 strncate 的 main 函数中，要注意第一个实参数组需足够大，能放下添加之后的新串，否则会产生溢出错误。例如，main 中的 str1 的大小如果缺省，定义为“char str1[ ]="Hello";”，则其大小为 6，那么连接操作将使 str1 溢出，改写数组之外其他存储单元的内容。

```
/* 例 5.12 程序:将源字符串添加到目的字符串的尾部 */
#include<stdio.h>
/* 从源字符串 s 中最多取 n 个字符添加到目的字符串 t 的尾部 */
void strncate(char t[],char s[],int n)
{
    int i =0, j=0;
    while(t[i]!='\0')   i++;
    while(n--&& (t[i++] =s[j++])!='\0');
    if(t[i-1])  t[i]='\0';
}

int main(void)
{
    char  str1[50]="Hello",str2[]="World!";
    strncate(str1,str2,3);
    puts(str1);
    return 0;
}
```

【例 5.13】 数字串转整数。定义函数 atol，将一个十进制数字串转换成为 long 类型的整数返回。转换时忽略前导空白字符并考虑转换结果的有效性，即是否溢出。如果溢出，返回 LONG_MAX，且 errno 被置为 ERANGE。

【解析与答案】 LONG_MAX 是在＜limits. h＞中定义的代表最大长整型数的符号常量，ERANGE 是在＜errno. h＞中定义的非 0 错误代码，errno 是系统提供的记录错误状态的变量。调用标准数学函数时，在输入参数超出数学函数定义的范围时，errno 被设置为 ERANGE。

将字符串转换为整数的过程是拼数过程，问题的关键是如何设置保护措施以保证结果的有效性。可以通过检查拼数的结果来判断是否溢出。具体方法是：设置变量 last 保存前面拼数的结果，将当前拼数结果的最后一位去掉后看是否得到前面拼数的值 last，如果不是，说明发生了溢出。

atol 函数的调用者检查 errno 变量的值，如果 errno 不为 ERANGE，则转换结果正确。

```
/*例 5.13 程序:将十进制数字串转换成为 long 类型*/
#include<stdio.h>
#include<ctype.h>
#include<limits.h>
#include<errno.h>
/*将十进制数字串 s 转换成为 long 类型的整数返回*/
long atol(const char s[])
{
    int i,result,last,sign=0;                   /*正数*/
    errno=0;                                    /*结果正确*/
    i=0;
    while(isspace(s[i])) i++;                   /*跳过前导空格*/
    if(s[i]=='-'||s[i]=='+') {                  /*处理符号*/
        if(s[i]=='-') sign=1;                   /*负数*/
        i++;
    }
    for(result=0;isdigit(s[i]);i++){
        last=result;
        result=10*result+(s[i]-'0');
        if((result-(s[i]-'0'))/10!=last) {/*检查溢出*/
            errno=ERANGE;
            return LONG_MAX;
        }
    }
    if(sign==1) return(-result);
    return result;
}

int main(void)
{
    long a=atol("12345678900");
    if( errno ==ERANGE )  printf("out of range\n");
    else  printf("a =%d\n", a);
    return 0;
}
```

【例 5.14】 输入若干行文本,输出其中最长的那一行。

【解析与答案】 从若干行中找最长行的算法和从若干数中找最大数的算法是相同的,当发现某一个新读入的行比以前读入的最长行还要长时,就要把该行保存起来。所不同的是保存一行不能简单地用一个赋值语句来实现,而要用循环方式对字符数组元素逐个赋值(字符串复制),将复制字符串的任务定义成函数 copy。函数 copy 的两个参数都是字符数组,s 是源串,t 是目的串,将源串 s 复制到目的串 t 中,字符串结束标志'\0'也被复制,该函数无返回值。函数调用时,传递给目的串 t 的实参数组必须足够大。

读入一行没有使用 gets、fgets 等库函数,而是通过定义 getline 函数来完成的,目的是让读者了解一个字符串是如何读入并存储到字符数组中的。函数 getline 有两个参数,第一个是字符数组 s,第二个是整数 lim,s 返回输入的一行文本串,lim 是 s 所能存放的最大字符个数,当读入的一行过长时只将前 lim－1 个字符读入 s 中。因为 getline 函数的调用者没办法知道一个输入可能有多长,故采用了检查溢出的方法,使该函数能够安全工作,当数组满了时就停止读字符,即使还没有遇到换行符。getline 函数的返回值是所读入文本行的长度,如果读入的是仅含一个换行符的空行,则行长度是 1;如果遇到文件尾,则返回 0。main 函数检查到这个 0 时不再调用 getline,输出最长行后程序终止运行。

```
/*例 5.14 程序:输入若干行文本,输出其中最长的那一行*/
#include<stdio.h>
#define MAXLINE  100                          /*最长输入行的大小*/

int getline(char [],int maxline);
void copy(char t[],char s[]);
int main(void)
{
    int len;                                  /*当前行长度*/
    int  max;                                 /*当前为止最长行的长度*/
    char line[MAXLINE];                       /*存储当前输入行*/
    char longest[MAXLINE];                    /*存储最长行*/
    max=0;
    printf("Input lines,end of ctrl+z\n");
    while((len=getline(line,MAXLINE))>0)
        if(len>max){
            max=len;
            copy(longest,line);
        }
    if(max>0) printf("longest line : %s\n",longest);
    return 0;
}
/*读入一行至 s 中,最多读入(lim-1)个字符,返回其长度*/
int getline(char s[],int lim)
{
    int c,i ;
    i=0;
    while(i<lim-1&&(c=getchar())!=EOF&&c!='\n')
        s[i++]=c;
    if(c=='\n')  s[i++]=c;
    s[i]='\0';
    return i;
}
/*将串 s 复制到串 t*/
void copy(char t[],char s[])
{
```

```
    int i=0;
    while((t[i]=s[i++])!='\0');
}
```

【例 5.15】 稀疏矩阵。在 M 行 N 列的矩阵中,若非零值的个数远小于矩阵元素的总数,且这些数据的分布没有规律,则称该矩阵为稀疏矩阵。由于稀疏矩阵中非零元素较少,零元素较多,因此可以采用只存储非零元素的方法来进行压缩存储。输入一个压缩的稀疏矩阵,将其还原成源矩阵输出。

【解析与答案】 为了节省存储空间,可以对稀疏矩阵进行压缩存储:只存储稀疏矩阵的非零元素。由于非零元素分布没有任何规律,所以在进行压缩存储的时候,不仅要存储非零元素值 a,还要存储非零元素在矩阵中的行号 i 和列号 j,这样就构成了一个三元组(i,j,a)的线性表,可以用列数为 3 的二维数组表示。顺序表中除了存储三元组外,还应该存储原矩阵行数、列数和总的非零元素数目,这样才能唯一地确定一个矩阵。

例如,一个 5 行 6 列的稀疏矩阵的原始数据如下:

```
0  0  0  0  0   0
0  3  0  0  0   0
0  0  0  6  0   0
0  0  9  0  0   0
0  0  0  0  12  0
```

这个矩阵非零元素有 4 个,使用 5 行 3 列的二维数组来存储,数组的第一行记录稀疏矩阵的行数、列数与非零元素个数:

```
5  6  4
```

数组的第二行起,记录稀疏矩阵中非零元素的行索引、列索引与值:

```
1  1  3
2  3  6
3  2  9
4  4  12
```

所以原本要用 30 个元素储存的矩阵数据,现在只使用了 15 个元素来储存,节省了一半的存储空间。

利用二维数组来存储稀疏矩阵,先读入稀疏矩阵的行数 row、列数 col 和非零元素总数 total,再定义行数为 total+1、列数为 3 的二维数组 num(从 C99 开始允许定义动态数组),将读入的稀疏矩阵存于 num 中。因此,num[0][0]是稀疏矩阵的行数,num[0][1]是稀疏矩阵的列数,num[0][2]是稀疏矩阵的非零元素的总数。设置变量 i 代表稀疏矩阵的原矩阵数据的行下标,j 代表稀疏矩阵的原矩阵数据的列下标,再设置初值为 1 的计数器变量 k,如果 i=num[k][0]且 j=num[k][1],则该处元素值为 num[k][2],将其输出,然后 k 加 1;否则,该处元素值为 0。

```
/*例 5.15 程序:输入一个压缩的稀疏矩阵,将其还原成源矩阵输出*/
#include<stdio.h>
int main(void)
```

```
{
    int i, j, k =1,row,col,total;
    printf("输入稀疏矩阵的行数、列数、非零元素总数\n");
    scanf("%d %d %d",&row,&col,&total);
    total++;
    int num[total][3];
    num[0][0]=row,num[0][1]=col,num[0][2]=total;
    printf("输入非零元素的行下标、列下标、值\n");
    for(i =1; i <total; i++) {
        for(j =0; j <3; j++) scanf("%d", &num[i][j]);
    }
    printf("\原矩阵为:\n");
    for(i =0; i <num[0][0]; i++) {
        for(j =0; j <num[0][1]; j++) {
            if(k <=num[0][2] && i ==num[k][0] && j ==num[k][1]) {
                printf("%4d ", num[k][2]);
                k++;
            }
            else printf("%4d ", 0);
        }
        putchar('\n');
    }
    return 0;
}
```

【例 5.16】 骑士游历问题。设有一个 n×m 的棋盘，在棋盘上任一点有一个中国象棋马，马走的规则为：①马走日字；②马只能向右走。输入 n 和 m，找出从左下角(1,1)到右上角(n,m)的所有路径。例如，如果输入：

```
4  4
```

则输出为：

```
(1,1)->(2,3)->(4,4)
(1,1)->(3,2)->(4,4)
```

【解析与答案】

(1) 棋盘上马的跳跃方向：设 x 表示行坐标，y 表示列坐标，对于棋盘中的任意一点(x, y)，一匹马共有 4 个跳跃方向，如图 5-4 所示。

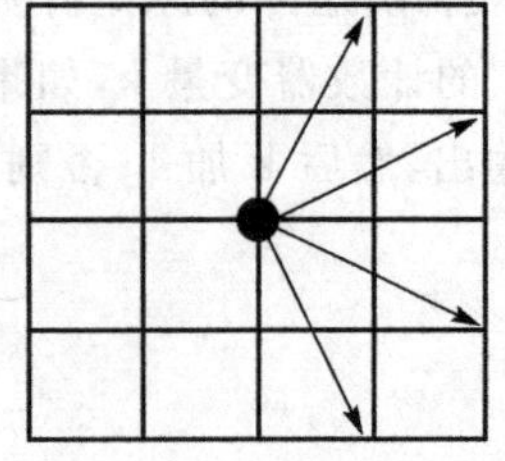

图 5-4　马的跳跃方向

(2) 马的跳跃方向的表示方法：设置一组坐标增量来描述这 4 个跳跃方向，(1,2)表示向右增 1，向上增 2；(2,1)表示向右增 2，向上增 1；(2,−1) 表示向右增 2，向下增 1；(1,−2)表示向右增 1，向下增 2。在程序中，x 方向增量用数组元素 dx[j]表示，y 方向增量用数组元素 dy[j]表示，j 的取值为 0、1、2 和 3，表示 4 个跳跃方向。马向某个方向试探跳跃一步后，新的坐标表示为(x+dx[j], y+dy[j])。

(3) 判断马朝某个方向试探性地跳跃一步是否成功：马跳跃后，新位置的坐标表示为原位置坐标加上跳跃方向的坐标增量。但每得到一个新位置坐标后，都要判断是否已经超出了棋盘的边界。若 x≤0 或 x>n，或者 y≤0 或 y>m，都表示已经超出了棋盘的边界，这时应放弃向该方向的跳跃，转而对下一个方向进行试探。程序中，函数 judge 用来判断某个位置是否在棋盘上。

(4) 记录路径的数组：要存储马在棋盘上走过的路，那么每个位置点需要有行和列坐标，设置二维数组 pos，pos[i][0]记录第 i 次跳跃位置的 x 坐标，pos[i][1]记录第 i 次跳跃位置的 y 坐标。

(5) 求解策略：本题可以使用试探法求解，在当前位置依次试探往 4 个方向跳一步。首先判断往方向 0 走一步的位置是否在棋盘上，如果不在棋盘上，则选择另一个方向 1 再走；如果在棋盘上，则往该方向走一步到新位置点，判断是否到达终点，若没有到达终点，在新位置点继续依次试探往 4 个方向向前走；若到达终点，则输出一条路径，然后回退到上一个位置继续选择另一个方向再试探往前走。

解法 1：递归算法，递归函数能较方便地解决回退问题。

```
/*例 5.16 程序:用递归方法实现骑士游历问题*/
#include<stdio.h>
int n,m;                        /*棋盘大小*/
int dy[]={ 2, 1, -1, -2 };      /*跳跃的 4 个方向*/
int dx[]={ 1, 2, 2, 1 };
int pos[100][2];                /*记录跳过位置的坐标,第 0 列是 x 坐标,第 1 列是 y 坐标*/

/*判断位置(x,y)是否在棋盘上,若在则返回 1,否则返回 0*/
int InChess(int x,int y)
{
    if(x>0 && x<=n && y>0 && y<=m)  return 1;
    else   return 0;
}

/*输出跳跃路径*/
void PrintResult(int a[][2],int n)
{
    int j;
    static int count=0;
    printf("第%d 条路径:",count++);
    printf("(%d,%d)",a[0][0],a[0][1]);
    for(j=1;j<=n;j++)
        printf(" ->(%d,%d)",a[j][0],a[j][1]);
    printf("\n");
}

/*第 i 次跳跃*/
```

```
void jumpHorse(int i)
{
    int j;
    if((pos[i][0]==n) && (pos[i][1]==m) )              /*当前位置点是目标终点*/
      PrintResult(pos,i);                               /*输出一条路径*/
    else
    for(j=0;j<4;j++)              /*当前未到终点,需要跳跃,分别试探4个方向*/
    {
      if(InChess(pos[i][0]+dx[j],pos[i][1]+dy[j]) ) /*在棋盘上*/
      {
          pos[i+1][0]=pos[i][0]+dx[j];
          pos[i+1][1]=pos[i][1]+dy[j];                         /*跳跃点的坐标放入数组保
存*/
          jumpHorse(i+1);                               /*在新位置点继续跳跃*/
      }
    }
}
int main(void)
{
    pos[0][0]=1;pos[0][1]=1;
    scanf("%d%d",&n,&m);
    jumpHorse(0);
    return 0;
}
```

解法2:循环算法。当递归算法在棋盘较大时则时间较长,本算法改用循环实现。递归函数在递归过程中具有的特点是:函数的参数和自动变量在进入函数时,要再次分配新的存储空间,函数返回后原有的值被自动恢复,并继续执行后续语句。将递归函数改造为循环程序时,要模拟递归函数做到这一点。

解法1中参数i代表跳跃的步数,自动变量j代表跳跃的方向,每次递归进入函数时i加1,j从第1个方向开始试探,返回后原有的值被自动恢复。在本循环算法中,用自动变量step代表跳跃的步数,则step加1表示往下跳一步,每跳一步就从第1个方向开始试探。如果4个方向都不能跳,则用step减1回退到上一步,而在每次回退时都需要知道原来跳跃的方向,所以用外部数组route记录每次跳跃的当前方向,通过简单的计算可以恢复跳跃点的坐标值x和y。当回退到step≤0时,表示所有的路径都试探过,结束循环。

```
/*例5.16程序:用循环方法实现骑士游历问题*/
#include<stdio.h>
int InChess(int x,int y) ;                          /*该函数同解法1*/
void PrintResult(int a[][2],int n);                 /*该函数同解法1*/
int n,m;                                            /*棋盘大小*/
int dy[]={ 2, 1, -1, -2 };                          /*跳跃的4个方向*/
int dx[]={ 1, 2, 2, 1 };
int pos[100][2];
```

```
int route[100];                              /* 记录每一步的跳跃方向 */

void jumpHorse()
{
    int x=1,y=1;
    int step=1;                              /* 从第 1 步开始尝试 */
    while(step>0){
        route[step]++;                       /* 取下一个方向为当前跳跃方向 */
        if(route[step]>4) {                  /* 4 个方向都尝试过 */
            step--;                          /* 回退一步 */
            x=x-dx[route[step]-1];
            y=y-dy[route[step]-1];
        }
        else  {                              /* 沿当前方向跳一步 */
            x=x+dx[route[step]-1];
            y=y+dy[route[step]-1];
            if(InChess(x,y)) {               /* 跳跃点在棋盘上 */
                pos[step][0]=x,  pos[step][1]=y;
                if(x==n&&y==m) {             /* 到达终点 */
                    PrintResult(pos,step);   /* 输出一条路径 */
                    x=x-dx[route[step]-1];
                    y=y-dy[route[step]-1];
                }
                else {
                    step++;                  /* 继续尝试一步 */
                    route[step]=0;           /* 下一步从第一个方向开始尝试 */
                }
            }
            else  {                          /* 不在棋盘上 */
                x=x-dx[route[step]-1];       /* 恢复 */
                y=y-dy[route[step]-1];
            }
        }
    }
}
int main(void)
{
    pos[0][0]=1;pos[0][1]=1;
    scanf("%d%d",&n,&m);
    jumpHorse();
    return 0;
}
```

【例 5.17】 八皇后问题。对国际象棋迷来说，八皇后问题是一个难题。简单来说，八皇后问题就是：能否在 8×8 格的棋盘上摆放 8 个皇后，使它们互不侵犯？即任意两个皇后不能在同一行或同一列或同一对角线上。如果能满足摆放要求，则输出所有可能的摆放法。

【解析与答案】 该问题是一个非常经典的问题，最传统的求解方法是采用递归算法，但递归函数的求解效率不高，本书除了提供递归解法外，还提供了循环解法和效率较高的其他解法。一般情况下，复杂问题应尽量用递归法求解，这是由于递归算法可以简化算法逻辑；对于特别要求执行速度的程序，则应考虑用循环法或其他优化方法。下面给出的解法各有特色，熟悉这些解法对提高程序设计能力很有帮助。

解法 1：递归算法。

(1) 摆法的记录。8 个皇后能放下一定是一行放一个，可将 8 个皇后分别标记为 0～7，第 0 个皇后放第 0 行，第 1 个皇后放第 1 行……由于 C 中数组下标从 0 开始，所以只需一个长度为 8 的一维数组记录每个皇后放置在各行中的列号，下标表示棋盘的行号，x[i]就表示第 i 行的皇后放在第 x[i]列。例如，解 x[ ]={0,5,7,2,6,3,1,4}即表示 8 个皇后分别摆放在第 0 行的第 0 列、第 1 行的第 5 列、第 2 行的第 7 列、……、第 7 行的第 4 列。这种处理方法实际上限定了每行只能放一个皇后，可以简化检查每行是否只有一个皇后的过程。

(2) 对角线冲突的检测。从棋盘左上角到右下角的主对角线及其平行线(即斜率为－1 的各斜线)上两方格的行号差与列号差相等。同理，斜率为＋1 的各斜线上方格的行号与列号的和值相等。因此，假设两个皇后摆放的位置分别为(a,b)和(c,d)，若 a－b＝c－d 或 a＋b＝c＋d，则说明这两个皇后处于同一对角线上。a－b＝c－d 等价于 a－c＝b－d，a＋b＝c＋d 等价于 a－c＝d－b。可见，只要|a－c|＝|b－d|成立，即两方格的行号差绝对值与列号差绝对值相等，就表明两个皇后处于同一对角线上。

(3) 求解策略。基本思想是：假设将第 0 个棋子在第 0 行摆放好，则问题就变成了一个七皇后问题，用与八皇后同样的方法可以获得问题的解。问题的重心就是如何在一行摆放一个皇后棋子，摆放的基本步骤是：从一行的第 0 到第 7 列位置，顺序地尝试将棋子放置在一个可摆放的位置上。如果试探的结果是本行中没有可摆放的格子，则说明上一行的皇后放置位置不对，应回退到上一行，释放皇后原来占据的位置，改试下一列可摆放的格子。如果回退一行后仍没有合适的位置，则继续回退。一旦放置好一个皇后，就向下前进一行摆放下一行棋子，如此下去，直至 8 个皇后全部放置好，即得到一个解。

用一个递归函数 putQueen 来实现尝试摆放的过程，参数 row 表示将在第 row 行放置皇后，自动变量 col 表示皇后将要放置的列号。对于每一个位置(row,col)，函数 putQueen 都要调用函数 available 测试第 row 行第 col 列能否放置皇后，如果能，则将第 row 行的皇后放置于第 col 列(即将 col 赋值给 queen[row])，然后在下一行摆放皇后(即递归调用 putQueen(row＋1)；如果不能，则尝试下一列位置(即 col 加 1)。如果 8 个皇后都已放置好(即 row 为 8)，则调用函数 output 输出一个解(即数组 queen 的元素值)。

```
/*例 5.17 程序:递归法实现八皇后问题*/
#include<stdio.h>
int queen[8];                                          /*记录找到的一种摆法*/
int count=0;                                           /*记录摆法数*/

void  output()                                         /*输出一种摆法*/
{
```

```
    printf("\n第%2d种摆法:",count);
    for(int i=0;i<8;i++)
        printf("%2d",queen[i]);
}

/*判断当前行curRow和列curCol能否放置皇后,能则返回1,否则返回0*/
int available(int curRow,int curCol)
{
    for(int row=0;row<curRow;row++){
        if(curCol==queen[row])  return 0;                  /*同一列冲突*/
        if((curRow-row)==(curCol-queen[row]))  return 0;/*同一反斜线冲突*/
        if((curRow-row)==(queen[row]-curCol))  return 0;/*同一斜线冲突*/
    }
    return 1;
}

/*在第row行找能放皇后的位置*/
void putQueen(int row)
{
    int col;
    if(row ==8) {                          /*如果8个皇后都放满,则统计并输出该种摆法*/
        count ++;
        output();
        return;
    }
    for(col=0;col<8;col++) {               /*遍历这一行的8列位置*/
        if(available(row,col)) {           /*如果该行第col列可以放,就记录其位置*/
            queen[row]=col;
            putQueen(row+1);               /*递归在下一行放置皇后*/
        }
    }
}

int main()
{
    putQueen(0);                           /*从第0行开始摆放*/
    return 0;
}
```

解法2：改进的递归算法。本解法对解法1中测试某行某列是否可放置皇后的方法进行改进。

当要在某个方格放置一个新的棋子时，要判断该位置与已放置的棋子之间是否冲突。实际上每当某一行放置一个皇后即进入下一行处理，从而隐含保证了同一行不可能有两个及两个以上的皇后，于是测试每行每列是否可放置皇后的问题化为3个子问题：①同列中是否已放置皇后；②斜线方向是否已放置皇后；③反斜线方向是否已放置皇后。解法 1 采用循环的方式枚举当前摆放位置的同一列、斜线和反斜线方向上是否放置了皇后(即当前行之前的每一行这 3 个方向上是否有皇后)。

本方法用 3 个一维数组来分别记录每一列、斜线和反斜线上是否和已放置的皇后冲突，它们的初值都为 1,表示不冲突可摆放皇后。当一个皇后放置在第 i 行第 j 列时，column[j]被置为 0,表示第 j 列上再不能放置皇后；同时，slash1[i＋j]和 slash2[j－i＋7](加 7 的目的是保证数组的下标不会小于 0)也被置为 0,表示对角线上再不能放置皇后。当要确定第 i 行第 j 列能否放置皇后时，只需检查 column[j]、slash1[i＋j]、slash2[[j-i＋7]是否同时为 1 即可。这样每次有新的棋子放置时，不必再搜索，可以直接通过 3 个一维数组来标记。

程序中测试某行某列是否可放置皇后是一项频繁的工作，改进的测试方法显然比解法 1 中的简单且速度快，因此，从总体上讲，本解法要比解法 1 快得多。由此可见，对程序中频繁执行的部分进行优化，在提高程序效率方面可获得良好的效果。

```
/*例 5.17 程序:标记+递归法实现八皇后问题*/
#include<stdio.h>
int queen[8];
int column[8], slash1[15], slash2[15];/*记录列、45 度、135 度斜线上的冲突*/
int count=0;
void  output(void);                       /*该函数同解法 1*/

void putQueen(int row)                    /*在第 row 行找能放皇后的位置*/
{
    int col;
    if(row ==8) {                         /*如果 8 个皇后都放已满,则统计并输出该种摆法*/
        count ++;
        output();
        return;
    }
    for(col=0;col<8;col++) {              /*逐一尝试将当前行皇后放置在不同列上*/
        if(column[col]&&slash1[row +col]&&slash2[row-col+7]) {  /*不冲突*/
            queen[row]=col;               /*在当前 col 列放置皇后*/
            column[col]=slash1[row+col]=slash2[row-col+7]=0;
                                          /*设置冲突范围*/
            putQueen(row +1);             /*递归在下一行放置皇后*/
            column[col]=slash1[row+col]=slash2[row-col+7]=1;
                                          /*撤销冲突范围*/

        }
    }
}

int main()
{
    for(int i=0;i<8;i++) column[i]=1;
```

```
    for(int i=0;i<15;i++)  slash1[i]=slash2[i]=1;
    putQueen(0);                         /* 从第 0 行开始摆放 */
    return 0;
}
```

解法 3：8 重循环算法。前面两种方法都是采用向下递归的方式，在下一行放置皇后，本方法不用递归，而用 8 重循环求解，每一重循环处理一行。对于每重循环，依次调用函数 available 测试当前行中各列是否满足放置皇后的条件，如果某列不满足，则用语句 continue 继续试探当前行的下一列；如果某列满足，则放置皇后，并进入下一重循环放置下一行皇后。

对于最内重循环，依次测试最后一行中各列是否满足放置皇后的条件，如果某列不满足，则用语句 continue 继续试探下一列；如果某列满足条件，则放置最后一个皇后，并调用函数 output 输出一个解。

```
/* 例 5.17 程序:8 重循环算法实现八皇后问题 */
#include<stdio.h>
void  output(void);                      /* 该函数同解法 1 */
int available(int curRow,int curCol); /* 该函数同解法 1 */
int count=0;
int queen[8];

int main()
{
   int j=0,c0,c1,c2,c3,c4,c5,c6,c7;
   for(c0=0;c0<8;c0++){                  /* 遍历第 0 行的 8 列位置 */
      queen[0]=c0;                       /* 放置皇后,第 0 行皇后置于 c0 列 */
      for(c1=0;c1<8;c1++){               /* 遍历第 1 行的 8 列位置 */
         if(!available(1,c1)) continue;
         queen[1]=c1;                    /* 放置皇后,第 1 行皇后置于 c1 列 */
         for(c2=0;c2<8;c2++){
           if(!available(2,c2)) continue;
           queen[2]=c2;
           for(c3=0;c3<8;c3++){
              if(!available(3,c3)) continue;
              queen[3]=c3;
              for(c4=0;c4<8;c4++){
                if(!available(4,c4)) continue;
                queen[4]=c4;
                for(c5=0;c5<8;c5++){
                  if(!available(5,c5)) continue;
                  queen[5]=c5;
                  for(c6=0;c6<8;c6++){
                    if(!available(6,c6)) continue;
                    queen[6]=c6;
                    for(c7=0;c7<8;c7++){
```

```
                            if(!available(7,c7)) continue;
                            queen[7]=c7;
                            count++;
                            output();
                        }
                    }
                }
            }
        }
      }
    }
  }
  return 0;
}
```

解法 4：迭代算法。本解法以解法 1 为基础，将递归函数改造为循环程序的一种解法。整个程序由二重循环构成，外层循环为行控制，内层循环为列控制。内循环所做的工作就是判断能否在第 row 行第 col 列放置皇后，如果能则放置一个皇后，然后判断是否摆满 8 个皇后。如果已摆满 8 个皇后，则输出找到的这种解法，在摆满的情况下，需判断最后这个皇后是否处在最后一列。如果是最后一列，则需向上回退到上一行(即第 6 行)皇后所在位置继续寻找下一个解；如果不是，则在当前行继续寻找下一个解。如果没有摆满 8 个皇后，则将列号设为 0，结束内循环，继续外循环摆放下一行。如果第 row 行第 col 列不能放置皇后，则继续内循环试探当前行的下一列，如果当前行的全部列都不能摆放皇后(即 col 为 8 时)，则向上回退到上一行皇后所在位置继续试探下一列。

如何处理回退到上一行皇后所在位置呢？有两个要点要把握：①保证行号 row 减 1(回到上一行)；②要将列号 col 恢复到上一行皇后所在列的列号。由于每行皇后所在列的列号已存在数组 queen 中，因此先 row 减 1，再取 queen[row]的值给 col，即执行 col=queen[－－row]后，行号和列号都回退到上一行皇后所在位置。按照 for 循环语句的执行流程，外循环在进入下一轮循环前行号要加 1，另外回退后要从下一列继续试探，所以还要执行 col＋＋和 row－－后通过 break 语句结束内循环，进入下一轮外循环。

由于行号和列号都应在 0～7 内，所以当向上回退到行号 row＜0 时，表示全部解已求出，为保证程序正常终止，在内循环语句前使用了语句“if(row＜0)　break;”。

```
/*例 5.17 程序:迭代算法实现八皇后问题*/
#include<stdio.h>
void  output(void);                        /*该函数同解法 1*/
int available(int curRow,int curCol);      /*该函数同解法 1*/
int count=0;
int queen[8];
int main()
{
    int row,col=0;
    for(row=0;row<8;row++){                /*对于每一行*/
```

```
        if(row<0) break;                   /* 当向上退出了棋盘边界时表示全部解已求出,
                                              终止 */

        for(;col<8;col++){                 /* 对于每一列 */
            if(available(row,col)) {       /* 如果能放 */
                queen[row]=col;            /* 在第 row 行第 col 列放置皇后 */
                if(row==7){                /* 如果这是第 8 个皇后,则找到一个解 */
                    count++;
                    output();
                    if(col==7){            /* 最后一行最后一格试完就回退到上一行皇后所
                                              在处 */
                        col=queen[--row];
                        col++;
                        row--;
                        break;
                    }
                    else  continue;
                }
                col=0;                     /* 没有摆满 8 个皇,继续摆下一行 */
                break;
            }
        }
        if(col==8){                        /* 如果当前行最后一格试完,就回退到上一行 */
            col=queen[--row];
            col++;
            row--;
        }
    }
    return 0;
}
```

5.3 实验五 数组程序设计实验

5.3.1 实验目的

(1) 掌握数组的说明、初始化和使用。

(2) 掌握一维数组作为函数参数时实参和形参的用法。

(3) 掌握字符串处理函数的设计,包括串操作函数以及数字串与数之间转换函数的实现算法。

(4) 掌握二分查找算法和排序算法的思想,以及相关算法的实现。

5.3.2 实验内容及要求

1. 程序改错与跟踪调试

在下面所给的源程序中,函数 strncate(t,s)的功能是将字符串 s 连接到字符串 t 的尾部;函数 strdelc(s,c)的功能是从字符串 s 中删除所有与给定字符 c 相同的字符,程序应该能够输出如下结果:

```
Programming  Language
ProgrammingLanguage  Language
ProgrmmingLnguge
```

跟踪和分析源程序中存在的问题,排除程序中的各种逻辑错误,使之能够输出正确结果。

(1) 单步执行源程序。跟踪进入函数 strcate 时,观察字符数组 t 和 s 中的内容,分析结果是否正确。当单步执行光条刚落在第二个 while 语句所在行时,i 为何值? t[i]为何值?分析该结果是否存在的问题。当单步执行光条落在 strcate 函数块结束标记即右花括号“}”所在行时,字符数组 t 和 s 分别为何值? 分析是否实现了字符串连接。

(2) 跟踪进入函数 strdelc 时,观察字符数组 s 中的内容和字符 c 的值,分析结果是否正确。单步执行 for 语句过程中,观察字符数组 s、j 和 k 值的变化,分析该结果是否存在问题。当单步执行光条落在 strdelc 函数块结束标记“}”所在行时,字符串 s 为何值? 分析是否实现了所要求的删除操作。

```
/* 实验 5-1 程序改错与跟踪调试题程序 */
#include<stdio.h>
void strcate(char [ ],char [ ]);
void strdelc(char [ ],char );
int main(void)
{
    char a[ ]="Language", b[ ]="Programming";
    printf("%s  %s\n",b,a);
    strcate(b, a);  printf("%s  %s\n",b,a);
    strdelc(b,'a');  printf("%s\n",b);
    return 0;
}
void strcate(char t[ ],char s[ ])
{
    int i =0, j=0;
    while(t[i++]);
    while((t[i++] =s[j++])!='\0');
}
void strdelc(char s[ ],char c)
{
    int j,k;
    for(j=k=0; s[j]!='\0';j++)
        if(s[j]!=c)  s[k++]=s[j];
}
```

2. 程序完善和修改替换

(1) 在一些文本数据处理中,希望去掉重复(简称去重)的字符,仅保留首次出现的字符。下面的程序能够删除字符串中的重复字符。例如源串为 12eerer,去重后为 12er。程序采用二重循环,大循环每次从字符串中取出一个字符,小循环遍历串中该字符后面的所有字符,若有重复的字符,则将后面的字符设置为空字符'\0'。

① 请在源程序中的下画线处填写合适的代码来完善该程序。

```
/* 实验 5-2 程序完善和修改替换第(1)题程序:文本去重 */
#include<stdio.h>
#include<string.h>
_______________;
int main( )
{
   char str[200];
   printf("Input strings,end of Ctrl+z\n");
   while(fgets(str,200,stdin)!=NULL)
   {
      RemoveDuplicate(str);
      printf("%s",str);
   }
   return 0;
}

void RemoveDuplicate(char *s)
{
   int r, w, i,len;
   len=strlen(s);
   for(r =w =0; r<len; r++)
   {
      if(________)
      {
         ________=s[r];
         for(i =r +1; i<len; i++)
            if(________)
               s[i] ='\0';
      }
   }
   ________;
}
```

② 上面程序的时间复杂度为 $O(n^2)$。可以采用空间换时间的方法,提高处理的时间效率。具体方法为:假设待处理文本都为 ASCII 码字符(共 256 个),设置一个大小为 256 的标记数组,记录每个字符是否已出现过,每遇到一个字符,根据该字符的 ASCII 码值,将数组对应元素置为 1。所以,判断一个字符是否重复,只需检查标记数组中相应位置上的值。请采用标记数组法修改 RemoveDuplicate 函数,使用一重循环实现字符去重,使其时间复杂度为 $O(n)$。

*(2) 下面的源程序用于求解约瑟夫问题：M个人围成一圈，从第一个人开始依次从1至N循环报数，每当报数为N时报数人出圈，直到圈中只剩下一个人为止。

① 请在源程序中的下画线处填写合适的代码来完善该程序。

```
/*实验5-3程序完善和修改替换第(2)题程序:约瑟夫问题*/
#include<stdio.h>
#define M 10
#define N 3
int main(void)
{
    int a[M], b[M];                 /*数组a存放圈中人的编号,数组b存放出圈人的编号*/
    int i, j, k;
    for(i =0; i <M; i++)            /*对圈中人按从1至M顺序编号*/
        a[i] =i +1;
    for(i =M, j =0; i >1; i--) {    /*i表示圈中人个数,初始为M个,剩1个人时结束循环;
                                      j表示当前报数人的位置*/
        for(k =1; k <=N; k++)       /*1到N报数*/
            if(++j >i -1) j =0;     /*最后一个人报数后第一个人接着报,形成一个圈*/
            b[M-i] =j?_______:_______;
                                    /*将报数为N的人的编号存入数组b*/
            if(j)
                for(k =--j; k <i; k++)
                                    /*压缩数组a,使报数为N的人出圈*/
                    _______________;
    }
    for(i =0;i <M -1; i++)          /*按次序输出出圈人的编号*/
        printf("%6d", b[i]);
    printf("%6d\n", a[0]);          /*输出圈中最后一个人的编号*/
    return 0;
}
```

② 上面的程序使用数组元素的值表示圈中人的编号，故每当有人出圈时都要压缩数组，这种算法不够精练。如果采用做标记的办法，即每当有人出圈时对相应数组元素做标记，从而可省掉压缩数组的时间，这样处理效率会更高。请采用做标记的办法修改程序，并使修改后的程序与原程序具有相同的功能。

3. 程序设计

(1) 输入一个整数，将它在内存中二进制表示的每一位转换成对应的数字字符并且存放到一个字符数组中，然后输出该整数的二进制表示。

(2) 编写一个C程序，要求采用模块化程序设计思想，将相关功能用函数实现，并提供菜单选项。该程序具有以下功能：

① 输入n个学生的姓名和C语言课程的成绩。

② 将成绩按从高到低的次序排序，姓名同时进行相应调整。

③ 输出所有学生的姓名和C语言课程的成绩。

(3) 对程序设计第(2)题的程序增加查找功能：输入一个C语言课程成绩值，用二分查找进行搜索。如果查找到有该成绩，则输出该成绩学生的姓名和C语言课程的成绩；否则，输出提示"not found!"。

(4) 对程序设计第(3)题的程序增加插入功能：输入一个新的学生姓名和C语言课程的成绩，在不影响排序次序的情况下将它插入已排序的数组中。

(5) 编写函数 strnins(t,s,n)，其功能是：将字符数组 s 中的字符串插入字符数组 t 中字符串的第 n 个字符的后面，编写 main 函数测试 strnins 函数的正确性。

(6) 消除类游戏是一种益智游戏，其核心规则是将一定量的彼此相邻的相同元素配对消除。现给定一个 n 行 m 列的棋盘，棋盘中的每一个方格上放着一个棋子，每个棋子都有颜色，编号用 1～9 表示。当一行或一列上有连续 3 个及 3 个以上同色棋子时，这些棋子都被同时消除，对应的方格用 0 表示，请输出经过消除后的棋盘。例如，给定棋盘为：

```
4 4 3 1 4
3 1 1 1 1
4 3 4 1 2
4 4 2 2 2
```

则输出结果为：

```
4 4 3 0 4
3 0 0 0 0
4 3 4 0 2
4 4 0 0 0
```

(7) 实现一个铁路购票系统的简单座位分配算法，用来处理一节车厢的座位分配。假设一节车厢有 20 排，每一排有 5 个座位，用 A、B、C、D、F 表示，第一排是 1A、1B、1C、1D、1F，第二排是 2A、2B、2C、2D、2F，以此类推，第 20 排是 20A、20B、20C、20D、20F。购票时，每次最多购 5 张，座位的分配策略是：如果这几张票能安排在同一排相邻的座位，则应该安排在编号最小的相邻座位；否则，应该安排在编号最小的几个空座位中(不考虑是否相邻)。

输入购票信息，输出分配的车票号。输入输出示例如下：

```
4↙          (输入购票次数)
2 5 4 2↙    (输入每次购票张数)
1A 1B
2A 2B 2C 2D 2F
3A 3B 3C 3D
1C 1D
```

*(8) 将数组中指定的两段数据交换。输入 n 个整数到数组 a 中，再输入正整数 m1、n1、m2、n2(0≤m1≤n1≤m2≤n2≤n)，将数组 a 中由 m1、n1 指定的一段数据和由 m2、n2 指定的一段数据交换位置，其他数据位置不变，输出重新排列后的数组元素。例如，假设 n=7，m1=1，n1=2，m2=4，n2=6，数组元素 a[0]，a[1]，…，a[6] 依次为 1，2，3，4，5，6，7；则被交换的两段元素是 a[1]～a[2] 和 a[4]～a[6]，交换的结果是 1，5，6，7，4，2，3。要求将交换数组中两段数据的功能定义为函数，在 main 函数中输出被交换后的数组元素。

*(9) 整数的分划问题。将一个整数 n 表示成如下式的一系列正整数的和，称为 n 的一个分划：n＝n1＋n2＋…＋nk (1≤n1≤n2≤…≤nk≤n)。从键盘输入 n(范围为 1～10)，求出 n 的所有划分。例如，6 可以分划为：

```
6
5+1
4+2, 4+1+1
3+3, 3+2+1, 3+1+1+1
2+2+2, 2+2+1+1, 2+1+1+1+1
1+1+1+1+1+1
```

*(10) 将 1、2、3、…、n^2 从左上角开始，由外层至中心按顺时针方向螺旋排列所形成的数字矩阵，称为 n 阶顺转方阵，5 阶顺转方阵如图 5-5 所示。编写程序，读入 n，构造并输出 n 阶顺转方阵。

*(11) 迷宫问题。编程找出从入口(左上角方格)经过迷宫到达出口(右下角方格)的所有路径，迷宫问题示意图如图 5-6 所示，阴影地方是不能通行的，只能从一个空白位置走到与它相邻(四邻域，即上、下、左、右相邻)的空白位置上，且不能走重复路径。

1	2	3	4	5
16	17	18	19	6
15	24	25	20	7
14	23	22	21	8
13	12	11	10	9

图 5-5　5 阶顺转方阵

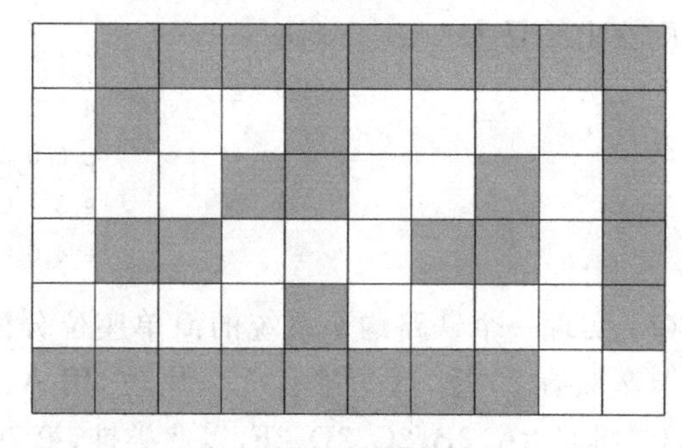

图 5-6　迷宫问题示意图

5.3.3　项目实训

《2048》游戏的设计。《2048》是一款比较流行的数字游戏，以下是游戏规则。

(1) 游戏开始时，在 4×4 共 16 个方块的棋盘内随机出现两个数字方块，出现的数字仅可能是 2 或 4，一个起始棋局如图 5-7 所示。

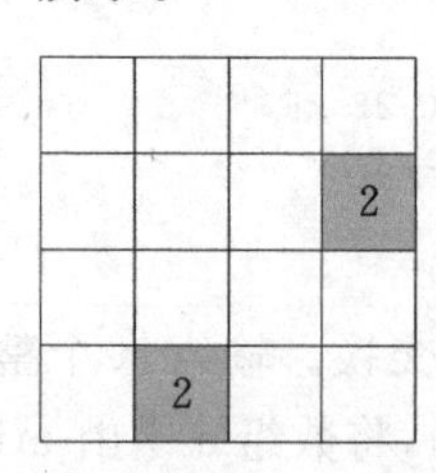

图 5-7 《2048》游戏的一个起始棋局

(2) 玩家可以选择上、下、左、右(或用 a、s、d、w 表示 4 个方向)其中一个方向去移动。每选择一次移动，棋盘上的所有数字都会往移动的方向靠拢。例如，某一行的 4 个方块是[2,4,0,2](0 表示无数字的空方块)，向左移动后变成[2,4,2,0]，移动后不允许两个数字方块之间存在空方块。若在选择的移动方向上有相同的数字就会两两合并,但不会连续合并。例如,左移[2,2,2,0]后合并成[4,2,0,0],左移[2,2,4,4]后合并成[4,8,0,0],左移[2,2,4,0]后合并成[4,4,0,0]。

(3) 每当有效移动一次(即有移位或合并发生的情况下),系统会随机在一个方块上出现一个数字 2 或 4。新出现的数字和棋盘上原有的数字一起参与后面的移动。

(4) 游戏的目的就是合并出 2048 这个数字。合并出数字 2048,则判胜,游戏结束。如果棋盘被数字填满,无法进行有效移动了,则判负,游戏结束。

本项目的任务是根据上述游戏规则,编写《2048》这款游戏,要求能够正常进行游戏,拥有游戏界面(不要求图形界面),用户操作方便。

第6章　指针

数据的地址称为指针，指针变量是存放数据地址的变量，不同类型变量的地址是不同的指针类型，指针的移动和间接访问等操作都和指针类型有关，时刻注意指针类型的概念和指针的指向，是理解和掌握指针的关键。

6.1　内容提要

6.1.1　指针声明和指针运算

声明指针的一般形式如下：

```
类型说明符   *标识符1,*标识符2,…, *标识符n;
```

其中，*是指针说明符，用于将其后标识符说明为指针类型，至于是何种类型的指针，则由前面的类型说明符决定。

单目运算符*和&是与指针相关的两种最基本运算。

*运算：*运算的操作数只能是指针表达式，如果该指针是指向对象X的指针，则运算结果是对象X本身。

&运算：&运算的操作数必须是左值表达式，如果该左值表达式表示的是对象X，则运算结果是指向对象X的指针。

除了上述两种最基本的运算，指针还可以进行算术运算、赋值运算和关系运算。

算数运算：如果p是指针类型，n是整型，则表达式p＋n、p－n、p＋＋、p－－、＋＋p和－－p的类型还是指针，但对于＋＋和－－，p必须是指针变量，其运算结果是p所指向的前面或后面第n个(或第1个)元素的指针。同类型的指针可以进行减法运算，设指针p、q是指向同一数组的元素，且p＞q，则p－q的值为整型，其值为p和q之间相隔元素的个数。

赋值运算：同类型的指针可以直接使用赋值符进行赋值操作，如q＝p、p＋＝n、p－＝n；不同类型指针之间的赋值必须使用类型强制符；void指针和任何类型的指针之间可以相互赋值；NULL可以赋给任何类型的指针。

关系运算：如果两个指针类型相同，则可以进行＜、＜＝、＞、＞＝、＝＝和!＝比较操作，但是不同类型指针之间的关系运算被视为非法操作，指针的关系运算多用于循环控制条件中控制循环的终止。

在C语言中，函数调用时实参按照传值方式传递给形参，形参是实参的副本。非指针参数只能传值到函数中，不能将函数中的值带回主调函数；由于指针参数传给函数的是地址值，因此，通过间接访问运算*可以从函数中带回计算结果。所以，使用指针参数是使函数间接返回多值的一种手段。

6.1.2 指针与数组

数组是由一些相同类型元素组成的集合,数组名代表首元素的地址,该地址是一个常量,所以数组名是指针类型,是一个指针常量。对一维数组元素的引用由两种等价的形式:下标法和指针法。假设 a 是一维数组名,a 是指向数组中第 0 个元素的指针,则 a+i 是指向同一数组中第 i 个元素的指针,*(a+i)也就是 a[i],两者等价。

同理,假设 p 是指向数组中某个元素的指针,j 是一个整数,则 *(p+j)等价于 p[j]。

由于数组名是一个地址常量,当用数组名作为实参时,传给形参的仅仅是一个指针值而非所有元素。与数组参数对应的形参可以说明为数组形式,也可以说明为指针形式,即使说明为数组形式,也被编译程序解释为指针,所以函数中不论以下标形式还是以指针形式引用数组元素,效果都是相同的。

用字符数组和字符指针变量都可实现字符串的存储和运算,但是两者是有区别的。字符数组由若干个元素组成,每个元素放一个字符,而字符指针变量存放的是地址(字符串中第一个字符的地址),决不是将字符串放到字符指针变量中。对于字符数组只能对各个元素赋值,不能将一个字符串常量赋值给数组名,但是可以将一个字符串常量赋值给字符指针变量。例如,“char *a; a="I love you!";”是正确的,该语句将字符串的首地址赋给字符指针变量 a;而“char a[20]; a="I love you!";”是错误的。

二维数组名也代表首元素的地址,但是其类型是一个指向数组(行元素)的指针,而不是指向数组基本元素的指针。例如,二维数组 int a[3][4],则 a 的类型是 int (*)[4],是指向包含 4 个元素的数组的指针,a 指向第 0 行,(a+1)指向第 1 行,因此,*(*(a+i)+j)等价于(*(a[i])+j)等价于 a[i][j]。对于二维数组,可以定义一个指向数组基本元素的指针表示数组元素,也可以定义一个指向数组的指针表示数组元素,由于两者类型不同,所以表示方法也就不同,应注意区分。

6.1.3 指针与函数

函数返回的只能是值,这个值可以是一般的数值,也可以是某种类型的指针值。如果函数的返回值是指针类型的值,则称该函数为指针函数。声明指针函数原型的一般形式如下:

```
类型说明符 *函数名(形参表);
```

函数不能直接返回一个数组,可以用返回数组首地址(即指针函数)的方式实现类似功能,但要注意以下两点:

(1) 该数组不能是函数内定义的 auto 型数组,因为自动型数组在退出函数后会被释放。

(2) 该数组可以是外部数组、静态局部数组,也可以是动态分配内存数组地址以及从函数参数传过来的实参数组地址。

返回指针(数组首地址)时,无法返回数组长度。如果需要传回数组长度,可以采用以下方法:

(1) 以函数参数(即指针参数)返回数组长度。

(2) 将长度保存在外部变量中。

(3) 将长度存在数组的第 0 个元素中。

(4) 类似字符串的方法约定数组结束标记。

指针可以指向整数,指向数组,也可以指向函数。也就是说,如果一个指针存放的是函数的入口地址,则称该指针为函数指针。可以通过指向函数的指针调用函数。声明函数指针的一般形式如下:

```
类型说明符 (*函数指针名)(形参表);
```

函数指针最常见的用途有两个:

(1) 作为参数传递给其他函数。这样可以把多个函数用一个函数体封装起来,得到一个具有多个函数功能的新函数,根据传递的函数指针变量值的不同,执行不同的函数功能。

(2) 用于散转程序。程序首先建立一个函数表(实际上是一个函数指针数组),表中存放了各个函数的入口地址(函数名),根据条件查表选择执行相应的函数。

6.1.4 指针数组

数组的元素可以是指针,一个以同类型指针为元素的数组称为指针数组,即指针数组的每个元素存放的都是地址值。声明指针数组的一般形式如下:

```
类型说明符 *标识符[常量表达式]={初值表};
```

可以让指针数组中的每一个元素指向一个 n－1 维数组的方式构造一个 n 维数组。例如,让指针数组的每一个元素指向一个一维数组就可以构造二维数组,用这种方式的好处是:每个一维数组(即每行)的大小可以不同。用指针数组表示数值型二维数组和用指针数组表示字符串数组是比较常用的方法。

指针数组的数组名是二级指针类型。若有定义“char *n[5];”,则数组名 n 表示首元素 n[0]的地址,而数组元素 n[0]本身也是指针类型(char *),即指针 n 所指对象 n[0]又是指针,所以 n 的类型是指向指针的指针(二级指针 char **)。类似地,还有三级指针等多重指针的概念,n 重指针就是以 n－1 重指针变量的地址为其值的指针变量。

当指针数组作为函数参数时,其类型实质上就是二级指针。带参数的 main 函数有两个参数:一个参数代表命令行中字符串的个数,类型为整型;另一个参数就是字符指针数组或二级指针,声明带参数的 main 函数的一般形式如下:

```
int main(int argc,char *argv[])
{
  ...                                    /*函数体*/
}
```

其中,形参 char *argv[ ]等价于 char **argv,argv 指向包含 argc 个元素的字符指针数组的首元素 argv[0],而每个字符指针元素指向命令行中的一个字符串。

6.2 典型题解析

6.2.1 简答题

【例 6.1】 解释下面的声明语句。

(1) float (* a)[2]; (2) void * b(int);
(3) int * c(float(* a)(int)); (4) int (* d[6])(void);
(5) int (* e(void))[5]; (6) char * (* f[2])(char * ,char *);
(7) int (* (* g)(char *))[3]; (8) char * (* h[2])(char(*)(int *),char *);

【解析与答案】

(1) a 是指向有两个 float 型元素的一维数组的指针。

(2) b 是有一个整型参数,返回值为 void 指针的函数。

(3) c 是一个整型指针函数,该函数有一个形参 a,a 是一个指向函数的指针,a 所指函数有一个 int 参数,返回值类型为 float。

(4) d 是有 6 个元素的指针数组,数组的每一个元素都是指向返回值为整型的无参函数的指针。

(5) e 是一个无参指针函数,返回值为指向有 5 个 int 型元素的数组的指针。

(6) f 是有两个元素的指针数组,数组元素是指向函数的指针,所指函数的返回值为字符指针类型,有两个字符型指针参数。

(7) g 是一个指向函数的指针,所指函数有一个字符指针参数,返回值是指向有 3 个 int 型元素的数组的指针。

(8) h 是有两个元素的函数指针数组,数组元素所指函数的返回值类型为字符指针,函数有两个参数,一个参数是指向返回值为 char、有一个整型指针参数的函数的指针,另一个参数是字符指针类型。

【例 6.2】 请根据下面各题的解释,写出对应的声明语句。

(1) a 是 4 个元素的指针数组,数组元素是指向有一个整型参数、返回值为双精度浮点数的函数的指针。

(2) b 是有两个长整型参数的指针函数,该指针为指向有 5 个字符型元素的数组的指针。

(3) c 是指向无返回值的无参函数的指针。

(4) d 是整型指针的指针。

(5) e 是有 3 个元素的函数指针数组,数组中每个元素所指向的函数无参、返回值是指向长度为 4 的整型数组的指针。

(6) f 是一个无参指针函数,该指针函数的返回值是指向有 3 个元素的数组的指针,数组的元素是指向有一个字符指针形参、返回整型指针值的函数的指针。

【解析与答案】

(1) double (* a[4])(int); (2) char (* b(long,long))[5];
(2) void (* c)(void); (4) int * * d;
(5) int (* (* e[3](void))[4]; (6) int * (* (* f(void))[3])(char *);

【例 6.3】 定义宏 BYTE0 和 BYTE1,利用指针提取短整型数据 x 的高 8 位和低 8 位数据。

【解析与答案】 如果 x 是 short 型,则 &x 的类型是 short *,该指针指向 x 的起始地址处,为了方便取出低 8 位(即低字节)数据,可以将短整型指针强制转换为字符型指针(char *)(&x)后再进行间接访问运算。对字符指针加 1 使之指向下一字节即 x 的高字节

(一个字符占 1 字节),再进行间接访问运算就可取出高 8 位。宏定义如下:

```
#define  BYTE0(x)   (*(char *)(&x))
#define  BYTE1(x)   (*((char *)(&x)+1))
```

【例 6.4】 判断下面的代码段有没有问题,如果有,问题在哪里?

```
int a[10], *pi;
for(pi=a; pi<a+10; )   *++pi=0;
```

【解析与答案】 该代码有问题。表达式“*++pi=0”等价于“++pi, *pi=0,”即 pi 先自增指向下一元素,再对该元素赋值 0。进入第一次循环时,pi 指向首元素 a[0],自增就指向 1 号元素 a[1],对 a[1]赋值 0,a[0]未赋值。进入第十次循环时,pi 指向末元素 a[9],自增就指向 a[10],对 a[10]赋值 0,而 a[10]不属于数组 a,产生了下标越界,将破坏数组以外的其他存储单元的值。

6.2.2 写运行结果题

【例 6.5】 阅读下列程序,写出程序的输出结果。

```
#include<stdio.h>
int main()
{
    int ip =0xc0a80164;
    unsigned char *p=(unsigned char*)&ip;
    printf("%u.%u.%u.%u\n", *(p+3), *(p+2), *(p+1), *p);
    return 0;
}
```

【解析与答案】 int 型变量 ip 占 4 字节(记为 0~3 字节),p 是字符型指针,语句“p=(unsigned char*)&ip”使 p 指向 ip 的第 0 字节,p+1 指向 ip 的第 1 字节,p+2 指向 ip 的第 2 字节,p+3 指向 ip 的第 3 字节,printf 语句将 32 位整数 ip 的每字节以点分十进制形式输出,程序的输出结果为:

```
192.168.1.100
```

【例 6.6】 阅读下列程序,写出程序的输出结果。

```
#include<stdio.h>
void getGcdLcm(int a,int b,int *gcdPtr,int *lcmPtr)
{
    int r,x=a,y=b;
    if(x<y) r=x,x=y,y=r;
    do {
        r =x %y;
        x =y;
        y =r;
    } while (r);
```

```
    *gcdPtr=x;
    *lcmPtr=a*b/x;
}

int main()
{
    int a=21,b=56,gcd,lcm;
    getGcdLcm(a,b,&gcd,&lcm);
    printf("gcd=%d,lcm=%d\n",gcd,lcm);
    return 0;
}
```

【解析与答案】 函数 getGcdLcm 有 4 个参数,其中参数 a 和 b 以值传递方式实现数据的输入,参数 gcd 和 lcm 以指针传递方式输出两个计算结果,函数本身值的类型为 void。在函数体中,用辗转相除法求 a 和 b 的最大公约数和最小公倍数。程序的输出结果为:

```
max=7,min=168
```

【例 6.7】 阅读下列程序,写出程序的输出结果。

```
#include<stdio.h>
int main()
{
    char **p, *s[]={"Chinese","English","French"};
    int n;
    for(n=0,p=s;p<s+3;p++,n++)
        printf("%c,%c,%s\n",*s[n],*(*p+n),*p);
    return 0;
}
```

【解析与答案】 p 是二级指针,指针数组名 s 也是二级指针,表达式 p=s 使 p 指向指针数组的首元素 s[0],而 s[0]是 char 型指针,它指向串"Chinese"的首字符 'C'。进入第一次循环,*s[n]即*s[0],值为字符'C';*(*p+n)即*(*p+0)即**p。由于 p 指向 s[0],*p 就是访问 s[0],即引用串"Chinese";**p 即*s[0],值为字符'C'。

P++使 p 指向指针数组的下一元素 s[1],而 s[1]指向串"English"的首字符'E'。进入第二次循环,*s[n]即*s[1],值为字符'E';*(*p+n)即*(*p+1)。由于 p 指向 s[1],*p 就是访问 s[1],即引用串"English";*(*p+1)即*(s[0]+1),值为字符'n'。以此类推,程序的输出结果为:

```
C,C,Chinese
E,n,English
F,e,French
```

【例 6.8】 假定下面程序经编译连接后生成的可执行文件名为 test,请写出执行命令"test 34 12 7 9 2"的输出结果。

```
#include<stdio.h>
#include<stdlib.h>
void fun(int a[],int n)
{
    if(n==1)  return;
    else {
        int i=0,temp;
        for(i=0; i<n; i++){
            if(*a>*(a+i)){
                temp = *a;
                *a = *(a+i);
                *(a+i) =temp;
            }
        }
    }
    a++;
    n--;
    fun(a,n);
}

int main(int argc, char **argv)
{
    int n =argc-1, i, *a;
    if(argc <5) {
        printf("too few arguments!\n");
        return -1;
    }
    a =(int *)malloc(n * sizeof(int));
    for(i=0; i<n; i++)  a[i] =atoi(*++argv);
    for(i=0; i<n; i++)  printf("%4d", a[i]);
    printf("\n");
    fun(a, n);
    for (i=0; i<n; i++)  printf("%4d", a[i]);
    printf("\n");
    return 0;
}
```

【解析与答案】 这是带参数的 main 函数，实参来自命令行“test 34 12 7 9 2”，其中空格分开的每一个串都是一个参数，该命令行有 6 个参数，第 0 个参数是文件名“test”，第 1 个参数是“34”，第 2 个参数是“12”，第 3 个参数是“9”，第 4 个参数是“9”，第 5 个参数是“2”。将 6 传给形参 argc，每个参数字符串的首地址传给形参数组 argv 的元素 argv[0]、argv[1]、argv[2]、argv[3]、argv[4]、argv[5]，即指针数组 argv 的每个元素依次指向每个参数字符串。

本程序通过命令行方式输入若干数字串，根据数字串的个数 n(n=argc-1)用动态分配函数 malloc 在堆里面获得能容纳 n 个整数的存储空间，将分配到的存储区首地址存放到指针 a 中,即利用指针动态地创建了大小为 n 的整型数组 a。调用库函数 atoi 将数字串转换成对应的整数存放到数组 a 中,然后调用函数 fun 对其排序。函数 fun 采用递归实现选择排序,基本思想是每次将数组中最小的数放到第一个位置,然后递归排序剩下的数组。如果命令行为“test 34 12 7 9 2”,则程序的运行结果为:

```
34  12  7   9   2
 2   7  9  12  34
```

6.2.3 程序完善题

【例 6.9】 按词倒置。下面的程序将输入正文的每一行都按词倒置输出,请将下画线处的内容补充完整。例如,“This is a pen”倒置后为“pen a is This”。

```
/* 例 6.9 程序:按词倒置输出 */
#include<stdio.h>
int reverse( void);
int GetWord(char *s);

int main()
{
    while(_____(1)_____)
        printf("\n");
    return 0;
}

int reverse( )
{
    char w[50];
    int c;
    if((c=GetWord(w))!='\n'&&c!=EOF)
        _____(2)_____;
    printf("%s ",w);
    return c;
}

int GetWord(char *s)
{
    char c;
    while(_____(3)_____!=' ' && c!='\t' && c!='\n'&& c!=EOF )
        _____(4)_____;
    *s='\0';
    _____(5)_____;
}
```

【解析与答案】 函数 GetWord 负责从输入的一行文本中截取单词放到参数 s 所指向

的缓冲区内，返回单词的下一个字符（空格、水平制表符、换行符或文件结束符）。

函数 reverse 用递归方式调用 GetWord 将一行文本按词逆序输出，每读到一个单词将其入栈保存，当读到换行符时，从栈顶将单词一一输出（后进先出，逆序）。函数 reverse 返回一行文本中第一个单词后面的字符，如果遇到文件尾，则会返回 EOF。答案为：

(1) reverse()!=EOF　　(2) reverse()!=EOF　　(3) (c=getchar())

(4) *s++=c　　(5) return c

【例 6.10】 找最长相同单词。下面的程序从给定的两个字符串 s 和 t 中，找出其中都包含的最长相同单词（区分大小写）。约定字符串均由英文单词组成，单词之间由一至多个空白符分隔。请将下画线处的内容补充完整。

程序自左至右扫视字符串 s，逐个找出单词的开始位置和长度，当该单词的长度大于已找到的单词时，就从头至尾扫视字符串 t，从 t 中找出与该单词长度相等、字符相同的单词后，记录该单词的开始位置和长度，并返回到 s 继续找寻下一个更长的单词，直至字符串 s 扫视结束，最后输出找到的单词。

```
/*例 6.10 程序:找最长相同单词*/
#include<stdio.h>
#include<string.h>
#include<____(1)____>

int main()
{
    char a[]="This is c programming", *s=a;
    char b[]="This is a test for programming", *t=b;
    char *word, *p,chs,cht;
    int i,j,found,maxlen=0;
    while(*s) {
        while(isspace(*s)) s++;
        for(i=0;____(2)____;i++);
        if(i>maxlen){
            chs=s[i];
            ____(3)____;
            for(p=t,found=0;*p&&!found;) {
                while(isspace(*p)) p++;
                for(j=0;____(4)____;j++);
                if(j==i){
                    cht=p[j];
                    ____(5)____;
                    if(!strcmp(s,p)) {
                        ____(6)____=i;
                        ____(7)____=s;
                        found=1;
                    }
                    p[j]=cht;
```

```
            }
            p=p+j;
        }
        s[i]=chs;
    }
    s=s+i;
}
if(maxlen){
    chs=word[maxlen];
    word[maxlen]='\0';
    printf("%s\n",word);
    word[maxlen]=chs;
}
else printf("These is no same word\n");
return 0;
}
```

【解析与答案】 程序中由于用字符程序库的函数 isspace 来过滤单词前的空白字符，需要将该库的头文件 ctype. h 包含进来，所以第(1)空填 ctype. h。

执行完"while(isspace(* s)) s++;"后，找到单词的开始位置，s 指向一个单词的首字母，紧接着需要计算单词长度，由于单词全由英文字母组成，所以第(2)空可填入"isalpha(s[i])"；依据条件"单词之间由一至多个空白符分隔"还可以填"!isspace(s[i])||s[i]!='\0'"(对于最后一个单词，'\0'就是单词的结束)。

为了比较串中两个单词是否相同，调用了 strcmp 函数，该函数要求被比较的单词串以'\0'结尾。程序采用的方法是，先保存单词后面的这个字符(chs=s[i]和 cht=p[j])，然后在该位置写入'\0'，比较完后再恢复原字符(s[i]=chs 和 p[j]=cht)。因此，第(3)空和第(5)空分别填入"s[i]='\0'"和"p[j]='\0'。"

由于每当在 s 中找到一个更长的单词(i>maxlen)，都需要从头扫视串 t，所以定义一个遍历指针 p，通过移动 p 来扫视串 t，而 t 始终指向串首。在 t 中找单词开始位置和计算单词长度的方法与串 s 类似，所以第(4)空可填入"isalpha(p[j])"或"!isspace(p[j])||p[j]!='\0'。"

由最后的 if(maxlen) else 语句可知，变量 maxlen 保存最长单词的长度，变量 word 保存最长单词的位置(地址)，所以第(6)空和第(7)空分别填入"maxlen"和"word"。

综上分析，本题答案如下：

(1) ctype. h　　(2) isalpha(s[i]) 或 !isspace(s[i])||s[i]!='\0'

(3) s[i]='\0'　　(4) isalpha(p[j]) 或 !isspace(p[j])||p[j]!='\0'

(5) p[j]='\0'　　(6) maxlen　　(7) word

【例 6.11】 输出最后 n 行文本。下面程序的功能是从键盘输入若干文本行，输出最后 n 行，默认情况下 n 值为 10，但能够通过命令行可选参数改变它，可选参数以负号(-)开头，用-n 表示输出最后 n 行。请将下画线处的内容补充完整。

```
/*例 6.11 程序:输出最后 n 行文本*/
#include<stdio.h>
```

```
#include<stdlib.h>
#include<string.h>

#define DEFAULT_NUM_LINES 10
#define MAX_LINE_LEN 100

int getline(char s[], int lim)
{
    int c, i;
    for (i =0; i <lim -1 && (______(1)______) !=EOF && c !='\n'; i++)
        s[i] =c;
    if (c =='\n')  s[i++] =c;
    ____(2)____;
    return i;
}

int main(int argc, char * argv[])
{
    int num_lines =DEFAULT_NUM_LINES;
    char * * line_ptrs;
    char buffer[MAX_LINE_LEN];
    int i;
    unsigned j, current_line;
    if (argc >1) {
        num_lines =atoi(_____(3)_____);
        if (num_lines >=0) {
            printf("Expected -n, where n is the number of lines\n");
            return EXIT_FAILURE;
        }
        num_lines =_____(4)_____;
    }
    line_ptrs =(char * *)malloc(_____(5)_____);  /*动态创建大小为n的指针数组*/
    if (!line_ptrs) {
        printf("Out of memory. Sorry.\n");
        return -1;
    }
    for (i =0; i <num_lines; i++)                   /*初始化指针数组为NULL*/
        line_ptrs[i] =NULL;
    /*开始读入文本*/
    current_line =0;
    while(getline(buffer, MAX_LINE_LEN)>0) {
        if (line_ptrs[current_line]) {
            _____(6)_____;
        }
```

```
        if((line_ptrs[current_line]=____(7)____)==NULL){
            printf("Out of memory. Sorry.\n");
            return -1;
        }
        strcpy(line_ptrs[current_line],buffer);
        current_line =____(8)____;
    }

    for (i =0; i <num_lines; i++) {                    /* 输出最后的 n 行 */
        j =____(9)____;
        if (line_ptrs[j])  printf("%s", line_ptrs[j]);
    }
    return 0;
}
```

【解析与答案】 函数 getline 的功能是从键盘读入一行文本串，所以第(1)空和第(2)空分别填“c=getchar()”和“s[i]='\0'”。

这是带参数的 main 函数，当命令行给出可选参数时(if (argc > 1))，调用库函数 atoi 将该参数串转为整数，第(3)空应填“argv[1]”或“*(argv+1)”。

变量 num_lines 保存需要输出的行数，初始值为 10，其值由命令行参数来改变。由于要求可选参数以负号(－)开头，所以第(4)空填“－num_lines”。

程序采用动态分配方式创建大小为 n(即 num_lines)的指针数组，将该数组的首地址存放到二级指针变量 line_ptrs 中，第(5)空填“sizeof(*line_ptrs) * num_lines”或“sizeof(char *) * num_lines”。line_ptrs 的类型为 char **，对其间接访问运算(*line_ptrs)类型为 char *。

current_line 指明了当前输入文本行首地址将被保存的位置(下标)，当输入行大于 n 时，该位置保存了前面输入行的首地址，在重写覆盖之前，需要将前面保存的文本行空间释放出来，所以第(6)空填“free(line_ptrs[current_line])”。一定要注意区分存放文本行本身的存储空间(动态分配)以及存放其首地址的存储空间(动态分配)。

调用函数 getline 读入一行文本后，需要根据它的实际长度动态分配空间来保存它，并将分配到的空间首地址保存到指针数组 line_ptrs 中 current_line 位置，所以第(7)空填“(char *)malloc(strlen(buffer)+1)”。

读入并存放好一行后，要计算下一行首地址的存放位置，由于只能存放 num_lines 行的地址，所以第(8)空不能填“current_line+1”，应填“(current_line+1) % num_lines”。

最后一条 for 语句负责输出保存在指针数组中的 num_lines 行文本(即最后输入的 n 行)，注意最后 n 行文本不是从 0 号单元顺序存储在 line_ptrs 中。例如，n=3，输入 8 行(行号 0～7)，需要输出 5、6、7 三行，按照输入顺序依次保存在 line_ptrs 的 3 个单元中：第 0 行、第 1 行、第 2 行；读入第 3 行后，3 个单元为：第 3 行、第 1 行、第 2 行；8 行读入完后，3 个单元为：第 6 行、第 7 行、第 5 行。变量 current_line 的值是待输出起始行所在的下标(为 2)，所以第(9)空应填“(current_line+i) % num_lines”。

综上所述，本题答案为：

(1) c=getchar()　　(2) s[i]='\0'
(3) argv[1] 或 *(argv+1)　　(4) －num_lines
(5) sizeof(*line_ptrs)*num_lines 或 sizeof(char *) * num_lines
(6) free(line_ptrs[current_line])　　(7) (char *)malloc(strlen(buffer)+1)
(8) (current_line+1) % num_lines　　(9) (current_line+i) % num_lines

6.2.4 程序设计题

【例 6.12】 检测机器的大小端。定义函数 checkEndion,利用指针检测机器的大小端模式,若是大端模式则返回 1,若是小端则返回 0。

【解析与答案】 计算机系统是以字节为单位存放数据的,每个地址单元都对应着一个字节,一个字节为 8 位。对于 2 字节的 short 型,4 字节的 long 型等多字节数据,如何安排多个字节的存储顺序,就导致有小端存储模式(简称小端模式)和大端存储模式(简称大端模式)。

小端模式是指较高的字节存放在较高的的存储器地址,较低的字节存放在较低的存储器地址。大端模式是指较高的字节存放在较低的存储器地址,较低的字节存放在较高的存储器地址。例如,一个 2 字节的 short 型 x,在内存中的占用地址为 0x0010 和 0x0011 的这两个字节空间,x 的值为 0x1122,那么 0x11 为高字节,0x22 为低字节。对于大端模式,就将高字节 0x11 放在低地址 0x0010 中,低字节 0x22 放在高地址 0x0011 中;小端模式刚好相反,高字节 0x11 放在高地址 0x0011,而低字节 0x22 放在低地址 0x0010。

声明一个字符型指针 char *p,使 p 指向 short 型变量 a 的起始地址(低地址),即 p=(char*)&a,将 a 初始化为 1。如果是小端模式,低字节的 1 放在低地址,高地址放的是 0;如果是大端模式,低字节的 1 放在高地址,而低地址放的是 0。由于 p 是字符型指针,则 *p 只取一个字节的数据。

```
/*例 6.12 程序:检测机器的大小端模式*/
#include<stdio.h>
int  checkEndion(void);
int main()
{
    if (checkEndion() ==1)
        printf("little-endian");
    else
        printf("big-endian");
    return 0;
}

/*利用指针检测机器的大小端模式, 如果是小端模式则返回 1,否则返回 0*/
int  checkEndion()
{
    short int a =1;
    char *p =(char*)&a;
```

```
    return *p;
}
```

【例 6.13】 高低字节交换。利用指针实现将 long int 数的最高字节和最低字节交换。

【解析与答案】 long int 型数占 4 个字节,可以利用 char 型指针取出其中的一个字节,因此设置两个 char 型指针变量 p 和 q,让 p 指向最低字节,q 指向最高字节,交换它们所指内容 *p 和 *q 即可。

将交换 long int 型数的最高字节和最低字节的功能定义成函数 swap32,通过函数调用将主调函数中变量 a 的最高字节和最低字节交换,所以需要利用指针参数,将形参定义为 long * 类型,实参为 a 的地址 &a。

```
/*例 6.13 程序:交换高低字节*/
#include<stdio.h>

/*利用指针实现将 long 型数的最高和最低字节交换*/
void swap32(long *data)
{
    char *p=(char *)data;                          /*p指向最低字节*/
    char *q=(char *)(data)+sizeof(*data)-1;        /*q指向最高字节*/
    char t;
    t=*p;
    *p=*q;
    *q=t;
}

int main(void)
{
    long  a;
    a=0x12345678;
    printf("Before swap a=0x%lx\n",a);
    swap32(&a);
    printf("After swap a=0x%lx\n",a);
    return 0;
}
```

【例 6.14】 主机字节序转网络字节序。定义函数 hton,将 32 位主机字节序转换为网络字节序,函数返回网络字节序。例如,如果本机是小端模式,则 hton(0x1234)值为 0x34120000。

【解析与答案】 主机字节序是指多字节整数在计算机内存中保存的顺序,要么是大端模式,要么是小端模式,这取决于处理器类型和操作系统类型。网络字节序是 TCP/IP 中规定好的一种数据表示格式,它与具体的 CPU 类型、操作系统等无关,从而可以保证数据在不同主机之间传输时能够被正确解释,网络字节序采用大端模式。

因此,如果主机是大端模式,则主机字节序和网络字节序相同;如果主机是小端模式,则主机字节序和网络字节序相反。

```
/* 例 6.14 程序:主机字节序转网络字节序 */
#include<stdio.h>
int  checkEndion(void);              /* 检测机器的大小端模式,该函数定义同例 6.12 */

/* 长整型数 a 的大小端模式互换 */
unsigned long BigLittleSwap32(unsigned long a)
{
    unsigned long x;
    x=(a&0xff000000)>>24;
    x|=(a&0x00ff0000)>>8;
    x|=(a&0x0000ff00)<<8;
    x|=a<<24;
    return x;
}

/* 将主机字节序转化为网络字节序 */
unsigned long  hton(unsigned long  h)
{
    /* 若主机为小端模式,则转换成大端模式再返回;否则,直接返回 */
    return checkEndion() ?BigLittleSwap32(h):h ;
}

int main()
{
    unsigned int a=0x12345678;
    unsigned int b =hton(a);
    printf("网络字节序 %#x\n",b);
    return 0;
}
```

【例 6.15】 找最值。定义函数从一个无序的整数数组中查找最值,利用指针参数返回最大值和最小值。

【解析与答案】 该函数要返回两个值,可以有两种方式:

(1) 以 return 语句直接返回一个值(如最小值),另一个值(如最大值)以指针参数间接返回。

(2) 两个值都以指针参数间接返回。

本例采用方式(2),函数 get_max_min 需要 4 个参数,其中 2 个输入参数:指向数组首元素的指针和数组的长度,2 个输出参数:指向最大值的指针和指向最小值的指针。

```
/* 例 6.15 程序:找最值 */
#include<stdio.h>
#include<stdlib.h>
```

```
#include<time.h>
#define N 10

/*打擂法找最值*/
void get_max_min(int a[],int n,int *pmax,int *pmin)
{
    int i;
    *pmin = *pmax = *a;                    /*以第一个数为最大或最小值*/
    for(i =1; i <n; i ++)                  /*遍历其余数*/
    {
        if(*pmin >a[i]) *pmin =a[i];
        else if(*pmax <a[i]) *pmax =a[i];
    }
}

int main ()
{
    int a[N];
    int max,min,i;
    printf("The array's element as followed:\n\n");
    srand(time(NULL));                     /*初始化随机数发生器*/
    for(i =0; i <N; i ++){                 /*随机数据填充数组*/
        a[i] =rand()%100;
        printf("%-5d",a[i]);
    }
    get_max_min(a,N,&max,&min);            /*获取最值*/
    printf("\n\nmaximum is %d \nminimum is %d \n", max,min);
    return 0;
}
```

【例 6.16】 字符串比较。定义函数 strncmp,比较两个字符串 s 和 t 的前 n 个字符,如果前 n 个字符一样,则返回 0。如果串 s<串 t (即按字典序 s 在前面,t 排在后面),则返回负数;如果串 s>串 t,则返回正数。要求串 s 和串 t 在函数中均不能被修改。

【解析与答案】 比较规则:从两个字符串的第一个字符开始,按照字符 ASCII 码值的大小进行比较。规定 ASCII 码值大的字符所在串大于 ASCII 码值小的字符所在串。如果参与比较的两个字符的 ASCII 值相等,则比较两个字符串的下一个字符,直至遇到不相同字符或者已经比较了 n 个字符。

根据题意,形参串 s 和串 t 均不能被修改,类型应说明为 const char *,指针所指向的字符串是常量,不能被改变。

```
/*例 6.16 程序:比较字符串 s 和 t 的前 n 个字符的函数*/
int mystrncmp(const char *s,const char *t,int n)
{
    for(;n&&*s==*t;s++,t++,n--)
```

```
        if(*s=='\0')  return 0;
    if(n>0)  return *s-*t;
    return 0;
}
```

【例 6.17】 大数阶乘。利用数组实现高精度计算，求 n!(n 可高达 1000)。

【解析与答案】 高精度运算是指参与运算的数(加数、减数、因子等)范围大大超出了标准数据类型(整型、实型等)能表示的范围的运算。

当 n=13 时，n!为 6227020800，该值已超出了 long 型数能够表示的范围，如果程序中用 long 型变量存储阶乘值，计算结果将溢出。在 C 语言中，结果发生溢出时不会产生任何异常，也不会给出任何警告。由于 C 语言所提供的任何整型类型都不能表示大数阶乘的累积结果，必须设计一个合适的数据结构来实现对大数据的存储。

解法 1：可以用数组来存储，每个数组元素存储 1 位，有多少位就需要多少个数组元素。与主机的大小端模式类似，一个大数的各个元素的排列方式既可以采用低位在前的方式，也可以采用高位在前的方式。本例使用低位在前的方式，即数组的 0 号元素放在个位，数组的 1 号元素放在十位……例如，数 12345 可以用一个数组 f 来表示，f[0]=5，f[1]=4，f[2]=3，f[3]=2，f[4]=1。用数组表示大数的优点是：每一位都是数的形式，运算时非常方便。

计算阶乘就是累积运算，其特点是当前的计算结果 f 是下次乘法运算的乘数。例如，需要模拟列竖式实现两个数的乘法运算 f*i，其中乘数 f 是上次乘法运算的结果(数组)，其中 f[0]是结果的个位数，f[1]是结果的十位数，……；i 是被乘数(int 型)，应注意以下几点：

(1) 运算顺序：乘数的各位数都要与被乘数进行乘法运算，先低位后高位，即 f[0]*i，f[1]*i，f[2]*i，…。

(2) 运算规则：乘数的第 k 位 f[k]与被乘数 i 相乘再加上进位，成为该位的积，即 f[k]=f[k] * i+carry，这个积的个位成为该位的值，即 f[k]=f[k]%10，其余位成为向前的进位 carry，即 carry=f[k] / 10。

(3) 计算结果的位数：初始位数为 1，如果乘数的最后一位(最高位)运算后进位值不为 0，则位数加 1。

```
/*例 6.17 程序:利用数组实现求大数的阶乘*/
#include<stdio.h>
#define MAX_NUM 1000                        /*最大位数*/
void putBigNum(int *x,int n);
int factorial(int x,int f[]);

int main()
{
    int n,len,result[MAX_NUM];
    printf("输入一个整数:");
    scanf("%d",&n);
    len=factorial(n,result);
    putBigNum(result, len);
    printf ("\n");
```

```
}

/*求大数的阶乘,x是欲求阶乘的整数,f是指向保存阶乘值的数组,函数返回阶乘值的位数*/
int factorial(int x,int *f)
{
    int i,k;
    int width;                                      /*结果的位数*/
    int carry;                                      /*进位*/
    *f =1;                                          /*保存阶乘值的变量初始化为1*/
    for(i=1;i<MAX_NUM;i++)   *(f+i)=0;
        for( width =1, i =1 ; i <=x; i++) {         /*从小到大进行阶乘计算*/
            for( carry=0,k =0; k <width; k++) {     /*对每一位进行运算*/
                *(f+k)=*(f+k) * i +carry;           /*带进位运算*/
                carry = *(f+k) / 10;                /*当前运算的进位数值*/
                *(f+k) = *(f+k) %10;                /*当前运算的有效数值*/
                if (k==width-1&&carry!=0)           /*如果有进位,则向前扩展一位*/
                    width++;
            }
        }
    return width;
}

/*输出一个x指向的n位大数*/
void putBigNum(int *x,int n)
{
    int *p;
    for(p=x+n-1;p>=x;p--)                           /*从高位开始依次输出各位*/
        printf("%d",*p);
}
```

解法2:高精度计算是基于分治法,解法1采用的是简单分治策略:将"一个大数分为多个1位整数",该分治策略的缺点是:①浪费空间,一个整型数组的每个元素只存放一位数字;②浪费时间,一次乘法只处理一位。

本解法对分治策略进行了优化,采用将"一个大数分为多个4位整数(0～9999)"(考虑2字节整数的最大范围是32767,如果是5位的话可能导致出界),因此每4位为一个数放入一个数组元素中,占用的存储空间也更少。例如,对于大数1234567,f[0]=4567,f[1]=123。

基于该分治策略的运算是逢万进位,将"十进制运算"改为"万进制运算",一次乘法可以处理4位。充分发挥CPU的计算能力,计算量将更少,计算速度更快。

输出时:最高位直接输出,其余各位都需输出4位,不足4位需补0,在函数printf中用%04d实现,4表示输出占4位,0表示位数小于4时需填充0。例如,对于大数100232345,分为3段,存于f[0]=2345,f[1]=23(即0023),f[2]=1,输出时,应该是100232345而不是1232345。

下面程序的 main 函数同解法 1,此处略。

```
/* 例 6.17 程序:采用优化策略求大数阶乘 */
#include<stdio.h>
#define BASE 10000                                  /* BASE 进制 */
#define MAX_NUM 1000                                /* BASE 进制的最大位数 */
void putBigNum(int *x,int n);
int factorial(int x,int f[]);

/* 求大数的阶乘,x 是欲求阶乘的整数,f 是指向保存阶乘值的数组,函数返回阶乘值的位数 */
int factorial(int x,int *f)
{
    int i,k;
    int width;                                      /* 结果的"宽度"(BASE 进制的位数) */
    int carry;                                      /* 进位 */
    *f =1;                                          /* 保存阶乘值的变量初始化为 1 */
    for(i=1;i<MAX_NUM;i++)   *(f+i)=0;
        for( width=1,i=1 ; i<=x; i++) {             /* 从小到大进行阶乘计算 */
            for( carry=0,k =0; k <width; k++){      /* 对每一个分段进行运算 */
                *(f+k)=*(f+k) * i +carry;           /* 带进位运算 */
                carry = *(f+k) / BASE;              /* 当前运算的"进位数值" */
                *(f+k) = *(f+k) %BASE;              /* 当前运算的"有效数值" */
            }
            if ( carry ){                           /* 如果有进位,则索引向前推进 */
                f[width++]=carry;
            }
        }
    return width;
}

/* 输出一个 x 指向的 n 位大数 */
void putBigNum(int *x,int n)
{
    int *p;
    char s[5];
    p=x+n-1;
    printf("%d",*p);                                /* 先输出高位 */
    for(--p;p>=x;p--)                               /* 依次输出其他位 */
        printf("%04d",*p);
}
```

【例 6.18】 单位矩阵的判断。定义一个函数,用来判断一个 5 阶方阵是否是单位矩阵,如果是,则函数返回 1;如果不是,则函数返回 0。单位矩阵就是一个正方形矩阵,它的主对角线上的元素都为1,其余元素全为0。例如,下面就是一个4×4的单位矩阵。

1 0 0 0
0 1 0 0
0 0 1 0
0 0 0 1

【解析与答案】 可以定义一个5行5列的二维数组来表示5阶方阵,对于判断是否是单位矩阵的函数,需要向其传递一个二维数组,形参既可以声明为二维数组,也可以声明为指针;指针可以是指向数组元素的指针,也可以是指向一维数组的指针。但是,要注意实参和形参的类型要一致。当形参声明为二维数组时,第一维大小不指定,第二维大小必须指出,编译器将其解释为指向一维数组的指针,所指向的一维数组元素个数由第二维大小确定。

解法1:将形参声明为指向包含5个元素的数组的指针,实参为数组名。为便于程序修改与维护,将方阵的阶数定义为符号常量。函数通过二重循环来一次读取二维数组的每个元素值,外层循环控制矩阵的行数,内存循环控制矩阵的列数,一旦发现某个元素值不符合要求就结束并返回0。

```
/*例6.18程序解法1:单位矩阵的判断*/
#include<stdio.h>
#define N 5
int isUnitMatrix(int (*x)[N]);
int main(void)
{
    int a[N][N]={
        {1,0,0,0,0},
        {0,1,0,0,0},
        {0,0,1,0,0},
        {0,0,0,1,0},
        {0,0,0,0,1}
    };
    if(isUnitMatrix(a)) printf("yes\n");
    else printf("no\n");
    return 0;
}

/*判断N阶方阵x是否是单位矩阵,如果是则返回1,如果不是则返回0*/
int isUnitMatrix(int (*x)[N])
{
    int i,j;
    for(i=0;i<N;i++)
        for(j=0;j<N;j++)
            if(i==j)
                if(*(*(x+i)+j)!=1) return 0;
                                        /*表达式 *(*(x+i)+j) 等价于 x[i][j]*/
```

```
            else
                if(* (* (x+i)+j)) return 0;
    return 1;
}
```

解法 2：解法 1 只能接收 5×5 的矩阵，如果要判断其他阶数的矩阵，就要修改程序中的 N 值，因此该解法缺乏通用性，不能在一个程序里处理任意大小的矩阵。本解法修改 isUnitMatrix 函数，使它能够接收任意大小的矩阵。为此，函数的第一个参数是指向数组元素的指针 x，即整型指针，第二个参数用来指定矩阵中元素的总个数 n。函数先根据传进来的总个数算出方阵的阶数，仍然采用直观的二重循环来实现。另外，要注意在 main 函数中，实参类型也应该是指向数组元素的指针，将二维数组首元素的地址 a[0]或 &a[0][0]传给形参 x。

```
/* 例 6.18 程序解法 2:单位矩阵的判断,可以处理任意大小的矩阵 */
#include<math.h>
#define N 5
int isUnitMatrix(int *x,int n);
int main(void)
{
    …                                                      ./* 数组 a 的定义同解法 1,此处略 */
    if(isUnitMatrix(a[0],25))  printf("yes\n"); /* 注意实参类型应为 int * */
    else printf("no\n");
    return 0;
}
/* 判断 x 指向的包含 n 个元素的方阵是否是单位矩阵,如果是则返回 1,如果不是则返回 0 */
int isUnitMatrix(int *x,int n)
{
    int i,j;
    n=sqrt(n);
    for(i=0;i<n;i++)
        for(j=0;j<n;j++)
            if(i==j)
                if(*(x+i*n+j)!=1) return 0;     /* *(x+i*n+j) 表示矩阵的第 i 行
                                                   第 j 列元素 */
            else
                if(*(x+i*n+j)) return 0;
    return 1;
}
```

【例 6.19】 字符串排序。从键盘输入若干个字符串(如几个城市名、几本图书名等)，每个字符串以换行符结束，对这些字符串进行升序排序后并输出，每个字符串占据一行。

【解析与答案】 为了快速地对字符串进行排序操作，定义一个指针数组 char *s[N]，将每个字符串的首地址依次存入指针数组元素中，即指针数组的每个元素分别指向每个串的首字符。

函数 strsort 是对字符串数组进行排序，被比较的是两个数组元素 s[j]和 s[j+1]所指向的字符串，交换的是数组元素的值(即指针值)，即改变指针的指向，字符串本身的存放位置不变，无论串有多长，都只需要交换两个地址值，这样避免了移动字符串所带来的开销。

指针数组里面保存的是各个字符串的指针，那么键盘输入的字符串放在什么位置，其存储空间怎么分配得到呢？根据字符串本身存储方式的不同会有不同的解法。

解法 1：本解法通过 malloc 函数动态分配空间来存放字符串，readlines 函数循环执行以下操作并统计输入的行数：①输入一个字符串临时放入一维数组 temp 中；②根据读入字符串的实际长度，通过 malloc 函数无冗余地分配存储区，并将分配到的存储区首地址保存到相应的指针数组元素中；③将 temp 中的字符串取出存入分配到的存储区，直到读入文件结束符 Ctrl+Z 或者达到了所限定的最大行数 maxlines。函数返回读入的实际行数，在循环过程中，如果 malloc 存储分配失败，就返回－1。

```
/* 例 6.19 解法 1 程序:字符串排序,动态分配空间存放字符串 */
#include<stdio.h>
#include<stdlib.h>
#include<string.h>
#define MAXLINES   4                                   /* 最多行数 */
#define MAXLEN    80                                   /* 每行最多字符数 */
/* 对指针数组 s 指向的 size 个字符串进行升序排序 */
void strsort ( char * s[ ],int size )
{
    char * temp;
    int i, j ;
    for(i=0; i<size-1; i++)
        for(j=0; j<size-i-1; j++)
            if ( strcmp(s[j],s[j+1] ) >0 ) {
                temp=s[j];
                s[j]=s[j+1];
                s[j+1]=temp;
            }
}

/* 最多读入 maxlines 行字符串,放入指针数组 pline 指向的空间,返回实际的行数,出错返回-1 */
int readlines(char * pline[],int maxlines)
{
    int nlines=0;
    char temp[MAXLEN];
    for(int i=0;i<maxlines && gets(temp);i++) {/* 最多读 maxlines 行,防止字符串数
                                                  组溢出 */
        pline[i] =(char * )malloc(strlen(temp)+1);
        if(pline[i]==NULL)   return -1;            /* 存储分配失败,返回-1 */
            nlines++;
        strcpy(pline[i],temp);
```

```
    }
    return (nlines);
}

/*输出指针数组 pline 指向的 nlines 个字符串*/
void writelines(char *pline[],int nlines)
{
    while(nlines-->0) printf("%s\n", *pline++);
}

int main( )
{
    int nlines;
    char *s[MAXLINES];
    printf("输入字符串,一行 1 个字符串,以 Ctrl+Z 结束\n");
    nlines =readlines(s, MAXLINES);
    if(nlines>=0){
        strsort(s,nlines);
        writelines(s,nlines);
        return 0;
    }
    return -1;
}
```

解法 2:本解法改写 readlines 函数,将输入的字符串存储到由 main 函数提供的一个二维数组中,而不是存储到由 malloc 分配到的空间中。无须调用 malloc 函数进行分配存储以及调用 strcpy 函数复制串,所以运行速度比解法 1 更快。但是,本解法字符串的存储有冗余,因为二维数组声明时必须指定列数,为避免溢出,需要按每行可能的最多字符数来定义列数,系统给每一行都分配了 MAXLEN 字节的空间,但是读入的实际串长度可能远小于 MAXLEN,会带来空间的冗余,如果读入的串大部分都比较短,空间的冗余度就比较高。

相对于解法 1,main 函数增加了两条语句:一条是二维数组 lines 的声明语句,该数组共有 MAXLINES 行 MAXLEN 列,每行可以存放一个字符串;另一条是 for 循环语句,用来初始化指针数组,使指针数组的每个元素分别指向二维数组的每一行。

```
/*例 6.19 解法 2 程序:只给出修改的函数,其他函数同解法 1*/
#include<stdio.h>
#define MAXLINES 4                                /*最多行数*/
#define MAXLEN 80                                 /*每行最多字符数*/

/*最多读入 maxlines 行字符串到二维数组 lines 中,返回实际读入的行数,出错返回-1*/
int readlines(char lines[][MAXLEN], int maxlines)
{
    int i,nlines=0;
    for( i=0;i<maxlines && gets(lines[i]);i++) nlines++;
```

```
    return nlines;
}

int main()
{
    int nlines;
    char lines[MAXLINES][MAXLEN];                  /*声明二维数组 lines*/
    char *s[MAXLINES];
    for(int i=0;i<MAXLINES;i++)                    /*初始化指针数组*/
        s[i]=lines[i];
    nlines =readlines(lines, MAXLINES);            /*实参为二维数组名 lines*/
    …                                              /*if 语句同解法 1*/
}
```

解法 3：解法 2 采用二维数组存放字符串，每一行可能都会有冗余，串和串不是紧密放在一起，之间有空余的内存空间被浪费。本解法采用 main 函数提供的一维数组顺序存放字符串，每个串紧密连在一起，之间没有冗余空间，仅在最后一个串后有冗余。

readlines 函数的第一个参数是一维数组，main 函数将一维数组 lines 传给它，读入的字符串依次存入 main 提供的一维数组 lines 中，并把字符串的首地址依次保存到指针数组元素中。每当读入一个字符串后，都要确定下一个字符串在一维数组中的起始存入地址，这通过 while 循环语句找当前字符串的终结符来确定。由于 readlines 函数也需要访问指针数组 s，所以将其定义为外部数组，方便 main 函数和 readlines 函数共享。

```
/*例 6.19 解法 3 程序：只给出修改的函数，其他函数同解法 1*/
#include<stdio.h>
#define MAXLINES  4
#define MAXLEN    100
char *s[MAXLINES];                                 /*外部指针数组*/

/*最多读入 maxlines 行字符串到一维数组 lines 中，返回实际读入的行数，出错返回-1*/
int readlines(char lines[], int maxlines)
{
    int nlines=0;
    char *p=lines;
    for(int i=0;i<maxlines && gets(p);i++) {
        s[i]=p;
        while(*p++!='\0');                     /*确定下一个字符串在数组中起始存入地址*/
        nlines++;
    }
    return nlines;
}
int main()
{
    int nlines;
```

```
    char lines[MAXLEN];
    nlines =readlines(lines, MAXLINES);
    …                                          /*if语句同解法1*/
}
```

【例 6.20】 通用排序函数的定义与调用。编写一个名为 sort 的通用排序函数,它能用于对任何类型的数组按任意顺序进行排序。

【解析与答案】 前面例子中的排序函数与类型有关,是针对特定类型数组排序,例 6.19 的 strsort 函数只能对字符串数组排序,例 6.8 的 fun 函数只能对整型数组排序,缺乏通用性。一种更加通用的方法就是使该函数能对任何类型值的数组排序,使它与类型无关且排序顺序也任意,解决的方案就是使用函数指针。此外,为了使函数能对任何类型的数组排序,函数需要知道每个数组元素的大小(即所占内存字节数)。排序的核心是两个数据的比较,不同的排序顺序,比较的规则不同,所以函数需要一个指向比较回调函数的指针(回调函数就是一个通过函数指针调用的函数)。回调函数不是由排序函数的实现者提供,而是由调用者提供,只有调用者知道需要按什么顺序来排序。因此,sort 函数需要以下 4 个参数:①一个指向待排序数组的首元素的指针 x;②带排序的元素个数 n;③数组元素的大小 size;④一个指向比较回调函数的指针 fcmp。

因为函数可以处理任何类型的数组,所以参数 x 不能声明为指向具体实际类型的指针,只能声明为标准通用型指针 void *。任何数组都可以被当作一个字节数组(在 C 中就是字符数组),所以 sort 函数定义了一个字符指针变量 p,根据第三个参数 size 可以算出实际数组中每个元素的起始位置,(p+i*size)指向实际数组的第 i 个元素。

对特定的数组进行排序时,用户需要编写适当的比较函数,比较函数接受两个 void * 参数(即指向待比较元素的指针,和排序函数中形参 fcmp 声明的类型要保持一致)。但是,对于某个特定的比较函数,例如下面程序中的 icmpAsc 函数,调用者知道要对整数排序,所以通过强制类型运算将它们转换成整型指针再间接访问所指对象(即 *(int *)s)。

如何调用 sort 函数对字符串排序?对字符串排序就是对指针数组(如 name)的元素排序,指针数组的每个元素都是地址值,保存的是各个字符串的指针(即首地址),指针数组元素的类型是 char *,所以待排序元素的大小应该是 sizeof(char *)或 sizeof(name[0])。

对于字符串排序,编写比较回调函数要注意形参的类型 const void * 的本质含义,其中 * 表示形参类型是指针,const 表示指针所指对象不允许更改,void 表示指针所指对象的类型可以是任意类型。当对整型数组排序时,排序对象是 int,即 void 代表 int;当对字符串排序时,排序对象是字符型指针(串的首地址),即 void 代表 char *,也就是形参本身是指针,该指针所指对象又是指针,所指的这个指针是常量(const)。因此,比较函数 strCmpDes 的形参 p1 和 p2 实际上是两级指针,所以比较两个字符串时,不能写成 strcmp(p2,p1),而应写成 strcmp(*(char **)p2,*(char **)p1),用 * 来间接访问指针所指对象(即指针数组元素)。

使用通用排序函数对字符串排序,需要对基本概念理解得比较深刻,由此可见基础扎实的重要性。

```
/*例 6.20 程序:通用排序函数的定义和使用*/
```

```
#include<stdio.h>
#include<string.h>
void sort(void  * x,int n, int size,int (* fcmp)(const void * ,const void * ));
int icmpAsc( const void * s, const void * t);
int strCmpDes(const void * p1, const void * p2);
void swap (char * a,char * b,int size);

int main(void)
{
    int x[5]={5,3,8,7,9},i;
    char * name[5]={"America","Germany","England","Australia","China"};
    sort(x,5,sizeof(x[0]),icmpAsc);                  /* 整数升序排序 */
    for(i=0;i<5;i++)  printf("%d ",x[i]);            /* 输出排序后元素 */
    putchar('\n');
    sort(name,5,sizeof(name[0]),strCmpDes);          /* 字符串降序排序 */
    for(i=0;i<5;i++)  printf("%s ",name[i]);
    putchar('\n');
    return 0;
}

/* 通用的排序函数,适合于任何排序对象及排序顺序 */
void sort(void  * x,int n, int size,int (* fcmp)(const void * ,const void * ))
{
    int i,j,min;
    char * p;

    p=(char * )x;
    for(i=0;i<n-1;i++){
        min=i;
        for(j=i+1;j<n;j++)
            if(fcmp(p+min * size,p+j * size)>0)  min=j;
        if(i!=min)  swap(p+i * size,p+min * size,size);
    }
}

/* 交换指针 a 和 b 所指元素的值,size 是元素占用空间的字节数 */
void swap(char * a,char * b,int size)
{
    char tmp;
    if( a !=b )
        while( size--) {                                 /* 按字节顺序交换 */
            tmp = * a;
            * a++= * b;
            * b++=tmp;
```

```
        }
}

/* 比较回调函数:整数升序 */
int icmpAsc( const void * s, const void * t)
{
    return * (int * )s > * (int * )t ?1:0;          /* 当第一个值大于第二个值时,则返
                                                       回 1,否则返回 0。 */
}

/* 比较回调函数: 按字典序降序 */
int strCmpDes(const void * p1, const void * p2)
{
    return strcmp( * (char * * )p2, * (char * * )p1);/* 第一个串小于第二个串,则返回
                                                       1,否则返回 0 */
}
```

【例 6.21】 字符串连接。编写一个函数 strCatenate,从源串 s 中最多取 n 个字符添加到目标串 t 的尾部,且以'\0' 终止,返回目标串 t 的首地址。源串 s 不应该被修改。

【解析与答案】 根据题意,strCatenate 应有 3 个参数,源串 s、目标串 t 和字符数 n,其中 s 和 t 的类型是字符指针。由于源串 s 不应该被修改,所以该形参应声明为指向常量的指针: const char *s,意思是该指针所指向的字符串是常量,不能被修改。

函数首先设置一个遍历目标串的指针 p,初始指向目标串的首地址,然后遍历目标串,直至 p 指向串尾。第二个 while 循环实现将源串 s 的前 n 个字符添加到目标串 t 的尾部,如果源串的长度小于 n,则整个源串包含串尾'\0'复制过去后退出循环,此时 n 的值大于或等于 0;如果源串的长度大于或等于 n,复制完这 n 个字符则退出循环,此时 n 的值小于 0 且串尾'\0'未复制,所以需要退出循环后复制串尾。最后,返回目标串的首地址 t,注意不能返回 p,因为 p 一直移动到指向串尾。

"while(n--&&(*p++=*s++));"不能写成"while((*p++=*s++)&&n--);",后者先执行赋值(*p++=*s++),如果赋值过去的不是串尾再执行 n--判断 n 的值是否非 0,如果源串的长度不足 n,则没问题;如果源串的长度大于或等于 n,不仅多复制了一个字符,还可能造成存储空间的溢出。

```
/* 例 6.21 程序:字符串连接 */
#include<stdio.h>
char * strCatenate(char * t, const char * s,int n)
{
    char * p=t;
    while( * p) p++;                                  /* 遍历目标串 t, 直至串尾 */
    while(n--&&( * p++= * s++));
    if(n<0)   * p='\0';
    return t;
}
```

```
int main(void)
{
    char s1[20]="", * p;
    strCatenate(s1,"programming",7);
    p=strCatenate(s1,"-language",5);
    printf("%s\n",s1);
    printf("%s\n",p);
    return 0;
}
```

【例 6.22】 计算逆波兰表达式的值。编写程序 cal,计算命令行中逆波兰表达式的值,其中每个运算符或操作数用一个单独的参数表示,要求用指针编程。例如,以下命令将计算10/(3+2)的值:

```
cal  10  3  2  +  /
```

【解析与答案】 逆波兰表达式又称后缀表达式,每一个运算符都置于其运算对象之后,这是一种十分有用的表达式,它的优势在于:只用入栈和出栈两种简单操作就可以得到计算结果。在后缀表达式中,运算符的计算顺序是从左向右依次计算,是没有优先级的。由于两操作数在运算符前,当扫描到运算符时就可以执行运算。在扫描表达式的过程中,需要将前面扫描到的操作数保存起来,等扫描到运算符时再取出,采用的方法是设置一个保存操作数的栈。

栈是一种特殊的线性表(数组),仅能在数组的一端(称为栈顶)进行数据入栈和出栈操作。栈内元素按照后进先出原则顺序存放,类似于往开口朝上的容器放东西,先放进去的在下面,后放进去的在上面;取的时候最上面的(即最后放进去的)先取出来(即后进先出)。

栈在程序中可以用一个数组 stack 和栈指针 top 来实现,top 通常指向栈顶可用单元(即top 下面的单元都存放了数据),初始 top 指向数组 stack 的 0 号单元。进栈操作如图 6-1 所示。图 6-1(a)是进栈前的状态,栈里有两个数据 10 和 2,top 指向 2 号单元。图 6-1(b)是数据 3 进栈后的状态,数据 3 放入当前 top 指向的 2 号单元,然后 top 指向下一个 3 号单元。可见,进栈操作分两步:①数据赋值给 top 指向的单元;②移动 top 指向下一个单元,用一个表达式 *top++=3 即可完成,3 先赋值给 *top,然后 top 加 1。出栈操作的顺序和进栈相反:①top 先减 1,使其指向栈顶元素;②将 top 所指单元的值取出赋值给变量 x(也可不赋值),用一个表达式 x=*--top 即可完成,因为 top 要先减,所以用前置式自减。注意,进栈时要判断栈是否满,出栈时要判断栈是否空。

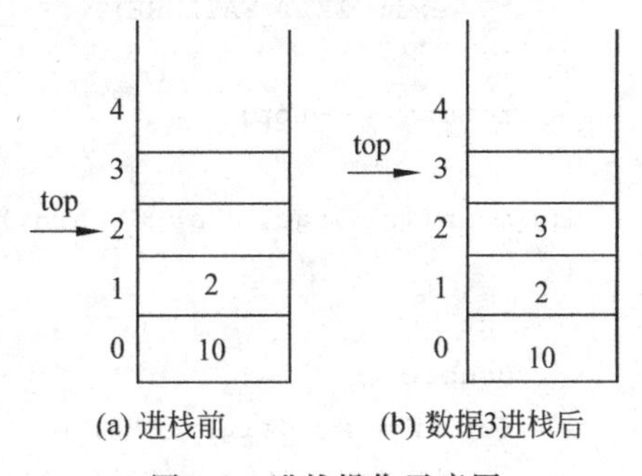

图 6-1 进栈操作示意图

逆波兰表达式的求值过程为:从左到右遍历表达式,遇到操作数时就将其进栈存放;遇到运算符时则栈顶两个元素出栈(注意先出栈是第二个操作数,后出栈的是第一个操作数),对它们执行运算符所规定的操作,把计算结果进栈存放;遍历完表达式后,最后栈中的值就是逆波兰表达式的值。例如，计算上面表达式“10　3　2　+　/”的过程为：10 进栈，3 进栈，2 进栈，遇到加法运算符“+”时，将栈顶的 2 和 3 出栈，计算 3+2，结果 5 进栈(现在栈上有两个数据 10 和 5，5 在栈顶)；遇到除法运算符“/”时，5 和 10 出栈，计算 10/5(注意两个操作数的顺序)，结果 2 进栈(现在栈上只有数据 2)；表达式结束时，取出栈顶元素 2(2 出栈)输出。

```
/* 例 6.22 程序:逆波兰表达式的求值 */
#include<ctype.h>
#include<stdio.h>
#include<stdlib.h>
#define SIZE 1024                          /* 栈容量 */
double stack[SIZE];
double * top =stack;                       /* 栈顶指针 */

void push(double x)                        /* x 值入栈 */
{
    if (top ==stack+SIZE){                 /* 栈已满 */
        printf("stack is full!");
        exit(EXIT_FAILURE);                /* EXIT_FAILURE 表示没有成功地执行一个程序 */
    }
    * top++=x;
}

double pop(void)                           /* 出栈 */
{
    if (top==stack){                       /* 栈为空 */
        printf("stack is empty!");
        exit(EXIT_FAILURE);
    }
    return * --top;
}
int main(int argc, char * * argv)
{
    int i;
    double x;
    for (i =1; i <argc; ++i) {
        if(isdigit(argv[i][0]))            /* 操作数 */
            push(atof(argv[i]));
        else {                             /* 运算符 */
            switch (argv[i][0]) {
                case '+':  push(pop() +pop()); break;
                case '-':  x =pop();                     /* 先出栈的是第二个操作数:减数 */
                           push(pop() -x);   break;
                case '*':  push(pop() * pop()); break;
                case '/':  x =pop();                     /* 先出栈的是第二个操作数:除数 */
```

```
                    push(pop() / x);    break;
            default:  printf("unknown operator");
                      return -1;
        }
      }
   }
   printf("%f\n", pop());                              /* 最终结果 */
   return 0;
}
```

【例 6.23】 中缀表达式转换为逆波兰表达式。编写程序 expr,将从命令行输入的中缀表达式转换为对应的逆波兰表达式,其中每个运算符或操作数用一个单独的参数表示,操作数可以包含小数,运算符仅包含加、减、乘、除四则运算和括号,要求用指针编程。例如,以下命令:

```
expn  a +b * ( c-d )-e/f
```

输出的逆波兰表达式为"a b c d - * + e f / -"。

【解析与答案】 仔细观察这两个等价的表达式可知,操作数的出现次序是相同的,但运算符的出现次序是不同的。在后缀表达式中,运算符的出现次序是实际进行操作的次序;在中缀表达式中,由于受到运算符的优先级和括号的影响,运算符的出现次序与实际进行操作的次序很可能是不一样的。

和例 6.22 逆波兰表达式的求值一样,将中缀表达式转换为等价的后缀表达式也要使用栈,但是,例 6.22 的栈是用来存放操作数的,本例的栈是用来存放运算符的,遇到操作数直接送入存放逆波兰表达式的数组中,遇到运算符才进栈,具体转换步骤描述如下:

(1) 从左到右扫描中缀表达式,如果是操作数则直接将它们写入后缀表达式中。

(2) 如果是左括号"(",则将其直接入栈,它表明一个新的计算层次开始。

(3) 如果是右括号")",则将栈中左括号之前的所有运算符弹出来并放入后缀表达式中,然后将栈顶的左括号弹出(不加入后缀表达式),表明这一层括号内的操作处理完毕。

(4) 如果是运算符(称为当前运算符),则需将当前运算符和栈顶元素进行比较,分以下两种情况:

① 栈顶元素的优先级大于或等于当前运算符的优先级时,则弹出栈顶元素放入后缀表达式,直到栈顶元素的优先级小于当前运算符的优先级或栈顶元素是左括号,然后将当前运算符进栈;

② 栈顶元素的优先级小于当前运算符的优先级时,则将当前运算符进栈。

对于本例,当前运算符是加号和减号时,其优先级是最低的,栈中元素的优先级均大于或等于当前运算符,所以将栈顶左括号之前的所有运算符出栈,然后当前的加号或减号进栈。

当前运算符是乘号和除号时,其优先级最高,如果栈顶是乘号或除号,则它们优先级相同,符合情况①,所以弹出栈顶元素放入后缀表达式,当前运算符再入栈;如果栈顶是加号或减号,符合情况②,当前运算符入栈。

(5) 重复步骤(1)～(4),直到中缀表达式结束,弹出栈中的所有元素并放入后缀表达式中,转换结束。

```
/* 例 6.23 程序:中缀表达式转换为逆波兰表达式 */
#include<stdio.h>
#include<ctype.h>
#include<string.h>
#define SIZE 100
void push(char c);                              /* 运算符 c 入栈 */
int pop(void);                                  /* 栈顶元素出栈 */
int isempty(void);                              /* 判断栈是否空 */
char gettop(void);                              /* 获取栈顶元素 */
char stack[SIZE];                               /* 运算符栈 */
char * top=stack;                               /* 栈顶指针 */

int main( int argc,char * argv[ ])
{
    char out[SIZE];                             /* 存放逆波兰表达式 */
    char * p=out;
    for(int i=1;i<argc;i++)
    {
        if( isdigit(* argv[i]) || * argv[i]=='.' ) { /* 操作数直接进入逆波兰序列 */
            strcpy(p,argv[i]);
            p+=strlen(p);
            * p++=' ';                          /* 串尾改为空格 */
        }
        else
            switch(* argv[i]) {                 /* 运算符的处理 */
                case '+':
                case '-':                       /* 加减优先级最低,将栈顶左括号之
                                                   前的所有运算符出栈 */
                    while(!isempty()&&gettop()!='(')
                        * p++=pop(), * p++=' ';  /* 出栈进入逆波兰序列并插入空格 */
                    push(* argv[i]);            /* 当前运算符进栈 */
                    break;
                case '*':
                case '/':                       /* 如果栈顶是乘号或除号,则其优先
                                                   级不低于当前运算符,出栈 */
                    if (!isempty()&&(gettop()=='*'||gettop()=='/'))
                        * p++=pop(), * p++=' ';  /* 出栈进入逆波兰序列,插入空格 */
                    push(* argv[i]);            /* 当前运算符进栈 */
                    break;
                case '(':
                    push(* argv[i]);            /* 左括号直接入栈 */
```

```
                break;
            case ')':
                while(gettop()!='(')                /*栈中左括号前的所有运算符出栈*/
                    *p++=pop(),*p++=' ';            /*出栈进入逆波兰序列,插入空格*/
                pop();                              /*左括号出栈*/
                break;
            default:
                printf("illegal input!\n");         /*遇到非法字符,返回*/
                return -1;
        }
    }                                               /*命令行结束*/
    while(!isempty())                               /*栈中剩余运算符全部依次出栈进入
                                                      逆波兰序列*/
        *p++=pop(), *p++=' ';
    *p='\0';                                        /*形成逆波兰字符串*/
    printf("%s\n",out);                             /*输出逆波兰序列*/
    return 0;
}

/*将c入栈*/
void push(char c)
{
    *top++=c;
}

/*栈顶元素出栈*/
int pop(void)
{
    return *--top;
}

/*判断栈是否空,若空则返回1,否则返回0*/
int isempty(void)
{
    if(top==stack) return 1;
    return 0;
}

/*获取栈顶元素*/
char gettop(void)  {
    return *(top-1);
}
```

【例6.24】 函数指针的应用。利用函数指针实现多分支函数处理,下面程序以菜单选择方式提供简单的加、减、乘、除四则运算。

【解析与答案】 指向函数的指针可以用于设计转移表,以实现多分支函数处理问题,从而省去了大量的 if 语句或 switch 语句。

先定义 4 个函数: add(int, int)、sub(int, int)、mul(int, int)、div(int, int),分别用于完成两个操作数的加、减、乘、除运算,这 4 个函数的定义本程序略。

再建立一个转移表 pf(实际上是一个函数指针数组),表中存放了 4 个函数的入口地址(即函数名),通过查表选择执行相应的函数。散转分支条件由用户选择菜单项输入给 choice。采用该方法编写的源程序,结构清晰且易读、易修改,也更具有 C 语言的风格。

```
/* 例 6.24 程序:利用函数指针实现多分支函数处理 */
#include<stdio.h>
int add(int a, int b), sub(int a, int b), mul(int a, int b), div(int a, int b);
                                                        /* 这 4 个函数的定义略 */
int main()
{
    int x, y,int result,choice=1;
    int(*pf[4])(int x, int y) ={ add, sub, mul, div }; /* 转移表 */
    while (choice)
    {
        printf("1:加\n2:减\n3:乘\n4:除\n0: 退出\n\n");
        printf("请选择:");
        scanf("%d",&choice);
        if ((choice<=4 && choice>=1))
        {
            printf("请输入操作数:");
            scanf("%d %d", &x, &y);
            result =(*pf[choice-1])(x, y);          /* 调用(choice-1)指定的函数 */
            printf("result =%d\n", result);
        }
    }
    return 0;
}
```

6.3 实验六 指针程序设计实验

6.3.1 实验目的

(1) 熟练掌握指针的说明、赋值、使用。

(2) 掌握用指针引用数组的元素,熟悉指向数组的指针的使用。

(3) 熟练掌握字符数组与字符串的使用,掌握指针数组及字符指针数组的用法。

(4) 掌握指针函数与函数指针的用法。

(5) 掌握带有参数的 main 函数的用法。

6.3.2 实验内容及要求

1. 程序改错与跟踪调试

在下面所给的源程序中，函数 strcopy(t,s)的功能是将字符串 s 复制给字符串 t，并且返回串 t 的首地址。请单步跟踪程序，根据程序运行时出现的现象或观察到的字符串的值，分析并排除源程序的逻辑错误，使之能按要求输出如下结果：

```
Input a string:
programming↙          (键盘输入)
programming
Input a string again:
language↙              (键盘输入)
language
```

```
/* 实验 6-1 程序改错与跟踪题源程序 */
#include<stdio.h>
char * strcopy(char * , const char * );
int main(void)
{
    char * s1, * s2, * s3;
    printf("Input a string:\n");
    scanf("%s",s2);
    strcopy(s1,s2);
    printf("%s\n",s1);
    printf("Input a string again:\n");
    scanf("%s",s2);
    s3=strcopy(s1,s2)
    printf("%s\n",s3);
    return 0;
}

/* 将字符串 s 复制给字符串 t,并且返回串 t 的首地址 */
char * strcopy(char * t,const char * s)
{
    while( * t++= * s++);
    return (t);
}
```

2. 程序完善和修改替换

(1) 下面程序中函数 strsort 用于对字符串进行升序排序，在主函数中输入 N 个字符串存入通过 malloc 动态分配的存储空间，然后调用 strsort 对这 N 个串按字典序升序排序。

① 请在源程序中的下画线处填写合适的代码来完善该程序。

```
/* 实验 6-2 程序完善与修改替换第(1)题源程序:字符串升序排序 */
```

```
#include<stdio.h>
#include<________>
#include<string.h>
#define N 4
/*对指针数组 s 指向的 size 个字符串进行升序排序*/
void strsort ( char *s[ ],int size )
{
    ________ temp;
    int i, j ;
    for(i=0; i<size-1; i++)
        for(j=0; j<size-i-1; j++)
            if (________)
            {
                temp=s[j];
                ________;
                s[j+1]=temp;
            }
}

int main( )
{
    int i;
    char *s[N], t[50];
    for(i=0;i<N;i++)
    {
        gets(t);
        s[i] =(char *)malloc(strlen(t)+1);
        strcpy(________);
    }
    strsort(________);
    for(i=0;i<N;i++)  puts(s[i]);
    return 0;
}
```

② 数组作为函数参数其本质类型是指针。例如,对于形参 char *s[ ],编译器将其解释为 char **s,两种写法完全等价。请用二级指针形参重写 strsort 函数,并且在该函数体的任何位置都不允许使用下标引用。

*(2) 下面源程序通过函数指针和菜单选择来调用库函数实现字符串操作:串复制 strcpy、串连接 strcat 或串分解 strtok。

① 请在源程序中的下画线处填写合适的代码来完善该程序,使之能按要求输出下面结果:

```
1 copy string.
2 connect string.
```

```
3 parse string.
4 exit.
input a number (1-4) please!
2↙                          (键盘输入)
input the first string please!
the more you learn,↙        (键盘输入)
input the second string please!
the more you get.↙          (键盘输入)
the result is the more you learn,the more you get.
/* 实验6-3程序完善与修改替换第(2)题源程序:通过函数指针实现字符串操作 */
#include<stdio.h>
#include<string.h>
int main(void)
{
   ____________;
   char a[80],b[80],*result;
   int choice;
   while(1)
   {
      do
      {
         printf("\t\t1 copy string.\n");
         printf("\t\t2 connect string.\n");
         printf("\t\t3 Parse string.\n");
         printf("\t\t4 exit.\n");
         printf("\t\tinput a number (1-4) please!\n");
         scanf("%d",&choice);
      } while(choice<1 || choice>4);
      switch(choice)
      {
         case 1:    p=strcpy; break;
         case 2:    p=strcat; break;
         case 3:    p=strtok; break;
         case 4:    goto down;
      }
      getchar();
      printf("input the first string please!\n");
      ____________________;
      printf("input the second string please!\n");
      ____________________;
      result=_______(a,b);
      printf("the result is %s\n",result);
   }
down:
```

```
    return 0;
}
```

② 函数指针的一个用途是用于散转程序，即通过一个转移表(函数指针数组)来实现多分支函数处理，从而省去了大量的 if 语句或 switch 语句。转移表中存放了各个函数的入口地址(函数名)，根据条件的设定来查表选择执行相应的函数。请使用转移表而不是 switch 语句重写以上程序。

3. 程序设计

(1) 已知一个长整型变量占 4 字节，其中每字节又分成高 4 位和低 4 位。试编写一个程序，从该长整型变量的高字节开始，依次取出每字节的高 4 位和低 4 位并以十六进制数字字符的形式进行显示，要求通过指针取出每字节。

(2) 定义函数 RemoveSame(a,n)，去掉有 n 个元素的有序整数序列 a 中的重复元素，返回去重后序列的长度值。例如，给定数组 nums=[3,3,3,6,6]，函数调用 RemoveSame(nums,5)将返回 2，数组 nums 更新为[3,6,3,6,6]，数组在结果长度后的内容无关紧要。在 main 中给定一个已经排序好的数组，删除重复的元素，最后输出去重的结果。要求在程序中均使用指针间接访问数组元素，不能用下标引用。

(3) 利用指针实现实验五程序设计第(5)题的 strnins 函数，要求在函数中使用指针间接访问，不能用下标引用。

(4) 旋转是图像处理的基本操作，编程实现将一个图像逆时针旋转 90°。提示：计算机中的图像可以用一个矩阵来表示，旋转一个图像就是旋转对应的矩阵。将旋转矩阵的功能定义成函数，通过使用指向数组元素的指针作为参数使该函数能处理任意大小的矩阵。要求在 main 函数中输入图像矩阵的行数 n 和列数 m，接下来的 n 行每行输入 m 个整数，表示输入的图像。输出原始矩阵逆时针旋转 90°后的矩阵。例如，输入：

```
2 3
1 5 3
3 2 4
```

则输出

```
3 4
5 2
1 3
```

(5) 输入 n 行文本，每行不超过 80 个字符，用字符指针数组指向键盘输入的 n 行文本，且 n 行文本的存储无冗余，删除每一行中的前置空格和水平制表符。要求：将删除一行文本中前置空格和水平制表符的功能定义成函数，在 main 函数中输出删除前置空白符的各行。

(6) 编程实现对 n 个整数排序，排序元素的个数 n 由命令行参数指定，排序的原则由命令行可选参数决定，可选参数以负号开头，有参数 -d 时按递减顺序排序，否则按递增顺序排序。要求将排序算法定义成函数。假设该程序名为 sort，那么命令“sort 10 -d”表示对 10 个数按降序排序，在 main 函数中输入 10 个整数和输出排序后的结果，要求 n 个整数的存储无冗余。

(7) 编写一个函数，从 n 个字符串中找出最长的串，如果有多个则取最先找到的那一个，n 和表示 n 个字符串的指针数组由参数提供，指向最长串的指针通过函数返回，最长串的长度由参数带回。需要编写 main 函数来测试该函数的正确性。

(8) 编写一个函数 delSubstr(str, substr)，删除字符串 str 中出现的所有子串 substr。如果成功删除子串，则函数返回 1；如果 str 中不包含子串 substr，则 str 未作修改，函数返回 0。要求：子串在函数中不会被修改；函数中的任何地方都不使用下标引用；允许使用 strstr、strcpy 等标准库函数。在 main 函数中输出删除子串后的结果字符串。

*(9) 在图像编码算法中，需要将一个给定的方形矩阵进行 Z 字形扫描，如图 6-2 所示。给定一个 m×n 的矩阵，输出对这个矩阵进行 Z 字形扫描的序列。例如，对于下面的 3×5 矩阵进行 Z 字形扫描后输出长度为 15 的序列：1 2 3 4 5 6 7 8 9 9 9 8 7 6 5 4：

```
1 2 6 7 7
3 5 8 8 6
4 9 9 5 4
```

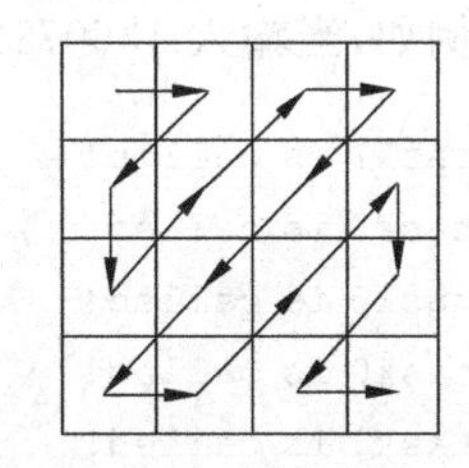

图 6-2 Z 字形扫描的过程

*(10) 求两个不超过 200 位的非负整数的积，输入两个不超过 200 位的非负整数，输出相乘后的结果，结果里不输出多余的前导 0。

*(11) 输入 N 行文本串，查找包含指定模式串的文本行。待匹配的模式串由命令行参数指定，另外，程序允许有两个可选参数，可选参数以负号开头，用 -x(x 代表 except)表示输出所有与模式串不匹配的行；用 -n(n 代表 number)表示输出行号。这两个参数顺序可以任意，且能够组合，即 -x -n、-n -x、-nx、-xn 含义一样，查找子串允许使用标准库函数 strstr。假设该程序名为 find，那么命令：

```
find  -x -n 模式
```

将输出每一个与模式串不匹配的文本行，每行前面都有行号。而命令：

```
find  -n 模式
```

将输出每一个与模式串匹配的文本行，每行前面都有行号。输出结果示例如下：

```
find -x -n  is↙                                  (命令行)
this is a book.↙                                 (键盘输入)
that's a pen.↙                                   (键盘输入)
there are some boats on the east lake.↙          (键盘输入)
^Z↙                                              (键盘输入)
2: that's a pen.
3: there are some boats on the east lake.
```

*(12) 编写 8 个任务函数，一个 scheduler 调度函数和一个 execute 执行函数。仅在 main 函数中调用 scheduler 函数，scheduler 函数要求用最快的方式调度执行用户指定的任务函数。

① 先设计 task0、task1、task2、task3、task4、task5、task6、task7 共 8 个任务函数，每个任

务函数的任务就是输出该任务被调用的字符串。例如,第 0 个任务函数输出"task0 is called!",第 1 个任务函数输出"task1 is called!",以此类推。

② scheduler 函数根据键盘输入的数字字符的先后顺序,依次调度选择对应的任务函数。例如,输入：1350 并回车,则 scheduler 函数依次调度选择 task1、task3、task5、task0,然后以函数指针数组和任务个数为参数将调度选择结果传递给 execute 函数并调用 execute 函数。

③ execute 函数根据 scheduler 函数传递的指针数组和任务个数为参数,按照指定的先后顺序依次调用执行选定的任务函数。

例如,当输入 13607122 并回车,程序运行结果如下：

```
task1 is called!
task3 is called!
task6 is called!
task0 is called!
task7 is called!
task1 is called!
task2 is called!
task2 is called!
```

6.3.3 项目实训

速算 24 点游戏设计。计算机随机给出 1～13 中的 4 个整数,用户输入能算出 24 的中缀表达式(只能用加、减、乘、除和括号),计算机先判断表达式是否正确(包括是否用计算机所给出的 4 个数),然后计算是否满足 24,如果满足,则输出"right",否则输出"wrong"。要求通过询问的方式继续该过程,直至输入 n 或 N 程序结束。

提示：将中缀表达式转为后缀表达式,利用后缀表达式求值。

第 7 章　结构与联合

结构与联合是 C 语言的另外两种构造类型。结构和联合与数组的区别在于，组成数组的数据成员（即数组元素）必须是相同的类型，而组成结构或联合的数据成员的类型可以不相同。结构与联合的区别则在于，结构的每个成员都有自己独立的存储空间，而联合的所有成员共享存储空间。结构常和指针配合用于建立动态数据结构，例如单向链表（包括栈和队）、双向链表、单向循环链表和双向循环链表、有向无环图和树等数据结构。

7.1　内容提要

7.1.1　结构与联合的说明

结构说明的形式如下：

```
存储类型 struct 结构名 {成员声明表} 结构变量列表;
```

或

```
存储类型 struct 结构名 结构变量列表;
```

联合说明的形式如下：

```
存储类型 union 联合名 {成员声明表} 联合变量列表;
```

或

```
存储类型 union 联合名 联合变量列表;
```

其中，成员声明表由成员说明组成，成员说明的形式为：

```
数据类型 1 成员列表;
数据类型 2 成员列表;
  ⋮
数据类型 n 成员列表;
```

7.1.2　结构与联合的运算

与结构和联合有关的运算符有 ．、－＞、&、＊、＝和 sizeof 等。

1. ．和－＞运算符

．和－＞称为成员选择运算符，用于引用结构或联合的成员。其表达式的形式如下：

```
结构(或联合)变量名 . 成员名
结构(或联合)的指针->成员名
```

.运算要求左操作数是结构或联合类型,右操作数是结构或联合的成员名;－＞运算要求左操作数是指向结构或联合的指针,右操作数是结构或联合的成员名。.和－＞运算的结果是结构(或联合)的成员,结果类型就是成员的类型。

2. * 和 & 运算符

* 和 & 是间访和取地址运算符,其表达式的形式如下:

```
* 结构(或联合)的指针
& 结构(或联合)变量
```

* 和 & 都是单目运算符。* 运算要求操作数是指向结构或联合的指针,运算结果是结构或联合本身;& 运算要求操作数是结构或联合变量,运算结果是指向结构或联合的指针。

3. ＝运算符

＝是赋值运算符,其表达式的形式如下:

```
结构(或联合)变量 =结构(或联合)变量
```

赋值运算符"＝"的左、右操作数必须是相同类型的结构(或联合)变量,运算结果是赋值后的左操作数。此结构赋值规则同样适用于结构初始化、函数返回值和参数传递。

4. sizeof 运算符

sizeof 运算符的表达式的形式如下:

```
sizeof(类型名)
```

或

```
sizeof 表达式
```

sizeof 是单目运算符,前者用于计算指定类型的存储空间字节数(即类型的长度),后者先确定表达式的类型(不计算值),然后计算该类型数据的存储空间字节数。

sizeof 是在编译时执行运算,所以它是常量表达式,结果类型为 size_t(一般为 unsigned 的别名,在头文件＜stddef.h＞中定义)。

C 语言中有些类型在不同的系统中其存储长度可能不同,例如 int 类型和结构类型。程序中如果用到这些类型的存储长度(如动态存储分配),则要用 sizeof 来计算,而不宜用人工计算;否则,程序可能会出错。此外,复杂的结构和联合类型所需的存储空间不易计算,故通常也要用 sizeof 来计算。

7.1.3 用 typedef 定义类型名

用户可以用 typedef 为 C 语言的任何一种类型定义一个类型别名(称为自定义类型名)。typedef 说明的一般形式如下:

```
typedef  数据类型区分符  说明符表;
```

经 typedef 定义的标识符即为自定义类型名,是类型区分符中的一种。系统在头文件中定义的类型名有 size_t 和 FILE 等。

7.1.4　字段结构

字段结构主要用于将具有不同含义的多个小整数存放在一个机器字中。字段结构和一般结构在形式上的区别在于结构成员的说明形式不同。字段结构成员说明的一般形式如下：

数据类型区分符　说明符:整数;

或

:整数;

字段的定义应遵守下列规定：

(1) 不允许字段跨越一个字的边界，如果一个字余下的空间不能容纳一个字段，则这个字段从相邻的下一字的边界开始存放。由此在上一字中留下未用的空位，称为空穴。

(2) 字段可以没有名字，无名字段用作“衬垫”，它的作用仅仅是用空位占据那些不用的二进位的位置；长度为 0 的字段使其后的字段从下一个字的边界开始存放。

(3) 字段只能作为结构的成员，不能作为联合的成员；只能说明为整型，一般被说明为 unsigned 类型；其存储分配的方向与机器有关。

(4) 字段没有地址，对字段不能施加取地址的 & 运算。

7.2　典型题解析

7.2.1　简答题

【例 7.1】 说明一个表示 2000 年元旦的结构变量。

【解析与答案】

```
struct {
    int year;
    int month;
    int day;
} first_day_2000 ={2000, 1, 1};
```

结构变量是构造类型数据，其初值必须用大括号“{}”括起来。

【例 7.2】 简述单向链表中栈的结点插入和删除算法。

【解析与答案】 单向链表中栈的组成结构如图 7-1 所示。

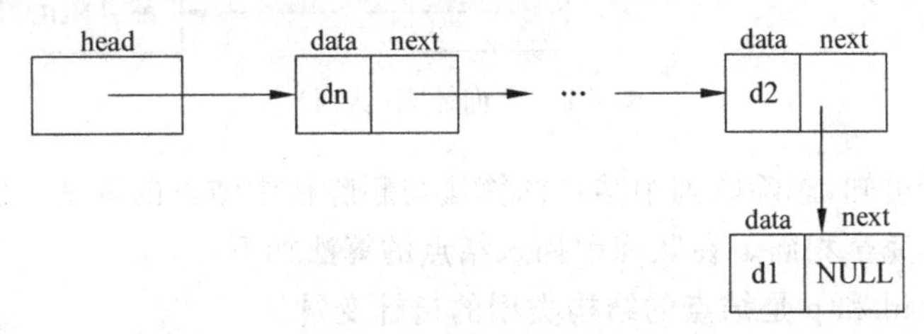

图 7-1　单向链表(栈)

每个结点都是一个类型相同的结构变量,每个结点分为两部分:一部分是数据(图中的di),另一部分是指向下一结点的指针。最先插入的结点是链尾(由 NULL 标志),最后插入的结点是链头(由 head 指示)。

栈的特点是:插入结点时按 d1,d2,…,dn 的次序,检索数据时则是从 head 指示的结点开始,按 dn,dn-1,…,d1 的次序,即数据的存入和取出符合先进后出的原则。在链表中插入和删除一个结点的算法,关键是找到被插入或删除结点的位置以及修改相应结点的指针。

插入结点的算法简述如下:

(1) 设 head 和 p 是结点的结构类型的指针变量,且将 head 赋初值为 NULL。

(2) 调用函数 malloc 申请一个结点的存储空间,且以 p 指示新申请到的存储空间(新结点)。

(3) 将数据存入 p 指示的新结点。

(4) 将新结点接入链中:head=p->next,p=head(=读作赋予)。

(5) 如果还需继续插入结点,则转步骤(2),重复步骤(2)~(4)。

删除结点的算法简述如下:

(1) 设 p1、p2 是结点的结构类型的指针变量,且 p1 和 p2 均被初始化为 head。

(2) 如果 *p1 是要删除的对象,则转步骤(4)。

(3) p2=p1, p1=p1->next,转步骤(2)。

(4) 删除结点:如果 p1 等于 p2(都为初值 head),则 head=p1->next,否则 p2->next=p1->next。

(5) 调用函数 free 释放 p1 指示的被删结点占用的存储空间:free(p1)。

【例 7.3】 简述单向链表中队列的结点插入和删除算法。

【解析与答案】 队列结点的插入次序和检索次序正好与栈相反,即最先插入的结点是链头(由 head 指示),最后插入的结点是链尾(由 NULL 标志)。

队列的组成结构如图 7-2 所示,插入结点时按 d1,d2,…,dn 的次序,检索数据时也是从 head 指示的结点开始按同样的次序进行,即数据的存入和取出符合先进先出的原则。由于队列和栈在数据的存入和取出的方向上不同,因此在组成结构上队列比栈多一个指向链尾的指针。

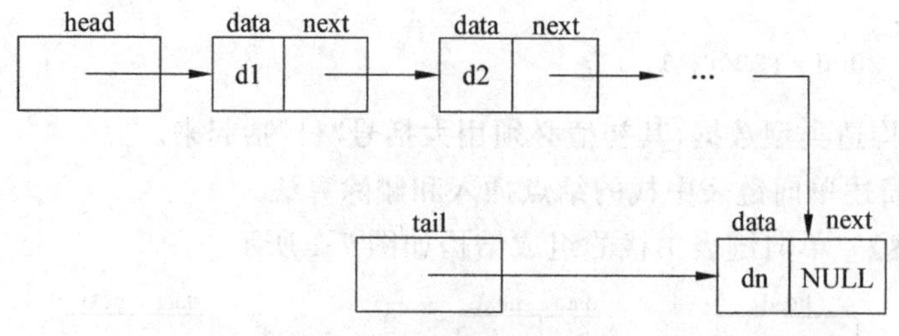

图 7-2 单向链表(队列)

根据上述分析可知,删除队列中结点的算法与删除栈中结点的算法一样(不再重述);而结点插入算法则不完全相同。在队列中插入结点的算法如下:

(1) 设 head、tail 和 p 是结点的结构类型的指针变量。

(2) 调用函数 malloc 申请一个结点的存储空间，且以 p 指示新申请到的存储空间(新结点)。

(3) 将数据存入 p 指示的新结点，且 p－＞next＝NULL。

(4) 将第一个结点接入链中：head＝p，tail＝p。

(5) 如果不再插入结点，则结束。

(6) 调用函数 malloc 申请一个结点的存储空间，且以 p 指示新申请到的存储空间。

(7) 将数据存入 p 指示的新结点，且 p－＞next＝NULL。

(8) 接链：tail－＞next＝p，tail＝p 或 tail＝tail－＞next。

(9) 转步骤(5)(结束算法或重复步骤(6)～(9))。

【例 7.4】 用 typedef 定义一个名为 STRING 的字符指针类型，并将下列说明改写为类型区分符为 STRING 的等价的说明形式。

(1) char * a[10]；　(2) char * * b；　(3) char * c(char *)；

(4) char * * d[10]；　(5) char * (* e)[10]；　(6) char * (* f)(void)；

【解析与答案】

```
typedef char * STRING;
```

(1) STRING a[10]；　(2) STRING * b；　(3) STRING c(S'IRING)；

(4) STRING * d[10]；　(5) STRING (* e)[10]；　(6) STRING (* f)(void)；

【例 7.5】 设有说明：

```
typedef char NAME [10];
```

请用 NAME 所代表的原来的类型名将下列各题中的说明改写为等价的说明形式。

(1) NAME * a；　(2) NAME b[5]；　(3) NAME (* c)；　(4) NAME * d[5]；

【解析与答案】

(1) char (* a)[10]；　(2) char b[5][10]；　(3) char (* c)[10]；

(4) char (* d[5])[10]；

7.2.2 计算题

【例 7.6】 设有如下说明，写出下列表达式的值。

```
struct description {
    int len;
    char * str;
};
struct description s[] ={{0, "abcdef'}, {1, "ABCDEF"}};
struct description * p =s;
```

(1) ＋＋p－＞len　(2) p－＞len＋＋　(3) (＋＋p)－＞len

(4) (p＋＋)－＞len　(5) ＋＋ * p－＞str　(6) * p－＞str＋＋

(7) (* p－＞str)＋＋　(8) * p＋＋－＞str　(9) * ＋＋p－＞str

(10) * (＋＋p)－＞str

【解析与答案】 本题实际上不需要计算，关键在于按运算符的优先级顺序逐步理解表达式，弄清最终引用的是哪一个数据对象。此外，在写结果时应注意反映结果的类型，例如，假定引用的是字符串“abcdef”中的第0个字符，如果结果类型是字符型，则应写成'a'；如果结果类型是整型，则应写成字符a的字符码97。

(1) －＞的优先级高于＋＋。p－＞len的结果即s[0].len，＋＋p－＞len的结果是对s[0].len增加1之后的结果。

(2) 运算符的优先级情况同(1)。由于后缀式＋＋运算的延迟，p－＞len＋＋的结果是对s[0].len增加1之前的结果。

(3) 由于圆括号“( )”的优先级最高，所以(＋＋)运算优先于－＞。(＋＋p)－＞len的结果是指针p加1之后所指对象(即s[1])的成员len。

(4) 运算符的优先级情况同(3)，但由于后缀式＋＋运算的延迟，(p＋＋)－＞len的结果是p加1之前所指对象(即s[0])的成员len。在引用s[0].len之后p加1(指向s[1])。

(5) －＞的优先级高于＊和＋＋，＊和＋＋为右结合。p－＞str的结果即s[0].str，＊p－＞str的结果是s[0].str所指向的字符，＋＋＊p－＞str的结果是s[0].str所指向的字符增1。

(6) －＞的优先级高于＊和＋＋，＊和＋＋为同一优先级右结合的运算符。所以，此小题的运算次序为：－＞最先，＋＋其次(＋＋作用于p指向的str上)，＊最后(＊也作用于p－＞str上)。但由于＋＋为后缀延迟运算，因此＊p－＞str＋＋的结果是s[0].str所指字符串的第0个字符。在完成＊运算后s[0].str加1(指向该串的下一个字符)。

(7) －＞首先运算；由于圆括号“( )”的优先级最高，所以圆括号中的＊运算优先于＋＋运算。(＊p－＞str)＋＋和小题(6)的结果一样，不同的是小题(6)中的＋＋是使s[0].str加1，而本小题是使s[0].str所指的对象加1。

(8) 按照＋＋和－＞运算表达式的语法，－＞的左操作数不可能是＋＋，而＋＋的操作数也不可能是str，因此＋＋是使p增加1。由于＋＋为后缀延迟运算，所以＊p＋＋－＞str的运算次序依次为－＞、＊和＋＋，其结果为s[0].str所指向的字符(在完成＊运算之后p增加1)。

(9) 本小题表面上与小题(8)类似，但二者运算情况却完全不同。首先，＋＋运算符与操作数之间的关系与第(8)小题不同，本小题的＋＋是使p所指向的str增加1，而第(8)小题中的＋＋是使p增加1。其次，p＋＋－＞str是引用p当前所指向的元素(即s[0])的str，而＋＋p－＞str是将s[0].str的指针值增加1，即为指向原s[0].str所指字符串第一个字符的指针。

(10) 由于圆括号“( )”的优先级最高，各运算符的优先次序依次为(＋＋)、－＞和＊，所以＊(＋＋p)－＞str的结果是s[1].str所指向的字符。

综上所述，各题答案为：

(1) 1　(2) 0　(3) 1　(4) 0　(5) 'b'

(6) 'a'　(7) 2　(8) 'a'　(9) 'b'　(10) 'A'

7.2.3 写运行结果题

【例7.7】 假定输入数据是字符串“abcdefghijk”，请写出程序的输出结果。

```
#include<stdio.h>
#include<ctype.h>
#include<stdlib.h>

struct node {
    char ch;
    struct node * next;
};

int main(void)
{
    int c;
    struct node * head =NULL, p;

    printf("input a string: ");
    while (isspace(c =getchar())) ;
    for (; c!='\n' && c!=EOF; c=getchar())  {
        p = (struct node * )malloc(sizeof(struct node));
        p->ch =c;
        p->next =head;
        head =p;
    }
    for (p=head; p!=NULL; p=p->next)
        printf("%c", p->ch);
    printf("\n");
    return 0;
}
```

【解析与答案】 程序在跳过开头的空白字符后，一边读入字符，一边将所读入的字符存入所建立的链表中，直到遇到行结束符或文件尾为止。程序所用的算法与例 7.2 完全一致，也就是说，输入的字符被存放在一个先进后出的链表(栈)中。当输入：

```
abcdefghijk
```

时，输出为：

```
kjihgfedcba
```

【例 7.8】 假定输入为：10 20 30 40 50 60 70 80 90(以 Ctrl＋Z 结束)，请写出程序的的输出结果。

```
#include<stdio.h>
#include<stdlib.h>

struct node{
    int data;
```

```
    struct node * next;
};

int main(void)
{
    int n;
    struct node * head =NULL, * tail, * p;      /* head:头指针,tail:尾指针 */
    printf("input a string:\n");                /* 读取并处理第一个数据 */
    if (scanf("%d", &n) !=EOF) {
        p =(struct node * )malloc(sizeof(struct node));
                                                /* inser data and link first node */
        p->data =n;
        p->next =NULL;
        head =tail =p;
    }
    while (scanf("%d", &n) !=EOF) {             /* 处理其余数据 */
        p =(struct node * )malloc(sizeof(struct node));
        p->data =n;
        p->next =NULL;
        tail =tail->next =p;
    }
    printf("n");
    for (p =head; p !=NULL; p =p->next)
        printf("%d ", p->data);                 /* 输出 */
    return 0;
}
```

【解析与答案】 程序在跳过开头的空白字符后,一边读入十进制整数,一边将所读入的整数存入所建立的链表中,直到遇到行结束符或文件尾为止。程序所用的算法与例7.3完全一致。也就是说,输入的整数被存放在一个先进先出的链表(队列)中。当输入题目所给数据时,输出为:

```
10 20 30 40 50 60 70 80 90
```

7.2.4 完善程序题

【例7.9】 计算星期几。已知公元元年元旦是星期一,输入公元后任意一个日期(年、月、日),下面的程序将计算并输出当天是星期几。

```
/* 例7.9程序:输入年、月、日,计算该日是星期几 */
#include<stdio.h>
#define leap_y(year) ((year)%4==0 && (year)%100 !=0 || (year)%400==0 ?1 : 0)

int daytab[2][13] {
    {0, 31, 28, 31, 30, 31, 30, 31, 31, 30, 31, 30, 31},
```

```
    {0, 31, 29, 31, 30, 31, 30, 31, 31, 30, 31, 30, 31}
};

struct date {
    int year, month, day;
};

/* 将结构指针 current 指向的年月日转换为该年的第几天 */
int day_of_year(struct date * current)
{
    int i, leap, day;
    leap = leap_y(current->year);
    day = current->day;
    for (i=0; ____(1)____; i++)
        day += daytab[leap] [i];
    return (day);
}

/* 输出结构指针 p 指向的年月日对应的星期 k 的英文名 */
void output(struct date *p, int k)
{
    char *week[ ] = {"SUN", "MON", "TUE", "WED", "THU", "FRI", "SAT"};
    printf("%d/%d/%d is %s\n", p->year, p->month, p->day, ____(2)____);
}

int main(void)
{
    int daies[ ] = {365, 366};
    unsigned long week = 1;
    struct date d;
    int k;
    for ( ; ; ) {
        printf("input date (year month day): ");
        scanf("%d%d%d", &d.year, &d.month, &d.day);
        if (d.year > 0 && (d.month >= 1 && d.month<=12 && ____(3)____)
            break;
        else
            printf("input error\n");
    }
    for (k = 1; k < d.year; ++k)               /* 计算当年元旦与公元元年元旦相差的天数 */
        week += daies[leap_y(k)];
    week += ____(4)____;
    output(&d, week % 7);
    return 0;
}
```

【解析与答案】 在接收用户输入的有效日期后，先计算出输入日期与公元元年元旦相差的天数，然后用该天数对7求模(每周7天)，即得出星期几。

为了求出输入日期与公元元年元旦相差的天数，首先算出当年元旦与公元元年元旦相差的天数，再调用函数day_of_year求出当天是本年的第几天，最后将二者相加即得出相差的总天数。因此，填入各空的字句如下：

(1) i < current->month

(2) week[k]

(3) (d.day>=1&&d.day<=daytab[leap_y(d.year)][d.month])

(4) day_of_year(&d) - 1

说明：用于输出结果的函数output的第二个实参表达式的类型是unsigned long，与之对应的形参的类型是int，按照函数调用转换规则，实参会自动按形参的类型进行转换。

【例7.10】 班级成绩管理。建立一个学生班的成绩登记表，包括的信息有班号、总人数以及每个学生的学号和4门功课(数学、物理、政治、英语)的成绩。下面的程序输入某个班的上述所有信息并建成一个双向链表(见图7-3)，统计每个学生的平均成绩，并输出班级成绩一览表。

为便于本章后面的程序使用本程序的下列说明，此处将它们写入文件myfile.h中。

```
/*myfile.h*/
#include<stdio.h>
#include<ctype.h>
#include<stdlib.h>
#define MAX 4

struct STUD {
    unsigned number;                          /*学号*/
    unsigned course[MAX];                     /*数学、物理、政治、英语成绩*/
    float average;                            /*平均成绩*/
    struct STUD *next, *last;
};
struct CLASS {
    unsigned no;                              /*班号*/
    unsigned students;                        /*班级人数*/
    struct STUD *first;                       /*指向第一个学生*/
};

/*例7.10程序：基于双向链表班级成绩管理*/
#include "myfile.h"
char *cou[MAX] ={ "math", "physics", "politics", "English" } ;
/*输入班级学生信息并建成双向链表*/
void create(struct CLASS *pclass)
{
    struct STUD *p, *tmp =NULL;
```

```
    int n =0, k;
    int ch, flag;
    do {
        p = (struct STUD * )malloc(sizeof(struct STUD));
        printf("Input number of student: ");
        scanf("%u", &p->number);
        while ( 1 ) {
            for (flag =1, k =0; k <MAX; ++k) {
                printf("input %s: ", cou[k]);
                scanf("%u", ____(1)____ );
                if (p->course[k] >100)
                    ____(2)____ ;
            }
            if (flag)
                break;
            printf("score error\n");
        }
        p->average=____(3)____ ;
        p->next =tmp;
        p->last =NULL;
        if ( ____(4)____ )
            tmp->last =p;
        pclass->first =tmp =p;
        ++n;
        printf("continue? ");
        while (isspace(ch =getchar())) ;
    } while (ch ='y' || ch =='Y');
    pclass->students =n;
}

/* 输出班级成绩一览表 */
void output(struct CLASS * pclass)
{
    struct STUD * p;
    int n;
    printf("\nClass: %u\tNumber of students: %u\n",pclass->no, pclass->students);
    printf("\nsequence  No       math   physics   politics   English   average\
n");
    printf( "----------------------------------------------------------\n");
    for (n =1, p =pclass->first; p !=NULL; ____(5)____ )
        printf("%-10d%-10u%3u    %3u   %3u    %3u    %6.2f\n",
        n, p->number, p->course[0], p->course[1],p->course[2], p->course[31,
            p->average);
}
```

```
int main(void)
{
    struct CLASS cla;

    /*初始化班级结构变量 cla*/
    printf("input number of class: ");
    scanf("%u", &cla.no);
    cla.students =0;
    ____(6)____;
    create(&cla);                                   /*创建双向链表*/
    outut(&cla);
    return 0;
}
```

【解析与答案】 双向链表是信息处理中常用的数据结构之一。双向链表每个结点有两个指针：前指针和后指针。前指针指向上一结点，后指针指向下一结点，链头的前指针和链尾的后指针均为 NULL，如图 7-3 所示。

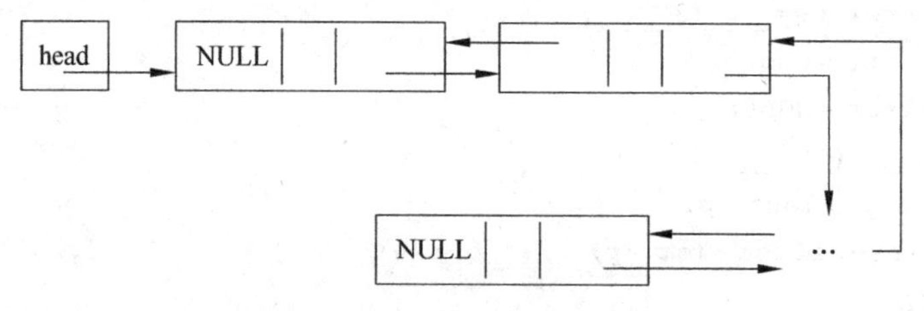

图 7-3　双向链表结构示意图

本例包括用双向链表处理数据中的读入数据和输出数据两种基本的操作。主函数首先读入班号；然后调用 create 函数输入学生数据，同时将学生数据插入链表；最后输出链表中的所有学生数据。

在调用 create 函数之前，第一个结点的前指针应置为 NULL。输入数据时，首先读入学号，然后读入各科成绩。如果成绩大于 100，则将标志 flag 置为 0(表示输入数据无效)，然后重新输入。在得到一个学生的各科成绩之后接着是计算平均成绩，平均成绩应该是浮点数。C 语言中整数除法和浮点数除法的运算符都是/，决定是整数除还是浮点数除的因素是两操作数中是否有浮点数。如果两操作数都是整数，而结果要求是浮点数，则应将操作数之一表示成浮点数。

计算平均成绩之后，将当前学生数据结点接入链表。对于双向链表，除第一个结点外，其他结点的前指针都应指向前一个结点。

输出数据的方法是逐项打印每个结点中的学生数据，当前结点中的数据打印完毕后，指针将移向下一个结点。

综上所述，填入各空的字句如下：

(1) &p->course[k]

(2) flag=0

(3) (float)(p－＞course[0]＋ p－＞course[1]＋p－＞course[2]＋ p－＞course[3]) / 4 或

(p－＞course[0]＋ p－＞course[1]＋p－＞course[2]＋p－＞course[3]) / 4.0f

(4) n 或 n !=0 或 pclass－＞first !=p

(5) p=p－＞next，＋＋n

(6) cla.first=NULL

【例 7.11】 循环链表。以下代码包含两个函数 CircleList 和 CycleList。函数 CircleList 仅用来判定给定单向链表是否是循环链表，函数 CycleList 用来判定单向链表是否存在环。

```
/*例 7.11 程序段：判断单向链表是否是循环链表以及是否存在环*/
#include<stdio.h>
struct linklist_data{
    int data;
    struct linklist_data *next;
};
/*判断 head 指向的单向链表是否是循环链表,如果是则函数返回 1,否则返回 0*/
int CircleList(struct linklist_data *head)
{
    struct linklist_data *t, *h;
    h =head;
    t =h;
    if(h==NULL) return -1;
    while(____(1)____)
        if(____(2)____) return 1;
    return 0;
}

/*判断 head 指向的单向链表是否存在环, 如果是则函数返回 1,否则返回 0*/
int CycleList(struct linklist_data *head)
{
    struct linklist_data *pslow, *pfast;
    pslow =head;
    pfast =head;
    if(head==NULL)  return -1;
    while(____(3)____)
    {
        pslow =____(4)____;
        pfast =____(5)____;
        if(pslow==pfast)  return 1;
    }
    return 0;
}
```

【解析与答案】 循环链表指链表最后一个结点的指针域指向头结点；存在环指链表最

后一个结点的指针域指向链表除自身外任一结点。函数 CycleList 采用快慢指针的方法，即快慢指针同时从头结点出发，快指针一次移动两步，而慢指针一次移动一步。如果存在环，则两个指针总有相遇的时刻。因此，填入各空的字句如下：

(1) t=t->next　　(2) t==h　　(3) pfast && pfast->next

(4) pslow->next　　(5) pfast->next->next

7.2.5 程序设计题

【例 7.12】 统计链表中结点的个数。假定例 7.10 程序在建链表时未统计结点的个数。请写一个函数来统计链表中结点的个数(即输入数据的个数)。

【解析与答案】 函数的参数是链表的头指针，返回值是统计结果。

```
/* 例 7.12 函数;统计 head 指向链表中结点的个数 */
#include "myfile.h"
int number(struct STUD *head)
{
    struct STUD *p;
    int n =0;
    for (p=head; p!=NULL; p=p->next)
        ++n;
    return n;
}
```

【例 7.13】 统计成绩不及格人数。假定例 7.10 程序在排序以后还要统计平均成绩在 60 分以下学生的人数，并输出这些学生的学号和平均成绩。请写出该函数。

【解析与答案】 由于统计工作是在排序后进行的，所以只要找到链表中第一个平均成绩在 60 分以下的学生(结点)，就可逐个输出平均成绩在 60 分以下学生的清单。

```
/* 例 7.13 函数;统计 head 指向链表中平均成绩不及格的人数 */
#include "myfile.h"
void pass(struct CLASS *pclass)
{
    struct STUD *p;
    int i =0;

    for (p=pclass->first; p!=NULL; p=p->next,i++)  /* 找平均成绩 60 分以下人数 */
        if (p->average<60) break;
    printf("average<60:  %d\n", pclass->students -i);
    if (p ==NULL) return;
    printf("\nNo      average\n");
    printf("---------------\n");
    for (; p!=NULL; p=p->next)
        printf("%-10u%6.2f\n", p->number, p->average);
}
```

【例 7.14】 统计全班所有学生各科的平均成绩和总平均成绩。定义一个函数，参数是指向班级结构的指针，功能是统计例 7.10 中全班所有学生各科的平均成绩和总平均成绩，并将统计结果记录在班级结构中。例 7.10 的班级结构类型 struct CLASS 的定义应修改为：

```
/*myfile.h*/
struct CLASS {
    unsigned no;                                    /*班号*/
    unsigned students;                              /*班级总人数*/
    float course[MAX];                              /*4科平均成绩*/
    float average;                                  /*总平均成绩*/
    struct STUD *first;                             /*指向第一个学生的指针*/
};
```

【解析与答案】 本题的编制并不困难，但值得注意的是：为减小积累误差，浮点数的运算最好使用 double 型或 long double 型。如果考虑节省存储空间，则可以采用 float 型。

```
/*例 7.14 函数;统计 pclass 指向的班级中各科的平均成绩和总平均成绩*/
#include "myfile.h"
void average(struct CLASS *pclass)
{
    static double general[MAX], g;
    struct STUD*p;
    int i;

    for (p=pclass->first; p!=NULL; p=p->next)
        for (i=0; i<MAX; ++i)
            general[i] +=p->course[i];
    printf("\n      math    physics    politics    English\n");
    for (i=0; i<MAX; ++i)  {
        pclass->course[i] =general[i]/pclass->students;
        printf("%10.2f", pclass->course[i]);
        g +=general[il;
    }
    pclass->average =g / (MAX * pclass->students);
    printf("\ngeneral average: %10.2f\n", pclass->average);
}
```

说明：由于静态变量具有默认初值 0，所以程序中不必对数组 general 和变量 g 进行显式初始化。如果数组 general 和变量 g 说明时不加存储类区分符 static，也不进行显式初始化，则它们的存储类为 auto，此时其初值不确定。

【例 7.15】 约瑟夫环密码问题。约瑟夫环问题的一种描述是：编号为 1,2,3,…,n 的 n 个人按顺时针方向围坐一圈，每个人手持一个密码(正整数)，开始任意选一个整数 m，从第一个人开始顺时针自 1 开始顺序报数，报到 m 时停止报数。报 m 的人出列，将他的密码作为新的 m 值，从下一个人开始重新从 1 开始报数，如此下去，直到所有的人全部都出列为止。要求用户首先输入总人数以及每个人的密码，然后输入初始报数值，开始报数，按照出列的顺序输出各人的编号。例如，当人数为 7，密码分别为 3、1、7、2、4、8、4 时，输入初始报数值 20，正确的结果：6　1　4　7　2　3　5。

【解析与答案】 利用循环单链表结构模拟此过程，循环单链表的特点是链表中最后一个结点的指针域指向第一个结点，从而使链表形成一个环，如图 7-4 所示。

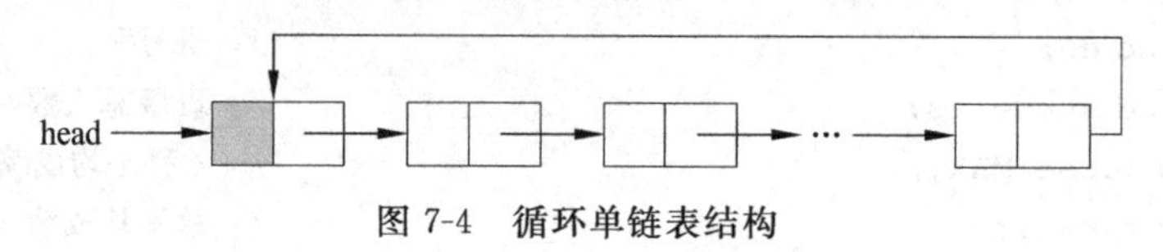

图 7-4　循环单链表结构

```
/* 例 7.15 程序;基于循环单链表的约瑟夫环密码问题 */
#include<stdio.h>
#include<stdlib.h>
typedef struct node {
    int num;                                          /* 编号 */
    int code;                                         /* 密码 */
    struct node * next;
} lnode;
int n;                                                /* n 为总人数 */
void creatlist(lnode * * phead)
{
    int i,key;                                        /* key 为输入的密码 */
    lnode * p, * s, * head;
    head= (lnode * )malloc(sizeof(lnode));            /* 为头结点分配空间 */
    p=head;
    printf("Please enter the num of the person: ");   /* 输入总人数 */
    scanf("%d",&n);
    for(i=1;i<=n;i++)  {
        printf("Person %d code: ",i);
        scanf("%d",&key);                             /* 输入个人的密码 */
        s=p;
        p= (lnode * )malloc(sizeof(lnode));           /* 创建新的结点 */
        s->next=p;
        p->num=i;
        p->code=key;
    }
    p->next=head->next;
    p=head;
    head=head->next;
    free(p);
    *phead=head;
}
```

```
int main(void)
{
    int i,j,key;
    lnode *p, *s, *head;
    creatlist(&head);
    printf("\nPlease enter your first key: ");/*输入第一个报数值*/
    scanf("%d",&key);
    do {                                        /*开始报数*/
        j=1;                                    /*j为记数器*/
        p=head;
        while(j<key){
            s=p;
            p=p->next;
            j++;
        }
        i=p->num;
        key=p->code;
        printf("%d  ",i);                       /*输出出列人的编号*/
        s->next=p->next ;
        head=p->next;                           /*重新定义head,下次循环的开始结点*/
        free(p);
        n--;                                    /*每循环一次人数减1*/
    } while(n>0);
    return 0;
}
```

【例 7.16】 设备驱动。设有3个字符设备dev1、dev2和dev3,每个设备都有各自的打开、读和写操作函数。为了方便起见,设第i个设备的打开、读和写操作函数分别为openi、readi和writei,i∈[1,3],且openi函数仅输出“the i device is opened!”,readi函数仅输出“the i device is read!”,writei函数仅输出“the i device is written!”,打开、读、写操作函数的返回值类型是void,形参表示设备号是unsigned int,。编写一个带命令行参数的C程序test.c,命令行参数包括用户指定的一个或多个(不超过3个)设备的设备号,程序根据用户指定的设备号安装指定设备,实现设备的打开、读和写操作。例如,如果命令行如下:

```
test  1  3
```

将输出以下结果:

```
the 1 device is opened!
the 1 device is read!
the 1 device is written!
the 3 device is opened!
the 3 device is read!
the 3 device is written!
```

【解析与答案】 设计一个结构类型(struct cdev)作为设备驱动程序的接口,通过其

open、read、write 成员可以分别调用设备的打开、读、写操作函数，所以这 3 个结构成员的类型应为指向函数的指针，所指向的函数有一个 unsigned int 参数无返回值。因为共有 3 个设备，所以设计一个有 3 个元素的结构数组，最多可以打开 3 个设备。

设计一个 mount 函数来安装指定设备，其函数原型为：

```
unsigned int  mount(unsigned int);
```

其参数是设备号，它将指定设备的打开、读、写操作函数分别挂到 struct cdev 类型结构变量的对应成员。如设备号=1，则将 open1、read1、write1 挂到 struct cdev 类型结构变量的对应成员 open、read、write。如果安装成功，则函数返回 0；如果安装失败（如指定设备号错），则函数返回−1。

在 main 函数中，首先要获取命令行中指定的需要安装的设备总数 num。由命令行格式可知，可执行文件后给出的都是设备号，所以总数 num 等于(argc−1)，根据总数动态分配存储空间来存放待安装设备的整型设备号。然后用循环语句依次将命令行中指定的设备号串（命令行的每个参数都是一个字符串）转换为整数，调用 mount 函数安装指定设备，通过对应的结构成员 open、read、write 来调用指定设备的打开、读、写函数，从而完成对指定设备的有关操作。

```
/* 例 7.16 程序;根据指定的设备号安装设备,实现设备的打开、读、写操作 */
#include<stdio.h>
#include<stdlib.h>
struct cdev
{
    void (*open)(unsigned int);
    void (*read)(unsigned int);
    void (*write)(unsigned int);
};

void open1(unsigned int), read1(unsigned int), write1(unsigned int);
void open2(unsigned int), read2(unsigned int), write2(unsigned int);
void open3(unsigned int), read3(unsigned int), write3(unsigned int);
unsigned int mount(unsigned int);

struct cdev device[3];

int main(int argc, char* argv[])
{
    unsigned int *p;
    int i,num=argc-1;                                  /*需安装的设备总数*/

    p=(unsigned int *)malloc(num*sizeof(unsigned int));

    for(i=0;i<num;i++)
    {
```

```
            p[i]=(unsigned int)atoi(argv[i+1]);
            mount(p[i]);
            (*device[p[i]-1].open)(p[i]);
            (*device[p[i]-1].read)(p[i]);
            (*device[p[i]-1].write)(p[i]);
        }
    }
    unsigned int mount(unsigned int n)
    {
        switch(n)
        {
        case 1:
            device[0].open=open1;
            device[0].read=read1;
            device[0].write=write1;
            break;
        case 2:
            device[1].open=open2;
            device[1].read=read2;
            device[1].write=write2;
            break;
        case 3:
            device[2].open=open3;
            device[2].read=read3;
            device[2].write=write3;
            break;
        default:
            printf("device error!\n");
            return -1;
        }
        return 0;
    }
    /*下面仅给出函数 open1 的定义,其他 8 个函数略*/
    void open1(unsigned int n)  {
        printf("the %d device is opened!\n",n);
    }
```

【例 7.17】 利用联合和结构类型描述 IP 地址。给出一个长整型数描述的 IP 地址,以点分十进制输出。

【解析与答案】 IP 地址在计算机中储存的是一个无符号长整型数,而呈现给人们的则是点分十进制表示的数。例如,IP 地址为 57.163.109.40,它在计算机中存储的是 678273849。为了方便,用点号来划分 IP 地址,定义一个包含 4 个 char 成员的结构类型。点分 IP 地址和长整型 IP 地址的值都是相同的,它们其实是共用同一个 4 字节的空间,因此,将描述点分 IP 地址的结构和长整型作为联合成员。

```
/*例7.17程序:利用联合和结构类型描述IP地址*/
#include<stdio.h>
union IP
{
    unsigned int num;
    struct
    {
        unsigned char c1;
        unsigned char c2;
        unsigned char c3;
        unsigned char c4;
    } ip;

};
int main()
{
    union IP my_ip;
    my_ip.num=678273849;
    printf("%d.%d.%d.%d", my_ip.ip.c1, my_ip.ip.c2, my_ip.ip.c3, my_ip.ip.c4);
    return 0;
}
```

【例7.18】 利用联合和字段结构类型来解析float类型数据的存储结构,输入一个单精度浮点数,要求以十六进制形式输出该浮点数的符号位、指数位和尾数位,同时验证联合变量的成员是共享存储的。

【解析与答案】 float类型数据存储长度为4字节,其存储结构:符号位(1位)+指数位(8位)+尾数位(23位)。本题可设计一个联合类型,成员有两个:一个为float型,另一个为字段结构类型,按float类型数据的存储结构定义该字段结构,其字段成员的长度分别为23位、8位和1位。由于最长的字段成员有23位,所以字段结构成员类型最好定义为long或unsigned long型。为了验证联合变量的成员共享存储,可输出联合变量以及每个成员的地址值,如果相同,那么就验证了成员共享存储。

```
/*例7.18程序:利用联合和字段结构解析float类型的存储结构*/
#include<stdio.h>
typedef struct float_bit {
    unsigned long ws: 23;                           /*尾数*/
    unsigned long zs: 8;                            /*指数*/
    unsigned long fh: 1;                            /*符号*/
} FLOAT_BIT;

typedef union store_float {
    float f;
    FLOAT_BIT fb;
} STORE_FLOAT;
```

```
int main()
{
    float lf;
    STORE_FLOAT usf;

    printf("sizeof(STORE_FLOAT) =%u, sizeof(float) =%u, sizeof(FLOAT_BIT) =%u\n",
        sizeof(STORE_FLOAT), sizeof(float), sizeof(FLOAT_BIT));
                                                    /* 每类数据的存储长度都是 4 */
    printf("\nInput a float:\n");
    scanf("%f", &lf);                               /* 假如输入 1.2 */
    usf.f =lf;
    printf("usf.f =%f\n", usf.f);                   /* 则输出 1.200000 */
    printf("\nfh=0x%hx,zs=0x%hx,ws=0x%x.\n", usf.fb.fh, usf.fb.zs, usf.fb.ws);
    /* 输出符号位 0x0(表示正数),指数位 0x7f(移码,表示指数为 0),尾数位 0x19999a */
    /* 自己动手计算 float 数 1.2 的尾数,与输出值对比,结果是否相同,为什么? */
    printf("\n&usf=0x%x,&f=0x%x,&fb=0x%x.\n", &usf, &usf.f, &usf.fb);
    /* 所输出的联合变量 usf 及其成员 usf.f、usf.fb 的地址都相同,说明成员是共享存储的 */
    return 0;
}
```

7.3 实验七 结构与联合实验

7.3.1 实验目的

(1) 熟悉和掌握结构的说明和引用、结构的指针、结构数组以及函数中使用结构的方法。

(2) 掌握动态存储分配函数的用法,掌握自引用结构以及单向链表的创建、遍历、结点的增删、查找等操作。

(3) 了解字段结构和联合的用法。

7.3.2 实验内容及要求

1. 表达式求值的程序验证

设有下面说明,请先自己计算表 7-1 中表达式的值,然后通过编程计算来加以验证。各表达式之间相互无关。

```
char u[ ] ="UVWXYZ",v[ ] ="xyz";
struct T {
    int x;
    char c;
    char *t;
} a[ ] ={ { 11, 'A'', u }, { 100, 'B'', v } }, *p =a;
```

表 7-1　表达式求值及验证

序号	表　达　式	计　算　值	验　证　值
1	(++p)->x		
2	p++,p->c		
3	*p++->t,*p->t		
4	*(++p)->t		
5	*++p->t		
6	++*p->t		

2. 源程序修改替换

给定一批整数，以 0 作为结束标志且不作为结点，将其建成一个先进先出的链表，先进先出链表的头指针始终指向最先创建的结点(链头)，先建结点指向后建结点，后建结点始终是尾结点。

(1) 源程序中存在什么样的错误(先观察执行结果)？对程序进行修改、调试，使之能够正确完成指定任务。

```
/* 实验 7-1 修改替换题:创建先进先出链表 */
#include<stdio.h>
#include<stdlib.h>
struct s_list{
    int data;                              /* 数据域 */
    struct s_list * next;                  /* 指针域 */
} ;
void create_list (struct s_list *headp, int *p);
int main(void)
{
    struct s_list * head =NULL, *p;
    int s[] ={1, 2, 3, 4, 5, 6, 7, 8, 0};  /* 0 作为结束标记 */
    create_list(head, s);                  /* 创建新链表 */
    p =head;                               /* 遍历指针 p 指向链头 */
    while (p) {
        printf("%d\t", p->data);           /* 输出数据域的值 */
        p =p->next;                        /* 遍历指针 p 指向下一结点 */
    }
    printf("\n");
    return 0;
}

void create_list(struct s_list *headp, int *p)
{
    struct s_list * loc_head=NULL, *tail;
```

```
    if (p[0] ==0)                          /* 相当于 * p==0 */
        ;
    else {                                 /* loc_head 指向动态分配的第一个结点 */
        loc_head = (struct s_list *)malloc(sizeof(struct s_list));
        loc_head->data = * p++;            /* 对数据域赋值 */
        tail =loc_head;                    /* tail 指向第一个结点 */
        while (* p) {                      /* tail 所指结点的指针域指向动态创建的结点 */
            tail->next = (struct s_list *)malloc(sizeof(struct s_list));
            tail =tail->next;              /* tail 指向新创建的结点 */
            tail->data = * p++;            /* 向新创建的结点的数据域赋值 */
        }
        tail->next =NULL;                  /* 对指针域赋 NULL 值 */
    }
    headp =loc_head;                       /* 使头指针 headp 指向新创建的链表 */
}
```

(2) 修改替换 create_list 函数,将其建成一个后进先出的链表,后进先出链表的头指针始终指向最后创建的结点(链头),后建结点指向先建结点,先建结点始终是尾结点。

3. 程序设计

(1) 设计一个字段结构 struct bits,它将一个 8 位无符号字节从最低位向最高位声明为 8 个字段,各字段依次为 bit0, bit1, …, bit7,且 bit0 的优先级最高。同时,设计 8 个函数,第 i 个函数以 biti(i=0,1,2,…,7)为参数,并且在函数体内输出 biti 的值。将 8 个函数的名字存入一个函数指针数组 p_fun。如果 bit0 为 1,调用 p_fun[0]指向的函数。如果 struct bits 中有多位为 1,则根据优先级从高到低顺序依次调用函数指针数组 p_fun 中相应元素指向的函数。8 个函数中的第 0 个函数可以设计为:

```
void f0(int b)
{
    printf("the function %d is called!\n",b);
}
```

(2) 用单向链表建立一张班级成绩单,包括每个学生的学号、姓名、英语、高等数学、普通物理、C 语言程序设计 4 门课程的成绩。用函数编程实现下列功能,并提供菜单选项。

① 输入每个学生的各项信息。

② 输出每个学生的各项信息。

③ 修改指定学生的指定数据项的内容。

④ 统计每个学生的平均成绩(保留 2 位小数)。

⑤ 输出各位学生的学号、姓名、4 门课程的总成绩和平均成绩。

(3) 对程序设计题第(2)题的程序,增加按照平均成绩进行升序排序的函数,写出用交换结点数据域的方法升序排序的函数,排序可用选择法或冒泡法。

(4) 称正读和反读都相同的字符序列为“回文”,例如“abba”和“abcba”是回文。请编程判断由键盘输入的任意长度字符串是否为回文字符串。

(5) 输入两个十进制超大正整数(数的十进制位数非常大且在程序运行前无法预估),计算它们的和并输出。要求用单向链表来存放超大正整数,链表的每个结点上存放一位十进制数字。

(6) 约瑟夫问题:N个人围成一个圈并从1到N编号,从编号为1的人循序依次从1到M报数,报数为M的人退出圈子,后面紧挨着的人接着从1到M报数。如此下去,每次从1报到M,都会有一个人退出圈子,直到圈子里剩下最后一个人,游戏结束。用链表存放圈中人信息,编程求解约瑟夫问题,输出依次退出圈子的人和最后留在圈中的人最初的编号。

*(7) 对于程序设计题第(3)题,进一步写出用交换结点指针域的方法升序排序的函数。

*(8) 采用双向链表重做程序设计题第(2)题。

*(9) 利用值栈对逆波兰表达式进行求值。逆波兰表达式从键盘输入,其中的运算符仅包含加、减、乘、除4种运算,表达式中的数都是十进制数,用换行符结束输入。由于逆波兰表达式的长度不限,所以值栈要用后进先出链表实现。

*(10) 马踏棋盘问题:在8×8的国际象棋棋盘上,让马从指定的起点(row0,col0)开始,无重复(每个格子只能进入一次)地踏遍所有64个格子。走马规则为:①横向走2格,再纵向走一格;②纵向走2格,再横向走一格。请用栈和深度优先搜索方法编程求解马的路线,并且将所走步用数字1、2、3、4、…、64依次填入8×8的方阵并显示输出。

*(11) 请用队列和广度优先搜索方法重新求解上题给出的马踏棋盘问题。

*(12) 如图7-5所示,6×6的小格被分为6个部分(用不同的颜色区分),每个部分含有6个小格(以下也称为分组)。

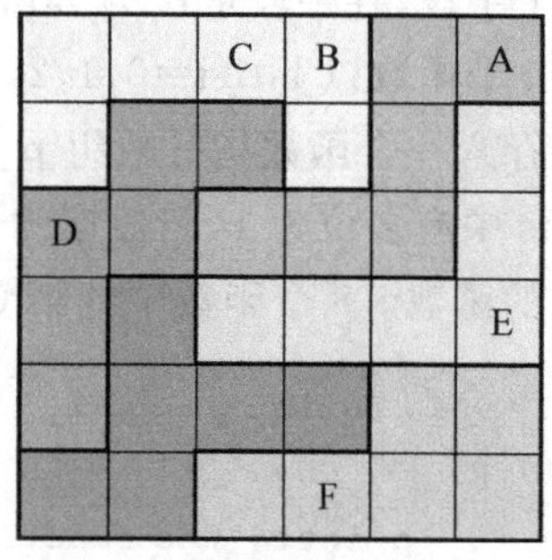

图7-5　6×6拉丁方块

开始的时候,某些小格中已经填写了字母(ABCDEF之一)。需要在所有剩下的小格中补填字母。全部填好后,必须满足如下约束:

① 所填字母只允许是A、B、C、D、E、F中的某一个。

② 每行的6个小格中,所填写的字母不能重复。

③ 每列的6个小格中,所填写的字母不能重复。

④ 每个分组(参见图7-5中不同颜色表示)包含的6个小格中,所填写的字母不能重复。

为了表示方便,用下面的6阶方阵来表示图7-5对应的分组情况(组号为0~5):

```
000011
022013
221113
243333
244455
445555
```

用下面的数据表示其已有字母的填写情况:

```
02C
03B
```

```
05A
20D
35E
53F
```

很明显，第一列表示行号，第二列表示列号，第三列表示填写的字母。行号、列号都从0开始计算。一种可行的填写方案（此题刚好答案唯一）为：

```
E F C B D A
A C E D F B
D A B E C F
F B D C A E
B D F A E C
C E A F B D
```

现在的任务是：编写程序，对一般的拉丁方块问题求解，如果多解，则要求找到所有解。

输入输出格式要求：用户首先输入6行数据，表示拉丁方块的分组情况。接着用户输入一个整数n（n＜36），表示接下来的数据行数；然后输入n行数据，每行表示一个预先填写的字母。程序则输出所有可能的解（各个解间的顺序不重要）。每个解占用7行。也就是说，首先输出一个整数，表示该解的序号（从1开始）；接着输出一个6×6的字母方阵，表示该解。解的字母之间用空格分开。如果找不到任何满足条件的解，则输出“无解”。例如，用户输入：

```
000011
022013
221113
243333
244455
445555
6
02C
03B
05A
20D
35E
53F
```

则程序输出：

```
1
E F C B D A
A C E D F B
D A B E C F
F B D C A E
B D F A E C
C E A F B D
```

再如,用户输入:

```
001111
002113
022243
022443
544433
555553
7
04B
05A
13D
14C
24E
50C
51A
```

则程序输出:

```
1
D C E F B A
E F A D C B
A B F C E D
B E D A F C
F D C B A E
C A B E D F
2
D C E F B A
E F A D C B
A D F B E C
B E C A F D
F B D C A E
C A B E D F
3
D C F E B A
A E B D C F
F D A C E B
B F E A D C
E B C F A D
C A D B F E
4
D C F E B A
B E A D C F
A D C F E B
F B E A D C
E F B C A D
```

```
CADBFE
5
DCFEBA
EFADCB
ABCFED
BEDAFC
FDBCAE
CAEBDF
6
DCFEBA
EFADCB
ABDFEC
BECAFD
FDBCAE
CAEBDF
7
DCFEBA
EFADCB
ADBFEC
BECAFD
FBDCAE
CAEBDF
8
DCFEBA
FEADCB
ADBCEF
BFEADC
EBCFAD
CADBFE
9
DCFEBA
FEADCB
AFCBED
BDEAFC
EBDCAF
CABFDE
```

第 8 章　文件

文件是指内存以外的介质上以某种形式组织起来的数据集合或设备，可以通过调用 C 语言函数库中的输入输出函数对文件中的数据进行读取或存储。

8.1　内容提要

8.1.1　数据流与文件概念

1. 数据流

数据的输入与输出都必须通过计算机的外围设备，为了统一不同格式的数据处理方法，兼容不同的外围设备，提出了数据流(data stream)的概念。

数据流将整个文件内的数据看作一串连续的字符(字节)，而没有记录的限制，借助文件指针的移动来访问数据。文件指针当前所指的位置即是要处理的数据，经过访问后文件指针会自动向后移动。

每个数据文件后面都有一个文件结束符号(end of file：EOF)，用来告知该数据文件到此结束。若文件指针指到 EOF 便表示数据已经访问完毕。

2. 文件

文件(file)是指内存以外的介质上以某种形式组织起来的数据集合或设备。操作系统对外部介质上的数据是以文件形式进行管理的。当打开一个文件或者创建一个新文件时，一个数据流和一个外部文件(可能是一个物理设备)相关联。

在操作系统中，为了统一对各种硬件的操作，简化接口，不同的硬件设备也都被看成是一个文件。对这些文件的操作，等同于对磁盘上普通文件的操作，常见硬件设备与文件的对应关系见表 8-1。

表 8-1　常见硬件设备与文件的对应关系

文件	硬 件 设 备
stdin	标准输入文件，一般指键盘；scanf()、getchar() 等函数默认从 stdin 获取输入
stdout	标准输出文件，一般指显示器；printf()、putchar() 等函数默认向 stdout 输出数据
stderr	标准错误文件，一般指显示器；perror()等函数默认向 stderr 输出数据
stdprn	标准打印文件，一般指打印机

C 语言支持的是流式文件，它把文件看作一个数据流。根据文件的存储形式，可分为文本(ASCII 码)文件和二进制文件，它们的主要区别如下。

(1) 存储形式：ASCII 码文件是以将数据对象转换为字符的 ASCII 码的形式存储的，二进制文件则是完全按照数据对象在内存中的存储格式存储的。

(2) 存储空间：ASCII 文件所占空间较多，而且所占空间大小与字符数量大小有关。

(3) 读写时间：ASCII 码文件读写时需要转换，造成存取速度较慢。二进制文件则不需要。

在 C 语言中，标准输入设备和标准输出设备是作为 ASCII 码文件处理的，它们分别称为标准输入文件和标准输出文件。

8.1.2 文件的打开与关闭

操作文件的正确流程为：打开文件 → 读写文件 → 关闭文件。文件在进行读写操作之前要先打开，使用完毕要关闭。

所谓打开文件，就是获取文件的有关信息，例如文件名、文件状态、当前读写位置等，这些信息会被保存到一个 FILE 类型的结构体变量中。所谓关闭文件，就是断开与文件之间的联系，释放结构体变量，同时禁止再对该文件进行操作。可使用 fopen 和 fclose 函数打开和关闭指定的文件。

```
FILE * fopen(char * filename,char * mode);
int fclose(FILE * fp);
```

其中，filename 是一个字符指针，它将指向要打开或关闭的文件的文件名字符串；mode 是一个指向文件处理方式字符串的字符指针，用来设定要打开的文件类型和指定文件的访问模式，参数 mode 访问模式功能描述如表 8-2 所示。

表 8-2 参数 mode 访问模式功能描述

mode	功能描述
r	以只读方式打开文本文件
w	打开或创建文本文件只写，对已经存在的文件清除原有内容
a	添加，打开或创建文本文件，在尾部进行写
rb	以只读方式打开二进制文件
wb	打开或创建二进制文件只写，对已经存在的文件清除原有内容
ab	添加，打开或创建二进制文件，在尾部进行写
r+	打开文本文件更新(读和写)
w+	打开或创建文本文件更新，对已经存在的文件清除原有内容
a+	添加，打开或创建文本文件更新，写在尾部进行
r+b 或 rb+	打开二进制文件更新
w+b 或 wb+	打开或创建二进制文件更新，对已存在文件清原有内容
a+b 或 ab+	添加，打开或创建二进制文件更新，在尾部进行写

8.1.3 文件的顺序读写

顺序读写是指将文件从头到尾逐个数据读出或写入，每次读或写数据后文件指针会自动移动指向下一个(块)数据。

1. 文本文件读写

使用 fgetc、fputc、fgets、fputs、fscanf 和 fprintf 函数可以实现对文本文件的读出和写入功能。

```
int fgetc(FILE * fp);
int fputc(char ch,FILE * fp);
char * fgets(char * str,int n,FILE * fp);
int fputs(char * str,FILE * fp);
int fscanf(FILE * fp,"格式化字符串",输入项地址表);
int fprintf(FILE * fp,"格式化字符串",输出项表);
```

这 3 对函数的用法与 getc、putc、gets、puts、scanf 和 printf 函数相同，相异之处是输入或输出的对象不同，后者是从标准输入文件 stdin 或标准输出文件 stdout 读写数据，而前者是从 fp 指向的文件读写数据，

2. 二进制文件读写

使用 fread 和 fwrite 函数可以实现对二进制文件的读写功能。

```
int fread(void * buffer, int size, int count, FILE * fp);
int fwrite(void * buffer,int size,int count,FILE * fp);
```

fread 函数从文件指针 fp 所指向的文件的当前位置开始，读出至多 count 个大小为 size 的记录(数据块)，存放到指针 buffer 指向的内存单元中，返回实际读取的记录数。

fwrtie 函数从指针 buffer 所指向的内存缓冲区中读取 count 个大小为 size 的记录，写入 fp 所指向的文件中，返回实际写入的记录数。

8.1.4 文件的随机读写

随机读写可以移动文件内部的位置指针到需要读写的位置后再进行读写，这种读写称为随机读写。实现文件的随机读写的关键是要按要求移动位置指针，即文件指针的定位。标准 C 语言提供的文件定位函数有 fseek()、ftell()、fgetpos()、fsetpos()和 frewind()。

8.1.5 出错检查

C 语言中常用文件检测函数来检查输入输出函数调用中的错误，常用的出错检测类函数有 3 个：feof()、ferror()和 clearerr()，分别用于检测是否处于文件尾、是否出错，清除出错标志和文件结束标志。

8.1.6 低层 I/O 函数

低层 I/O 函数也称为系统输入输出函数，不是标准 C 定义，而是通过操作系统提供的功

能调用实现的。与标准 I/O 函数不同，低层 I/O 函数是以文件描述符来代替文件指针，且不提供格式化的处理功能，在内存访问数据不提供缓冲区。因此，此类文件函数的优点是：不必占用内存空间作为缓冲区，直接向磁盘的数据文件进行读写的操作，如果不幸死机，只会影响目前正在读写的数据。其缺点是：数据访问时，会造成磁盘 I/O 次数太过频繁而影响程序运行的速度。

由于现行的 C 版本基本使用的都是缓冲文件系统，即标准输入输出函数，所以关于非缓冲文件系统的系统输入输出函数，这里不作详细介绍了。

8.2　典型题解析

8.2.1　判断题

【例 8.1】 对于下列说明，判断哪些是正确的，哪些是错误的。

(1) 用“fopen("filename","r＋");”打开文件名为 filename 的文本文件，可以修改。

(2) 随机操作只适合于二进制文件。

(3) 文件指针用于指向文件，磁盘中保存的每一个文件都有一个文件指针。

(4) 以 a 方式打开一个文件时，文件指针指向文件首地址。

(5) fseek 函数一般用于二进制文件。

(6) 表达式“(c＝fgetc(fp))！＝EOF”的功能是从 fp 指向的文件中读取字符，并判断文件是否结束。

(7) 为了提高读写效率，进行读写操作后不应关闭文件以便下次再进行读写。

(8) 文件正常关闭时返回 1。

(9) 在打开文件时，必须说明文件的使用方式，wb＋表示以读/写方式打开一个二进制文件。

(10) 文件指针和位置指针都是随着文件的读写操作在不断改变。

【解析与答案】

(1) 正确。r 表示打开文件只读，＋表示可以更新、修改文件内容。

(2) 错误。对随机操作不仅适用于二进制文件，而且还适用于文本文件。

(3) 错误。只有当程序员编写程序调用 C 语言的库函数打开某个文件后，才有对应的文件指针。

(4) 错误。以 a 方式打开一个文件时，文件指针指向文件尾。

(5) 正确。

(6) 正确。

(7) 错误。对文件进行读写操作后，应关闭文件。如果打开文件进行读写操作后不关闭的话，就会存在安全隐患。

(8) 错误。调用 fclose 函数关闭文件后，若返回值为 0 则表示关闭成功，若返回非 0 值则表示有错误发生。

(9) 错误。在打开文件时，必须说明文件的使用方式，wb＋表示以写和更新修改方式打开一个二进制文件。

(10) 错误。位置指针是用来表示在文件中读取和写入位置的指针。在C语言中用一个指针变量指向一个文件,这个指针称为文件指针。

8.2.2 程序设计题

【例8.2】 通过键盘输入10个学生的学号和C语言成绩,并将输入的学号和成绩写入文件scr.txt中。

【解析与答案】 在处理数据输入和数据保存到文件中时,需要注意输入的数据格式。如果数据格式不正确,就会直接导致输入程序中的数据和保存到文件中的数据都不是自己想要的数。另外,在创建文件时,需要注意文件名的路径和文件打开的方式。

```
/*例8.2程序:将输入的学号和成绩写入文件scr.txt*/
#include<stdio.h>
#define M 10
#define N 10
int fcreate(char *);
int main()
{
    if(fcreate("E:\\CBOOK\\scr.txt")==0) printf("No such a file!\n");
    return 0;
}

/*将从键盘上输入的内容写入filename文件中,若成功写入则返回1,若出错则返回0*/
int fcreate(char * filename)
{
    char StuNo[M][N];
    int score[M],i;
    FILE * fp;

    if(!(fp=fopen(filename,"w"))) return 0;
    for(i=0; i<M; i++)
    {
        scanf("%s%d",StuNo[i],&score[i]);
        fprintf(fp,"%s  %d\n",StuNo[i],score[i]);
    }
    fclose(fp);
    return 1;                                    /*写入成功后返回1*/
}
```

【例8.3】 读取例8.2保存的文件scr.txt内容,将读取到的学号和成绩信息在屏幕上输出,并比较屏幕上输出的数据是否与例8.2中键盘输入的数据一致。

【解析与答案】 用文件的格式化输入函数fscanf从磁盘文件读数据,读取的学号信息存入二维数组StuNo,成绩信息存入一维数组score。

```
/*例8.3程序:读取文件scr.txt内容屏幕输出*/
```

```
#include<stdio.h>
#define M 10
#define N 10
int display(char * );
int main()
{
    if(display("E:\\CBOOK\\scr.txt")==0)
        printf("No such a file\n");
    return 0;
}

/* 读取文件 filename 的内容并在屏幕上显示,若成功则返回 1,若出错则返回 0 */
int display(char * filename)
{
    char StuNo[M][N];
    int score[M],i=0;
    int status=1;                                      /* 成功则返回 1 */
    FILE * fp;
    if(!(fp=fopen(filename,"r")))  status=0;    /* 打开文件失败时返回 0 */
    else
        while(fscanf(fp,"%s %d\n",StuNo[i],&score[i])!=EOF)
        {
            printf("%s %d\n",StuNo[i],score[i]);
            i++;
        }
    fclose(fp);
    return status;
}
```

【例 8.4】 编程模拟 DOS 或 linux 下的复制文件命令 copy，将一个文本文件(源文件)复制到另外一个文本文件(目标文件)中。命令行格式为：

命令名　源文件名　目标文件名

假设本题程序编译连接后的可执行文件名为 fcopy,则下面命令将 scr. txt 复制到 scr. bak 中。

```
fcopy  src.txt  scr.bak
```

【解析与答案】 通过带参数的 main 函数去实现此功能。本例采用文件的字符输入函数 fgetc 从源文件读字符,采用字符输出函数 fputc 将读到的字符写入目标文件中,从而实现文件的复制功能。请尝试用其他函数来实现文件的复制功能。

```
/* 例 8.4 程序:将源文件复制到目标文件中 */
#include<stdio.h>
int fcopy(char * ,char * );
```

```
int main(int argc, char * argv[])
{
    int i;
    if(argc<3) {
        printf("The command syntax is incorrect. fcopy [source filename] [target
            filename]\n");
        exit(0);
    }
    if(fcopy(argv[1],argv[2])==0)
        printf("No such a file: %s or %s\n", argv[1],argv[2]);
    return 0;
}

/*将 sourcename 文件的内容复制到 targetname 文件中,若成功则返回 1,若出错则返回 0*/
int fcopy(char * sourcename, char * targetname)
{
    char c;
    FILE * fp1, * fp2;
    if(!(fp1=fopen(sourcename,"r")))  return 0;          /*打开文件失败时返回 0*/
    if(!(fp2=fopen(targetname,"w")))  return 0;          /*打开文件失败时返回 0*/
    while((c=fgetc(fp1))!=EOF)  fputc(c,fp2);
    fclose(fp1);
    fclose(fp2);
    return 1;                                             /*复制成功时返回 1*/
}
```

【例 8.5】 编程模拟 DOS 或 Linux 下的文件比较命令 fc. cmp，比较两个文件的内容是否相同，命令行格式为：

```
命令名  文件名 1  文件名 2
```

假设本题程序编译连接后的可执行文件名为 fcompare，则下面命令比较 scr. txt 和 scr. bak 的内容是否相同，以验证例 8.4 的 fcopy 命令执行的结果是否正确。

```
fcompare  src.txt  scr.bak
```

【解析与答案】 同样需要通过带参数的 main 函数去实现此功能。采用文件的字符输入函数 fgetc 分别从两个文件中读出一个字符来，逐一加以比较。

```
/*例 8.5 程序:比较两个文件的内容是否相同*/
#include<stdio.h>
#include<stdlib.h>
int fcomp(char *,char *);
int main(int argc, char * argv[])
{
    if(argc<3)
```

```
    {
        printf("The syntax of the command is incorrect. fcopy [%filename%]
            [%filename%]\n");
        exit(0);
    }
    switch(fcomp(argv[1],argv[2]))
    {
        case 0:
            printf("No such a file: %s or %s\n", argv[1],argv[2]);
            break;
        case 1:
            printf(" file %s and file %s are different!\n", argv[1],argv[2]);
            break;
        case 2:
            printf(" file %s and file %s are the same!\n", argv[1],argv[2]);
            break;
    }
    return 0;
}

/* 比较文件 filename1 和 filename2 的内容是否相同,出错则返回 0,内容不同则返回 1,内容相
同则返回 2 */
int fcomp(char * filename1, char filename1)
{
    char c1,c2;
    FILE * fp1, * fp2;
    int status=2;
    if(!(fp1=fopen(filename1,"r"))) status=0;
    if(!(fp2=fopen(filename2,"r"))) status=0;
    while((c1=fgetc(fp1))!=EOF)
    {
        if((c2=fgetc(fp2))==EOF || c2!=c1) status=1;
    }
    if((c2=fgetc(fp2))!=EOF) status=1;
    fclose(fp1);
    fclose(fp2);
    return status;
}
```

【例 8.6】 用单向链表建立一张班级成绩单,包括每个学生的学号、姓名、英语、高等数学、普通物理、C 语言程序设计 4 门课程的成绩、平均成绩。从键盘分别输入 10 个学生的学号(按照学号顺序)、姓名以及 4 门功课的成绩,计算每个学生的平均成绩,同时在屏幕上输出一张学生成绩信息表,并将学生成绩信息保存到文件 stud. dat 中。

【解析与答案】 通过循环创建学生结点,学生的学号、姓名、英语、高等数学、普通物理、

C语言程序设计4门课程的成绩从键盘输入，平均成绩则通过计算得到，建立带头结点的的单链表。然后再调用写文件函数fwrite，将链表结点数据逐一保存到文件中。

```
/*例8.6程序:用单向链表建立基于文件操作的班级成绩单*/
#include<stdio.h>
#include<stdlib.h>
#define N 10
typedef struct Student
{
    char num[10];
    char name[10];
    int eng_score;
    int math_score;
    int phy_score;
    int c_score;
    float avg_score;
    struct Student *next;
} Student;

void InpuInf(Student *head);
void ShowInf(Student* head);
void SaveInf(Student *head,char *path);

char student_num[10] ="学号";
char student_name[10]  ="姓名";
char student_eng[10]  ="英语";
char student_math[10]  ="高等数学";
char student_phy[10]  ="大学物理";
char student_c[10]  ="C语言设计";
char student_avg[10]  ="平均成绩";

/*输入N个学生的信息,建立一条单链表*/
void InpuInf(Student *head)
{
    printf("%-10s %-10s %-10s %-10s %-10s %-10s \n", student_num, student_name,
        student_eng,
        student_math, student_phy, student_c);
    Student *tail =head;
    int i =0;
    for(i=0;i<N;i++)
    {
        Student *new_Student =malloc(sizeof(Student));
        new_Student->next =NULL;
        tail->next =new_Student;
```

```
        tail =new_Student;
        scanf("%s %s %d %d %d %d", tail->num, tail->name, &tail->eng_score,
            &tail->math_score,&tail->phy_score, &tail->c_score);
        tail->avg_score = (tail->eng_score +tail->math_score +tail->phy_score
            +tail->c_score ) * 1.0 / 4;
    }
}

/* 遍历 head 指向的链表,将学生信息显示在屏幕上 */
void ShowInf(Student * head)
{
    printf("%-10s %-10s %-10s %-10s %-10s %-10s %-10s \n",student_num,student_
        name,
        student_eng,student_math,student_phy,student_c,student_avg);
    Student * temp =head->next;
    while(temp !=NULL)
    {
        printf("%-10s %-10s %-10d %-10d %-10d %-10d %-10.2f \n", temp->num,
            temp->name,
    temp->eng_score, temp->math_score, temp->phy_score, temp->c_score, temp->
        avg_score);
        temp =temp->next;
    }
}

/* 遍历 head 指向的链表,读取学生信息,并保存到文件 filename 中 */
void SaveInf(Student * head,char * filename)
{
    FILE * fp =NULL;
    fp =fopen(filename,"wb");
    Student * temp =head->next;
    while(temp !=NULL)
    {
        fwrite(temp,sizeof(Student),1,fp);
        temp =temp->next;
    }
    fclose(fp);
}
int main()
{
    char * path ="stud.dat";
    Student * head =malloc(sizeof(Student));              /* 头结点 */
    head->next =NULL;
    InpuInf(head);
```

```
    ShowInf(head);
    SaveInf(head,path);
    return 0;
}
```

【例 8.7】 读取例 8.6 保存的文件 stud.dat 中的数据，进行插入、排序、显示等操作。从键盘输入一个学生的学号、姓名以及 4 门课程的成绩，并计算该学生的平均成绩，将该生的信息插入学生信息链表中，然后按平均成绩从高到低排序，在屏幕上输出学生信息表，并将排序后的学生成绩信息保存到文件 stud_sort.dat 中。

【解析与答案】 利用 fread 函数从文件 stud.dat 中读出学生成绩信息，按照先进先出的方式创建带头结点的学生成绩信息单向链表，将键盘输入的学生成绩信息插入学生成绩信息链表的表头，再根据平均成绩高低进行排序，利用 fwrite 函数将排序后的学生成绩信息保存到文件 stud_sort.dat 中，同时显示在屏幕上。

```
/* 例 8.7 程序:读文件 stud.dat 中的数据,进行插入、排序、显示等操作 */
#include<stdio.h>
#include<stdlib.h>
typedef struct Student
{
    char num[10];
    char name[10];
    int eng_score;
    int math_score;
    int phy_score;
    int c_score;
    float avg_score;
    struct Student *next;
} Student;

void ReadInf(Student *head, char *path);
void SortInf(Student *head);
void ShowInf(Student* head);                    /* 该函数定义同例 8.6,本程序略 */
void SaveInf(Student *head,char *path);         /* 该函数定义同例 8.6,本程序略 */
void InsertStudent(Student *head);

char student_num[10] ="学号";
char student_name[10]  ="姓名";
char student_eng[10]  ="英语";
char student_math[10]  ="高等数学";
char student_phy[10]  ="大学物理";
char student_c[10]  ="C 语言设计";
char student_avg[10]  ="平均成绩";

/* 将文件 filename 中学生信息读出来,放入 head 指向的单链表中 */
```

```
void ReadInf(Student * head, char * filename)
{
    Student * tail =head;
    FILE * fp =NULL;
    fp =fopen(filename,"rb");
    Student * temp =malloc(sizeof(Student));
    temp->next =NULL;
    while(fread(temp,sizeof(Student),1,fp))
    {
        tail->next =temp;
        tail =temp;
        temp =malloc(sizeof(Student));
        temp->next =NULL;
    }
}

/*根据平均成绩由高到低对 head 指向的单链表排序*/
void SortInf(Student * head)
{
    Student * list =head->next;
    Student * tail =head;
    tail->next =NULL;
    while(list !=NULL)
    {
        Student * larg_Student =list;
        Student * larg_Student_front =NULL;
        Student * front =list;
        Student * temp =list->next;
        while(temp !=NULL)
        {
            if(temp->avg_score >larg_Student->avg_score)
            {
                larg_Student_front =front;
                larg_Student =temp;
            }
            front =temp;
            temp =temp->next;
        }
        if(larg_Student ==list)
        {
            list =list->next;
            tail->next =larg_Student;
            tail =larg_Student;
            tail->next =NULL;
```

```
            }
            else
            {
                larg_Student_front->next =larg_Student->next;
                tail->next =larg_Student;
                tail =larg_Student;
                tail->next =NULL;
            }
        }
    }

/* 插入一个学生结点信息到 head 指向的链表的表头 */
void InsertStudent(Student *head)
{
    printf("插入的学生信息:\n");
    printf("%-10s %-10s %-10s %-10s %-10s %-10s \n", student_num, student_name,
        student_eng,student_math, student_phy, student_c);
    Student *new_Student =malloc(sizeof(Student));

    scanf("%s %s %d %d %d %d",new_Student->num,new_Student->name,&new_Student
        ->eng_score,&new_Student->math_score, &new_Student->phy_score, &new_
        Student->c_score);
    new_Student->avg_score = (new_Student->eng_score +new_Student->math_score
        +new_Student->phy_score +new_Student->c_score ) * 1.0 / 4;
    new_Student->next =head->next;
    head->next =new_Student;
}

int main( )
{
    char *path ="stud.dat";
    char *sort_path ="stud_sort.dat";
    Student *head =malloc(sizeof(Student));       /*头结点*/
    head->next =NULL;
    ReadInf(head,path);
    InsertStudent( head );
    SortInf(head);
    ShowInf(head);                                 /*显示排序后学生成绩信息*/
    SaveInf(head,sort_path);                       /*保存排序后学生成绩信息*/
    return 0;
}
```

8.3 实验八 文件操作实验

8.3.1 实验目的

(1) 掌握文件、文件系统、文件指针的基本概念。

(2) 掌握文件的建立、打开、关闭以及文件读写、文件错误检测等系统标准函数的使用方法。

(3) 掌握缓冲文件系统进行简单文件处理的方法和技巧。

8.3.2 实验内容及要求

1. 写出程序执行结果,然后上机运行验证

```
/* 实验 8-1 写结果并验证 */
#include<stdio.h>
int main(void)
{
    short a=0x253f,b=0x7b7d;
    char ch;
    FILE *fp1,*fp2;
    fp1=fopen("d:\\test1.bin","wb+");
    fp2=fopen("d:\\test2.txt","w+");
    fwrite(&a,sizeof(short),1,fp1);
    fwrite(&b,sizeof(short),1,fp1);
    fprintf(fp2,"%hx %hx",a,b);

    rewind(fp1);
    rewind(fp2);
    while((ch=fgetc(fp1))!=EOF)   putchar(ch);
    putchar('\n');
    while((ch=fgetc(fp2))!=EOF)   putchar(ch);
    putchar('\n');

    fclose(fp1);
    fclose(fp2);
    return 0;
}
```

(1) 请思考程序的输出结果,然后通过上机运行来加以验证。

(2) 将两处 sizeof(short)均改为 sizeof(char),结果有什么不同?为什么?

(3) 将 fprintf(fp2,"%hx %hx",a,b) 改为 fprintf(fp2,"%d %d",a,b),结果有什么不同?

2. 源程序完善和修改替换

以下源程序的功能要求是,通过命令行参数将指定的文本文件内容显示在屏幕上。其命令行的格式为:

```
D:>cat  filename↙
/* 实验 8-2 程序完善和修改替换 */
#include<stdio.h>
```

```
#include<stdlib.h>
int main(int argc, char* argv[])
{
    char ch;
    FILE *fp;
    if(argc!=2){
        printf("Arguments error!\n");
        exit(-1);
    }
    if((fp=fopen(argv[1],"r"))==NULL){            /* fp 指向 filename */
        printf("Can't open %s file!\n",argv[1]);
        exit(-1);
    }
    while(ch=fgetc(fp)!=EOF)                      /* 从 filename 中读字符 */
        putchar(ch);                              /* 向显示器中写字符 */
    fclose(fp);                                   /* 关闭 filename */
    return 0;
}
```

(1) 源程序中存在什么样的逻辑错误(先观察执行结果)？对程序进行修改、调试，使之能够正确完成指定任务。

(2) 修改上面的程序，在显示文本的过程中对每一行加一个行号，同时，设计一个显示控制参数/p，使得每显示25行(一屏)就暂停，当用户按任何一个键就继续显示下一屏。例如，命令行：

```
D:>cat  filename  /p↙
```

3. 程序设计

(1) 编写一个程序 replace，采用命令行方式，用给定的字符串替换指定文件中的目标字符串，并显示输出替换的个数。例如，命令行：

```
replace  filename.txt  you  they↙
```

用 you 替换文件 filename.txt 中的 they。

(2) 从键盘输入10个单精度浮点数，以二进制形式存入文件 float.dat 中。再从文件中读出这10个单精度浮点数显示在屏幕上。有兴趣的读者，可以将保存在 float.dat 中的单精度浮点数按字节读出来，观察写入文件的浮点数字节数据是不是和计算机内存中表示的浮点数字节数据一致。

(3) 对实验七程序设计第(2)题的程序，增加文件保存和文件打开的功能选项，用函数实现这两个功能。文件保存功能是将链表结点中学生的各项信息保存到二进制文件 stu.dat，文件打开功能是从文件 stu.dat 中读取学生信息到内存建立链表。可以选择原题中的输出功能将这些信息显示在屏幕上，以验证读写操作的正确性。

(4) 利用文件操作重写实验六程序设计第(4)题。原始矩阵数据存放在当前目录下的文本文件 matrix.in 中，文件的第一行是两个整数 n 和 m，表示矩阵的行数 n 和列数 m，接下来的 n 行,每行有 m 个整数,表示矩阵数据。要求从 matrix.in 读数据,旋转后的矩阵输出到当前目录下的文本文件 matrix.out 中,该文件应有 m 行,每行有 n 个整数。

8.3.3 项目实训

采用标准 C 作为系统编程语言,设计一个类似手机通信录 App 的个人通信录管理系统,要求如下:

(1) 采用结构化程序设计思想,将每个独立的功能分别定义成一个函数,将子函数全部集中放到一个 C 源程序中,主函数放到一个 C 源程序中。

(2) 采用链表结构定义和描述联系人信息以及他们之间的存储关系。

(3) 系统具有用户界面,提供菜单选项分别实现相应的功能。

除此之外,个人通讯录管理系统还应包括以下功能:

(1) 数据录入功能。录入每个联系人的基本信息,至少包括姓名、电话、邮件地址、组别(同事、同学、朋友、亲戚等),在输入电话和邮件地址时需要添加数据校验功能。

(2) 数据保存功能。将录入或修改后的数据保存到磁盘文件中。

(3) 联系人信息的新增、插入、删除功能。可以实现新增、插入或删除一个联系人信息的功能,并保存。

(4) 查询某个联系人信息。输入联系人姓名,可以查询该联系人其他信息,并要求支持模糊查找。

(5) 查询某个组别的所有联系人信息。输入组别名称,可以查询属于该组的所有联系人信息,并要求支持模糊查找。

第 9 章　汇编器和模拟器的设计

本章结合计算机专业的学科特点，给出一个综合实例，要求根据给出的指令集架构(instruction set architecture，ISA)编程实现一个模拟器和汇编器，最终能够用汇编器将按给定指令集和指令格式编写的汇编源程序翻译成目标程序，并能够在模拟器上运行汇编后的目标程序，得到正确结果。此综合实例的设计目的，一方面在于强化底层编程能力，例如位运算、动态存储分配、字段结构和函数指针的运用；另一方面为理解简单处理器及其取指-译码-执行(fetch-decode-execute)过程和汇编语言在软件开发中的作用奠定基础。

9.1　相关概念

模拟器是一种计算机软件，用来模拟某一特定硬件系统的外部特征和内部功能，实现对目标硬件系统的高度仿真，使得运行在模拟器上的程序如同运行在真实硬件平台上。

人们平时所说的计算机是指通用计算机，用于科学计算、信息管理、办公自动化、图形设计和软件开发等方面。实际上，一些具有特殊用途的计算机(称为专用计算机)已经占据了更加广阔的应用空间。例如，由单片机发展起来的嵌入式系统就属于专用计算机系统，被广泛用于通信产品、家电产品、交通工具、医疗仪器、工业控制、智能机器人、环境监测、航空航天设备和国防装备等众多领域。嵌入式系统是适应特殊应用需求而“量身定做”的软硬件密切结合的专用系统，不同系统所使用的处理器、存储器等硬件存在很大差别。嵌入式系统本身不适合作为开发平台，需要用专用的工具和环境来进行开发、测试和维护。这些专用的工具和环境通常采用模拟器技术在通用计算机上模拟实现。

汇编语言是一种依赖于机器的低级程序设计语言。它用助记符代替二进制的机器指令码进行编程，因而在兼具机器语言高效率优点的基础上，克服了机器语言在编程上难读、难写和难维护的缺点。与高级语言源程序必须经过编译和连接后才能运行类似，用汇编语言编写的源程序在运行前也需要翻译成机器能够直接识别的二进制目标代码。这种起翻译作用的程序称为汇编器(也称汇编程序)，翻译的过程称为汇编。

9.2　简单计算机的指令集

本实例所描述的这种简单计算机的指令集包括 16 条指令，按功能可分为 5 类：①4 条控制指令；②4 条数据加载和存储指令；③2 条数学运算指令；④2 条外围设备的输入与输出指令；⑤4 条逻辑运算指令。指令长度固定为 32 位(bit，b)，即 4 字节(byte，B)。每条指令的前 4 位是指令对应的操作码，每个操作码用一个助记符来表示。同类指令的操作码具有相同特征。表 9-1 列出了简单计算机的指令集，包括指令的类别、该类指令的操作码特征、指令操作码、指令助记符和功能描述。

表 9-1　简单计算机的指令集

类别	操作码特征	指令操作码	指令助记符	功能描述
控制指令	00＊＊	0000	HLT	停机
		0001	JMP	无条件跳转
		0010	CJMP	比较标志为真时跳转
		0011	OJMP	溢出标志为真时跳转
数据加载和存储指令	01＊＊	0100	LOAD	将指定内存中数据加载到指定寄存器
		0101	STORE	将指定寄存器中数据存储到指定内存
		0110	LOADI	将立即数存入指定寄存器
		0111	NOP	空操作
数学运算指令	100＊	1000	ADD	将后两个寄存器中数据相加后结果存入第一个寄存器，并重置溢出标志
		1001	SUB	将后两个寄存器中数据相减后结果存入第一个寄存器，并重置溢出标志
外围设备的输入和输出指令	101＊	1010	IN	通过指定端口从外围设备输入一个字符，并存入指定寄存器
		1011	OUT	将指定寄存器中的字符数据通过指定端口输出到外围设备
逻辑运算指令	11＊＊	1100	EQU	比较两个寄存器中数据是否相等，根据结果重置比较标志
		1101	LT	比较第一个寄存器中数据是否小于第二个寄存器中数据，根据结果重置比较标志
		1110	LTE	比较第一个寄存器中数据是否小于或等于第二个寄存器中数据，根据结果重置比较标志
		1111	NOT	将比较标志的值求反

注：① 比较标志用来表示逻辑运算结果，溢出标志用来表示算术运算时是否产生溢出。它们的值只能分别由逻辑运算指令和算术运算指令来改变。

② 立即数是指令中的某些二进制位所表示的数，类似于C语言语句中的字面常量；而指令中的二进制位还用来表示寄存器编号、内存地址、端口编号。

③ 空操作指令不执行任何动作，常用于精确延时。

指令的后28位用来表示寄存器的编号、立即数、数据在内存中的地址、外围设备的端口号等，分别用 regi(reg0、reg1、reg2)、immedieate、address 和 port 来表示。由于指令功能不同，这后28位所表示的内容也不相同，表现为以下7种不同的指令格式。

(1) op(4b)＋填充位(28b)

此种格式的指令有 HLT、NOP 和 NOT。

(2) op(4b)＋填充位(4b)＋ADDRESS(24b)

此种格式的指令有 JMP、CJMP 和 OJMP。

(3) op(4b)＋REG0(4b)＋ADDRESS(24b)

此种格式的指令有 LOAD 和 STORE。

(4) op(4b)+REG0(4b) +填充位(8b)+IMMEDIATE(16b)

此种格式的指令有 LOADI。

(5) op(4b)+REG0(4b)+REG1(4b)+REG2(4b) +填充位(16b)

此种格式的指令有 ADD 和 SUB。

(6) op(4b)+REG0(4b) +填充位(16b)+PORT(8b)

此种格式的指令有 IN 和 OUT。

(7) op(4b)+REG0(4b)+REG1(4b) +填充位(20b)

此种格式的指令有 EQU、LT 和 LTE。

因此,在该简单计算机的汇编语言源程序中,16 种指令的书写格式如下:

```
HLT
JMP    address
CJMP   address
OJMP   address
LOAD   reg0    address
STORE  reg0    address
LOADI  reg0    immediate
NOP
ADD    reg0    reg1    reg2
SUB    reg0    reg1    reg2
IN     reg0    port
OUT    reg0    port
EQU    reg0    reg1
LT     reg0    reg1
LTE    reg0    reg1
NOT
```

其中,reg0、reg1、reg2 分别表示具体的寄存器,可以是 8 种通用寄存器之一:A~G 或 Z;address 表示地址值,取值范围 $0\sim2^{24}-1$;immediate 表示立即数,取值范围 $-2^{8}\sim2^{8}-1$;port 表示端口号,可以取值 0 和 15。address、immediate 和 port 可以用十进制和十六进制两种形式来表示,但十进制形式不能加前缀,而十六进制形式必须加 0x 前缀。

源程序中每条指令占用一行,指令助记符及后面的寄存器、地址、立即数和端口号相互之间至少用一个空格分隔,行尾可以用以#开头的字符串作注释,程序中允许使用不包含指令的空行或注释行。最初用手工编写的源程序每个指令行要按顺序标注行号,行号从 0 开始编号,依次增加,空行或注释行不进行编号,转移指令(JMP、CJMP 和 OJMP)中的地址先用行号来表示。上述工作完成后,去掉指令行前面的行号,并将转移指令中的行号乘以 4,得到该行号对应的指令在内存中从第一条指令开始的地址偏移量(因为目标代码中每条指令的长度为 4 个字节),并用其替换行号。经过这样处理后,源程序就可以用汇编程序来进行翻译,得到目标程序。

9.3 简单计算机的结构模型

该简单计算机的结构模型可以用图 9-1 来表示，整体结构分为 3 块：处理器(Processor)、存储器(Memory)和端口(Port)。

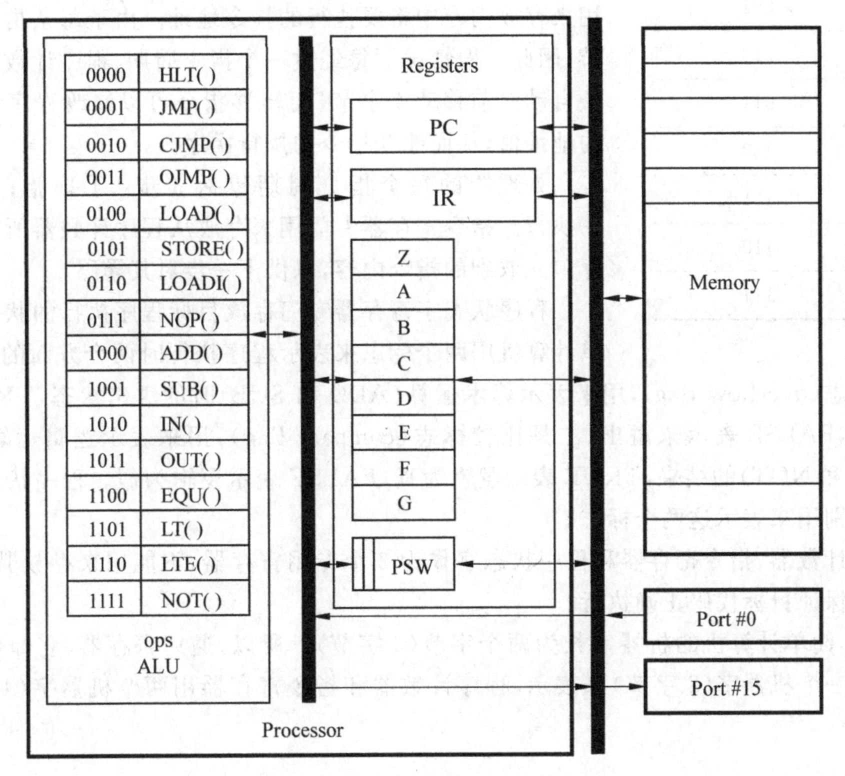

图 9-1 简单计算机的结构模型

9.3.1 处理器

处理器中包括一个算术与逻辑单元(arithmetic and logic unit，ALU)和一系列寄存器(Registers)。而寄存器又分为一组通用寄存器(general purpose registers)和 3 个专用寄存器：程序计数器(program counter，PC)、指令寄存器(instruction register，IR)和程序状态字(program status word，PSW)。

算术与逻辑单元是处理器的核心部分，用于执行大部分指令。在此计算机中，算术与逻辑单元实际模拟了 16 条指令的执行。

寄存器是在处理器中构建的一种特殊存储器，读写速度高但数量有限。寄存器主要用于存放算术与逻辑单元执行指令所需要的数据和运算结果。处理器所处理的数据大多数取自于寄存器，而不是内存。因此，内存中的数据首先要加载(load)到寄存器，接下来处理器从寄存器取出数据进行运算，然后将运算结果放回寄存器，最后再存储到内存中。

通用寄存器有 8 个，分别记为 A、B、C、D、E、F、G 和 Z。其中，寄存器 Z 用作零寄存器，所存放的值保持为0,用来“清洗”其他寄存器(即将其他寄存器中的值置为0)。寄存器A～G可存放任何数据,一条指令在执行时,对同一个寄存器既可以读数据,又可以写数据。这8个通用寄存器的编号见表9-2。

表9-2　通用寄存器编号表

寄存器	编号(二进制)
Z	000
A	001
B	010
C	011
D	100
E	101
F	110
G	111

目标程序在执行之前必须先载入内存。程序计数器专门用来存放内存中将要执行的指令地址。由于每条指令占4字节,因此一般情况下每经过一个指令周期,程序计数器中的地址自动向前移动4字节,而转移指令可以修改程序计数器中的地址值,从而改变指令的执行次序。

处理器的每个指令周期包括3步:①取指;②译码;③执行。指令寄存器专门用来存放从程序计数器所指示的内存单元取到的指令内容,以供下一步对其译码。

程序状态字寄存器专门存放目标程序执行的状态。该简单计算机用两个标志来表示程序执行时两个方面的状态:一是溢出标志(overflow flag),用来表示算术运算(ADD和SUB)时的溢出状态,TRUE表示发生溢出,FALSE表示未溢出;二是比较标志(compare flag),用来表示逻辑运算(EQU、LT、LTE和NOT)的结果,TRUE表示逻辑为真,FALSE表示逻辑为假。程序状态字中的前两位分别用来表示这两个标志。

程序计数器、指令寄存器和程序状态字作为3个专用寄存器,不能用来存放其他数据,否则不能保证目标代码正确执行。

另外,简单计算机的机器字长为两个字节(2字节)。所以,通用寄存器、立即数和程序状态字用一个机器字(2字节)来表示,程序计数器和指令寄存器用两个机器字(4字节)来表示。

9.3.2　存储器

系统的内存单元按字节进行编址。换句话说,内存中每个字节的存储单元都有一个区分于其他字节的地址编号。此简单计算机的内存空间为2^{24}个字节,地址编号从0到$2^{24}-1$。

9.3.3　端口

处理器在进行输入输出时,通过端口来访问外围设备。Port #0表示终端输入设备控制台,Port #15表示终端输出设备控制台。端口号用一个机器字长(2字节)来表示。

9.4　设计思路

9.4.1　编译程序设计思路

编译程序取名为sas。编译程序从汇编语言源文件中第一行开始,每次取一条指令,对其进行解析并且翻译成十六进制的目标代码,存入目标文件,直到源文件结束。

对于源文件的每行指令有多种方法来读入和解析,下面给出一种处理步骤,以供参考。

(1) 用循环反复处理从源文件输入的每一行指令，直到遇到文件尾时终止循环。

(2) 用函数 fgets 从源文件读入一行字符串，存入字符数组 a_line。

(3) 用函数 strchr 查找 a_line 中字符'#'首次出现的位置，如果找到则用空字符'\0'来替换。用此方法去掉指令尾部的注释。

(4) 用函数 sscanf 从数组 a_line 中输入一个字符串到字符数组 op_sym，并将函数返回值赋给 n。

```
n =sscanf(a_line, "%s", op_sym);
```

如果 n 为 0，那么数组 a_line 中存放的是空行或注释行，直接取下一行再接着进行处理；如果 n 不为 0，那么读入数组 op_sym 中的字符串就是该指令的助记符，由此可知该指令的格式。例如，如果 op_sym 中存放的是字符串"ADD"，那么指令格式应为：

```
ADD reg0 reg1 reg2
```

接下来再次用函数 sscanf 从数组中 a_line 中输入字符串到以下 4 个字符数组 op_sym、reg0、reg1 和 reg2。

```
sscanf(a_line, "%s %s %s %s ", op_sym, reg0, reg1, reg2);
```

分别判断 reg0、reg1 和 reg2 中字符串，并依次给对应的整型变量 arg0、arg1 和 arg2 赋值。例如，可以用以下语句给 arg0 赋值(还有更好的赋值方法，留给读者思考)。

```
if (strcmp(reg0, "A") ==0)
{
    arg0 =1;
}
else if (strcmp(reg0, "B") ==0)
{
    arg0 =2;
}
...
```

在此之前，用宏指令将每个指令助记符都定义成符号常量，以表示指令助记符对应的指令操作码(同样也有更好的方法来找到指令助记符对应的指令操作码)，例如：

```
#define ADD_OP 0x08
...
```

同样，将各条指令转换成目标代码的算法定义成带参的宏，例如：

```
#define ADD(op0, op1, op2) ((ADD_OP<<28) | ((op0)<<24) | ((op1)<<20) | ((op2)<<16))
...
```

这样，可以用以下语句将转换得到的目标代码输出到目标文件：

```
fprintf(fout, "0x%x", ADD(arg0, arg1, arg2));
```

(5) 用函数 fgets 从源文件读入下一行字符串，进行下一轮循环处理。

9.4.2 模拟器设计思路

模拟器对该简单计算机的处理器、内存和终端设备进行模拟。当模拟器运行时，首先将经汇编程序汇编后的目标程序读入内存，然后模拟目标程序的运行，直到执行 HLT 指令时终止。

附录的说明文档中用到的 int 类型最好改为相应的 long 类型，这样可以保证在 16 位系统上运行时，也可以得到正确结果。

1. 内存

用一个无符号字符类型(unsigned char)的数组来模拟内存，由于每条指令的长度是 4 个字节，所以将程序计数器(PC)定义成无符号长整型指针(unsigned long *)，这样一次可以取到一条完整的指令，同时程序计数器的值加 1 就可以指向下一条指令。

由于很少有程序需要用到全部物理内存(2^{24} 字节)，所以程序应该从命令行参数获取目标程序运行所要需内存的大小。

2. 将汇编之后的目标文件装入模拟内存

目标文件中每行存放一条十六进制的指令代码，依次将每行指令代码读入模拟内存中。建议用先用 fscanf 函数从目标文件中读取一条指令代码到一个 unsigned long 类型的临时变量，然后用 memcpy 函数将该临时变量的内容复制到模拟内存中。例如：

```
unsigned long instruction;
fscanf (fin,"0x%x", &instruction);
memcpy (memory +address, &instruction, sizeof(instruction));
```

这一步也可以采用其他方法来实现，但由于在不同平台上数据存放的字节顺序(endianness)不同，为避免读错，其他方法在操作上要麻烦一些。

3. 寄存器

8 个通用寄存器 A～G 和 Z 用 unsigned short 数组来模拟。这样可用其编号作为数组下标进行存取。指令寄存器 IR 存放 4 字节的指令代码，用 unsigned long 类型的变量来模拟。程序状态字用字段结构类型的变量来模拟，字段成员 overflow_flag 和 compare_flag 的宽度为 1 位，TRUE 和 FALSE 分别用值 1 和 0 来表示。

4. 处理器及指令执行

处理器可用“取指-解码-执行”(fetch-decode-execute)循环来模拟。执行时，处理器从程序计数器(PC)指示的内存单元将指令载入指令寄存器 IR，然后将 PC 的值加 1，使其指向下一条指令，为下一轮循环作准备。接下来对指令进行解码。将寄存器的编号(REG0、REG1 和 REG2)、立即数(IMMEDIATE)、数据在内存中的地址(ADDRESS)、外围设备的端口号(PORT)定义成宏：

```
#define REG0 ((IR >>24) & 0x0F)
#define REG1 ((IR >>20) & 0x0F)
#define REG2 ((IR >>16) & 0x0F)
```

```
#define IMMEDIATE (IR & 0xFFFF)
#define ADDRESS (IR & 0xFFFFFF)
#define PORT (IR & 0xFF)
```

而指令操作码 opcode 可通过按位右移得到：

```
OPCODE = (IR >>28) & 0x0F;
```

通用寄存器用 unsigned short 类型的数组来模拟：

```
unsigned short GR[8];
```

每条指令的功能用一个无参整型函数来实现，例如：

```
int HLT(void);
int JMP(void);
⋮
int NOT(void);
```

定义一个函数指针数组 ops：

```
int (*ops[16])(void);
```

将 16 个函数的入口地址保存到数组 ops 中，数组下标与函数所对应指令的操作码一致：

```
ops[0] =HLT;
ops[1] =JMP;
⋮
ops[15] =NOT;
```

这样，从指令中解码得到指令操作码后，就可以用如下表达式调用指令功能的实现函数，模拟指令的执行。

```
(*ops[OPCODE])();
```

接下来进行下一轮循环，直到执行函数 HLT 退出循环。

5. 终端设备的模拟

终端设备只在指令 IN 和 OUT 中需要模拟。指令 IN 和 OUT 所对应的函数分别调用函数 read(0,…)和 write(1,…)来实现指令功能。函数 read 和 write 的原型分别如下：

```
read(int handle, char *buf, unsigned len);
write(int handle, char *buf, unsigned len);
```

其中，参数 handle 代表文件或设备句柄，参数 buf 是用来存放输入数据或输出数据的缓冲区地址，参数 len 是输入数据或输出数据的长度，其单位为字节。

程序运行后，系统会自动打开标准设备，并创建 5 个句柄用来对这些标准设备进行操作。标准设备的 5 个句柄的值和所代表的标准设备如表 9-3 所示。

表 9-3　标准设备的句柄

句柄的值	标 准 设 备	句柄的值	标 准 设 备
0	标准输入设备,CON 键盘	3	标准辅助设备,AUX 串行口
1	标准输出设备,CON 显示器	4	标准打印设备,PRN 打印机
2	标准错误设备,CON 显示器		

9.5　源程序

9.5.1　编译程序源程序

```
/* 编译程序实现的源代码 */
#include<stdio.h>
#include<stdlib.h>
#include<string.h>
#include<ctype.h>
#define MAX_LEN 80
#define INSTRS_COUNT (sizeof(g_instrs_name) / sizeof(g_instrs_name[0]))
#define INSTR_SYM { "HLT", "JMP", "CJMP", "OJMP", "LOAD", "STORE", \
                    "LOADI", "NOP", "ADD", "SUB", "IN", "OUT", \
                    "EQU", "LT", "LTE", "NOT" \
                  }
const char *g_instrs_name[] =INSTR_SYM;              /* 定义存放指令记号的数组 */
/* 定义存放指令格式的数组,下标对应指令码,7 个数字字符代表 7 种指令格式 */
const char instr_format[17] ="1222334155667771";

int GetInstrCode(const char * op_sym);               /* 由指令助记符得到指令代码 */
unsigned long TransToCode(char * instr_line, int instr_num);
                                                     /* 指令的译码 */
int GetRegNum(char * instr_line, char * reg_name);   /* 由寄存器名对应到编码 */

int main(int argc, char * * argv)
{
    char a_line[MAX_LEN];
    char op_sym[8];
    int op_num;
    char * pcPos;
    FILE * pfIn, * pfOut;
    int n;

    if (argc <3) {                                   /* 检查命令行参数数目 */
        printf("ERROR: no enough command line arguments!\n");
        return 0;
```

```
    }
    if ((pfIn =fopen(argv[1], "r")) ==NULL) {          /* 打开源代码文件 */
        printf("ERROR: cannot open file %s for reading!\n", argv[1]);
        return 0;
    }
    if ((pfOut =fopen(argv[2], "w")) ==NULL) {         /* 打开目标代码文件 */
        printf("ERROR: cannot open file %s for writing!\n", argv[2]);
        return 0;
    }

    while (!feof(pfIn)) {
        fgets(a_line, MAX_LEN, pfIn);                  /* 从源文件中取出一条指令 */
        if ((pcPos =strchr(a_line, '#')) !=NULL) {
            *pcPos ='\0';                              /* 截掉注释 */
        }
        n =sscanf(a_line, "%s", op_sym);               /* 从指令中取指令助记符 */
        if (n <1) {                                    /* 空行和注释行的处理 */
            continue;
        }
        op_num =GetInstrCode(op_sym);                  /* 由助记符得到指令的操作码 */
        if (op_num >15) {                              /* 非法指令的处理 */
            printf("ERROR: %s is a invalid instruction!\n", a_line);
            exit(-1);
        }
        fprintf(pfOut, "0x%08lx\n", TransToCode(a_line, op_num));
    }
    fclose(pfIn);
    fclose(pfOut);
    return 1;
}

/* 由指令助记符得到指令操作码 */
int GetInstrCode(const char *op_sym)
{
    int i;

    for (i=0; i<INSTRS_COUNT; i++) {
        if (strcmp(g_instrs_name[i],op_sym) ==0) {
            break;
        }
    }
    return i;
}
```

```
/*将指令翻译成目标代码,instr_num为指令操作码*/
unsigned long TransToCode(char * instr_line, int instr_num)
{
    unsigned long op_code;
    unsigned long arg1, arg2, arg3;
    unsigned long instr_code =0ul;
    char op_sym[8], reg0[8], reg1[8], reg2[8];
    unsigned long addr;
    int immed, port;
    int n;

    switch (instr_format[instr_num]) {/*根据指令格式,分别进行译码*/
        case '1':                     /*第一种格式指令(HLT、NOP和NOT)的译码*/
            op_code =instr_num;
            instr_code =op_code <<28;
            break;
        case '2':                     /*第二种格式指令(JMP、CJMP和OJMP)的译码*/
            n =sscanf(instr_line, "%s %li", op_sym, &addr);
            if (n <2) {
                printf("ERROR: bad instruction format!\n");
                exit(-1);
            }
            op_code =GetInstrCode(op_sym);
            instr_code = (op_code <<28) | (addr & 0x00ffffff);
            break;
        case '3':                     /*第三种格式指令(LOAD和STORE)的译码*/
            n =sscanf(instr_line, "%s %s %li", op_sym, reg0, &addr);
            if (n <3) {
                printf("ERROR: bad instruction format!\n");
                exit(-1);
            }
            op_code =GetInstrCode(op_sym);
            arg1 =GetRegNum(instr_line, reg0);
            instr_code = (op_code<<28) | (arg1<<24) | (addr&0x00ffffff);
            break;
        case '4':                     /*第四种格式指令(LOADI)的译码*/
            n =sscanf(instr_line, "%s %s %i", op_sym, reg0, &immed);
            if (n <3) {
                printf("ERROR: bad instruction format!\n");
                exit(-1);
            }
            op_code =GetInstrCode(op_sym);
            arg1 =GetRegNum(instr_line, reg0);
            instr_code = (op_code<<28) | (arg1<<24) | (immed&0x0000ffff);
```

```
            break;
        case '5':                          /* 第五种格式指令(ADD 和 SUB)的译码 */
            n =sscanf(instr_line, "%s%s%s%s", op_sym, reg0, reg1, reg2);
            if (n <4) {
                printf("ERROR: bad instruction format!\n");
                exit(-1);
            }
            op_code =GetInstrCode(op_sym);
            arg1 =GetRegNum(instr_line, reg0);
            arg2 =GetRegNum(instr_line, reg1);
            arg3 =GetRegNum(instr_line, reg2);
            instr_code = (op_code<<28)|(arg1<<24)|(arg2<<20)|(arg3<<16);
            break;
        case '6':                          /* 第六种格式指令(IN 和 OUT)的译码 */
            n =sscanf(instr_line, "%s %s %i", op_sym, reg0, &port);
            if (n <3) {
                printf("ERROR: bad instruction format!\n");
                exit(-1);
            }
            op_code =GetInstrCode(op_sym);
            arg1 =GetRegNum(instr_line, reg0);
            instr_code = (op_code<<28) | (arg1<<24) | (port&0x0000ffff);
            break;
        case '7':                          /* 第七种格式指令(EQU、LT 和 LTE)的译码 */
            n =sscanf(instr_line, "%s %s %s", op_sym, reg0, reg1);
            if (n <3) {
                printf("ERROR: bad instruction format!\n");
                exit(-1);
            }
            op_code =GetInstrCode(op_sym);
            arg1 =GetRegNum(instr_line, reg0);
            arg2 =GetRegNum(instr_line, reg1);
            instr_code = (op_code<<28)|(arg1<<24)|(arg2<<20);
            break;
    }
    return instr_code;                     /* 返回目标代码 */
}

/* 由寄存器名(A~G, Z)得到寄存器编号 */
int GetRegNum(char * instr_line, char * reg_name)
{
    int reg_num;

    if (tolower(* reg_name) =='z') {
```

```
        reg_num = 0;
    }
    else if ((tolower(*reg_name)>='a') && (tolower(*reg_name)<='g')) {
        reg_num = tolower(*reg_name) - 'a' + 1;
    }
    else {
        printf("ERROR: bad register name in %s!\n", instr_line);
        exit(-1);
    }
    return reg_num;
}
```

9.5.2 模拟器源程序

```
/*模拟器实现的源代码*/
#include<stdio.h>
#include<stdlib.h>
#include<io.h>
#include<string.h>

/*定义宏来模拟指令的解码*/
#define REG0   ((IR >>24) & 0x0F)
#define REG1   ((IR >>20) & 0x0F)
#define REG2   ((IR >>16) & 0x0F)
#define IMMEDIATE     (IR & 0xFFFF)
#define ADDRESS       (IR & 0xFFFFFF)
#define PORT          (IR & 0xFF)
#define OPCODE        ((IR >>28) & 0x0F)

typedef struct _PROG_STATE_WORD {
    unsigned short overflow_flg: 1;
    unsigned short compare_flg: 1;
    unsigned short reserve: 14;
} PROG_STATE_WORD;                    /*定义字段结构类型,存放程序状态字*/

unsigned char *MEM;                   /*用动态存储区模拟内存,大小由命令行参数确定*/
unsigned long *PC;                    /*指令计数器,用来存放下条指令的内存地址*/
unsigned short GR[8];                 /*通用寄存器的模拟*/
PROG_STATE_WORD PSW;                  /*程序状态字*/
unsigned long IR;                     /*指令寄存器*/

int HLT(void);                        /*用16个函数实现16条指令的相应功能*/
int JMP(void);
int CJMP(void);
```

```
int OJMP(void);
int LOAD(void);
int STORE(void);
int LOADI(void);
int NOP(void);
int ADD(void);
int SUB(void);
int IN(void);
int OUT(void);
int EQU(void);
int LT(void);
int LTE(void);
int NOT(void);
int main(int argc, char * * argv)
{
    unsigned long instruction;
    unsigned long mem_size;
    int (* ops[])(void) ={HLT, JMP, CJMP, OJMP, LOAD, STORE, LOADI,
                          NOP, ADD, SUB, IN, OUT, EQU, LT, LTE, NOT
        };                                    /* 函数指针数组,用于指令对应函数的调用 */
    FILE * pfIn;
    int ret =1;
    int n;

    if (argc <3) {
        printf("ERROR: no enough command line arguments!\n");
        exit(-1);
    }
    n =sscanf(argv[1], "%li", &mem_size); /* 从参数中取出模拟内存大小 */
    if (n <1) {
        printf("ERROR: argument %s is an invalid number!\n", argv[1]);
        exit(-1);
    }
    /* 向系统申请动态存储区,模拟内存 */
    if ((MEM = (unsigned char *)malloc(mem_size)) ==NULL) {
        printf("ERROR: fail to allocate memery!\n");
        exit(-1);
    }
    PC = (unsigned long *)MEM;                /* 使指令计数器指向模拟内存的顶端 */
    if ((pfIn =fopen(argv[2], "r")) ==NULL) {
        printf("ERROR: cannot open file %s for reading!\n", argv[2]);
        exit(-1);
    }
```

```
    while (!feof(pfIn)) {                    /* 从文件中取出目标代码,加载到模拟内存 */
        fscanf(pfIn, "%li", &instruction);
        memcpy(PC, &instruction, sizeof(instruction));
        PC ++;
    }
    fclose(pfIn);
    PC = (unsigned long *)MEM;               /* 使 PC 指向模拟内存顶端的第一条指令 */

    while (ret) {                            /* 模拟处理器执行指令 */
        IR = *PC;                            /* 取指:将 PC 指示的指令加载到指令寄存器 IR */
        PC++;                                /* PC 指向下一条执行指令 */
        ret = (*ops[OPCODE])();              /* 解码并执行指令 */
    }

    free(MEM);
    return 1;
}

int HLT(void)
{
    return 0;
}

int JMP(void)
{
    PC = (unsigned long *)(MEM + ADDRESS);
    return 1;
}

int CJMP(void)
{
    if (PSW.compare_flg) {
        PC = (unsigned long *)(MEM + ADDRESS);
    }
    return 1;
}

int OJMP(void)
{
    if (PSW.overflow_flg) {
        PC = (unsigned long *)(MEM + ADDRESS);
    }
    return 1;
}
```

```
int LOAD(void)
{
    GR[REG0] = (unsigned short) (* (unsigned long * ) (MEM + ADDRESS));
    return 1;
}

int STORE(void)
{
    * (unsigned short * ) (MEM + ADDRESS) = GR[REG0];
    return 1;
}

int LOADI(void)
{
    GR[REG0] = (unsigned short) (IMMEDIATE);
    return 1;
}

int NOP(void)
{
    return 1;
}

int ADD(void)
{
    GR[REG0] = GR[REG1] + GR[REG2];
    if (GR[REG2] > 0) {
        if (GR[REG0] < GR[REG1]) {
            PSW.overflow_flg = 1;
        }
        else {
            PSW.overflow_flg = 0;
        }
    }
    else if (GR[REG2] < 0) {
        if (GR[REG0] > GR[REG1]) {
            PSW.overflow_flg = 1;
        }
        else {
            PSW.overflow_flg = 0;
        }
    }
    else {
        PSW.overflow_flg = 0;
```

```
    }
    return 1;
}

int SUB(void)
{
    GR[REG0] = GR[REG1] - GR[REG2];
    if (GR[REG2] > 0) {
        if (GR[REG0] > GR[REG1]) {
            PSW.overflow_flg = 1;
        }
        else {
            PSW.overflow_flg = 0;
        }
    }
    else if (GR[REG2] < 0) {
        if (GR[REG0] < GR[REG1]) {
            PSW.overflow_flg = 1;
        }
        else {
            PSW.overflow_flg = 0;
        }
    }
    else {
        PSW.overflow_flg = 0;
    }
    return 1;
}

int IN(void)
{
    read(0, (char *)(GR + REG0), 1);
    return 1;
}

int OUT(void)
{
    write(1, (char *)(GR + REG0), 1);
    return 1;
}

int EQU(void)
{
    PSW.compare_flg = (GR[REG0] == GR[REG1]);
```

```
        return 1;
    }

    int LT(void)
    {
        PSW.compare_flg = (GR[REG0] <GR[REG1]);
        return 1;
    }

    int LTE(void)
    {
        PSW.compare_flg = (GR[REG0] <=GR[REG1]);
        return 1;
    }

    int NOT(void)
    {
        PSW.compare_flg =!PSW.compare_flg;
        return 1;
    }
```

9.6　拓展训练

本节对 9.3 节描述的结构模型进行功能扩充和完善，将计算机的指令由 16 条扩充到 32 条，另外增加 2 条伪指令，同时增加 4 个专用寄存器：CS、DS、SS 和 ES。在 9.5 节程序的基础上实现此计算机的汇编程序和模拟器。

9.6.1　计算机的结构模型

模拟器所模拟的简单计算机的结构模型如图 9-2 所示，整体结构分为 3 块：处理器(Processor)、存储器(Memory)和端口(Port)。

1. 处理器

处理器中包括一个算术与逻辑单元(ALU)和一系列寄存器(Registers)。寄存器包括一组通用寄存器和 7 个专用寄存器：代码段寄存器(code segment，CS)、数据段寄存器(data segment，DS)、堆栈段寄存器(stock segment，SS)、附加段寄存器(extra segment，ES)、程序计数器(program counter，PC)、指令寄存器(instruction register，IR)和程序状态字(program status word，PSW)。

算术与逻辑单元(ALU)是处理器的核心部分，用于执行大部分指令。在此计算机中，算术与逻辑单元实际模拟了 32 条指令的执行。

寄存器是在处理器中构建的一种特殊存储器，读写速度高但数量有限。寄存器主要用于存放算术与逻辑单元执行指令所需要的数据和运算结果。处理器所处理的数据大多数取

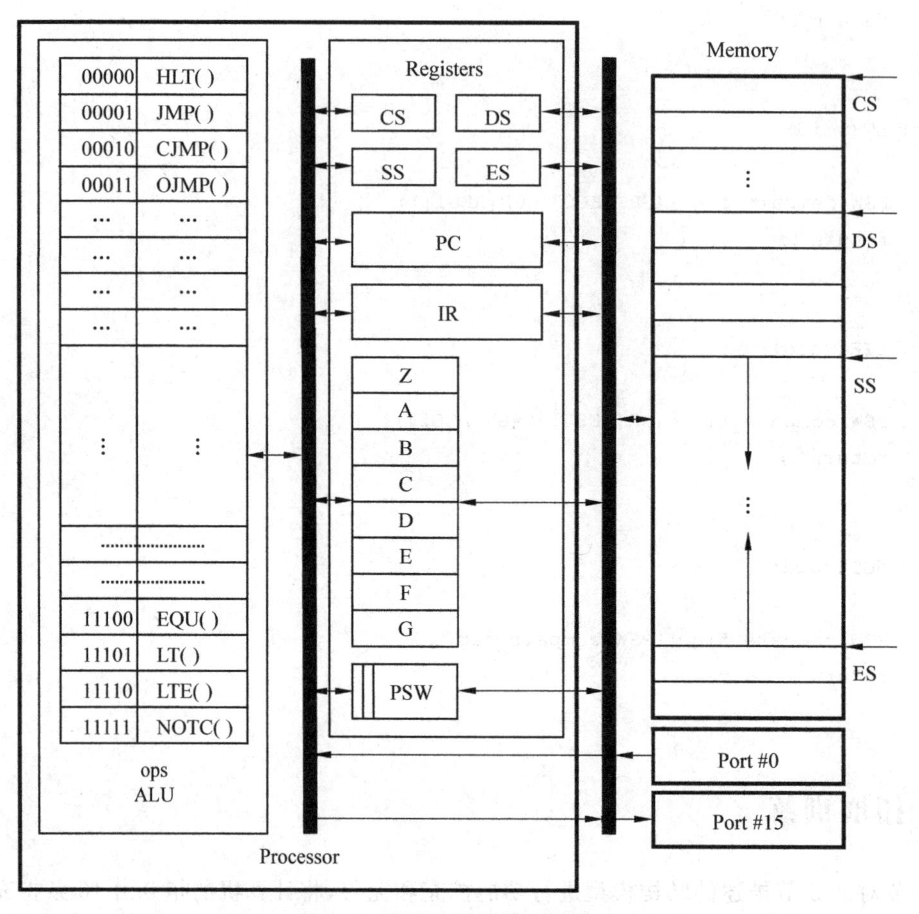

图 9-2 简单计算机的结构模型

自于寄存器,而不是内存。因此,内存中的数据首先要加载(load)到寄存器,接下来处理器从寄存器取数据进行运算,然后将运算结果放回寄存器,最后再存储到内存中。

通用寄存器有 8 个,分别记为 A、B、C、D、E、F、G 和 Z。其中寄存器 Z 用作零寄存器,所存放的值保持为 0,用来“清洗”其他寄存器(即将其他寄存器中的值置为 0)。寄存器 A~G 可存放任何数据,其中寄存器 G 还用于间接寻址,在后面描述指令功能时会进一步介绍。在一条指令执行时,对同一个寄存器既可以读数据,又可以写数据。这 8 个通用寄存器的编号如表 9-4 所示。

表 9-4 通用寄存器编号表

寄存器	编号(二进制)
Z	000
A	001
B	010
C	011
D	100
E	101
F	110
G	111

该简单计算机对内存进行分段管理,内存被划分为 4 个段,分别为代码段、数据段、堆栈段和附加段,用 CS、DS、SS 和 ES 来表示。代码段存放程序执行的指令,数据段存放程序运行所需要的数据,堆栈段存放程序运行期间所产生的中间数据,包括子程序调用时所传递的参数和子程序所返回的结果,附加段用于在调用子程序时存放寄存器中的数据。SS 和 ES 被设计成栈式存储结构。

目标程序在执行之前必须先载入内存。程序计数器专门用来存放内存中将要执行的指令地址。由于每条指令占4字节,因此一般情况下每经过一个指令周期,程序计数器中的地址自动向前移动4字节,而转移指令可以修改程序计数器中的地址值,从而改变指令的执行次序。

处理器的每个指令周期包括3步:①取指;②译码;③执行。指令寄存器专门用来存放从程序计数器所指示的内存单元取到的指令内容,以供下一步对其译码。

程序状态字寄存器专门存放目标程序执行的状态。该简单计算机用两个标志来表示程序执行时两个方面的状态:一是溢出标志(overflow flag),用来表示算术运算(ADD和SUB等)时的溢出状态,1表示发生溢出,0表示未溢出;二是比较标志(compare flag),用来表示逻辑运算(EQU、LT、LTE和NOTC)的结果,1表示逻辑为真,0表示逻辑为假。程序状态字中的前两个位分别用来表示这两个标志。

程序计数器、指令寄存器和程序状态字作为3个专用寄存器,不能用来存放其他数据,否则不能保证目标代码正确执行。

另外,简单计算机的机器字长为2字节。所以,通用寄存器、立即数和程序状态字用一个机器字(2字节)来表示,程序计数器和指令寄存器用两个机器字(4字节)来表示。

2. 存储器

系统的内存单元按字节进行编址。换句话说,内存中每个字节的存储单元都有一个区分于其他字节的地址编号。此简单计算机的内存空间为2^{24}字节,地址编号从0到$2^{24}-1$。

3. 端口

处理器在进行输入输出时通过端口来访问外围设备。Port #0表示终端输入设备控制台,Port #15表示终端输出设备控制台。端口号用一个机器字长(2字节)来表示。

9.6.2 指令集

计算机的指令集如表9-5所示,共32条指令和2条伪指令。32条指令按功能划分为7种:控制指令(6条)、堆栈操作指令(2条)、数据存取指令(6条)、I/O操作指令(2条)、算术运算指令(6条)、位运算指令(6条)和逻辑运算指令(4条)。32条指令按结构分为8类,因此书写格式有8类。指令长度固定为32位,即4字节。每条指令的前5位是指令对应的操作码,每个操作码用一个助记符来表示。伪指令用来定义数据,不生成机器码。

表9-5 计算机的指令集

类别	助记符	操作码	指令格式	格式类型
控制	HLT	00000	00000 000 0000 0000 0000 0000 0000 0000	1
	JMP	00001	00001 000 AAAA AAAA AAAA AAAA AAAA AAAA	2
	CJMP	00010	00010 000 AAAA AAAA AAAA AAAA AAAA AAAA	2
	OJMP	00011	00011 000 AAAA AAAA AAAA AAAA AAAA AAAA	2
	CALL	00100	00100 000 AAAA AAAA AAAA AAAA AAAA AAAA	2
	RET	00101	00101 000 0000 0000 0000 0000 0000 0000	1

续表

类别	助记符	操作码	指令格式	格式类型
堆栈	PUSH	00110	00110 RRR 0000 0000 0000 0000 0000 0000	3
	POP	00111	00111 RRR 0000 0000 0000 0000 0000 0000	3
数据存取	LOADB	01000	01000 RRR AAAA AAAA AAAA AAAA AAAA AAAA	4
	LOADW	01001	01001 RRR AAAA AAAA AAAA AAAA AAAA AAAA	4
	STOREB	01010	01010 RRR AAAA AAAA AAAA AAAA AAAA AAAA	4
	STOREW	01011	01011 RRR AAAA AAAA AAAA AAAA AAAA AAAA	4
	LOADI	01100	01100 RRR 0000 0000 IIII IIII IIII IIII	5
	NOP	01101	01101 000 0000 0000 0000 0000 0000 0000	1
I/O	IN	01110	01110 RRR 0000 0000 0000 0000 PPPP PPPP	6
	OUT	01111	01111 RRR 0000 0000 0000 0000 PPPP PPPP	6
算术运算	ADD	10000	10000 RRR 0RRR 0RRR 0000 0000 0000 0000	7
	ADDI	10001	10001 RRR 0000 0000 IIII IIII IIII IIII	5
	SUB	10010	10010 RRR 0RRR 0RRR 0000 0000 0000 0000	7
	SUBI	10011	10011 RRR 0000 0000 IIII IIII IIII IIII	5
	MUL	10100	10100 RRR 0RRR 0RRR 0000 0000 0000 0000	7
	DIV	10101	10101 RRR 0RRR 0RRR 0000 0000 0000 0000	7
位运算	AND	10110	10110 RRR 0RRR 0RRR 0000 0000 0000 0000	7
	OR	10111	10111 RRR 0RRR 0RRR 0000 0000 0000 0000	7
	NOR	11000	11000 RRR 0RRR 0RRR 0000 0000 0000 0000	7
	NOTB	11001	11001 RRR 0RRR 0000 0000 0000 0000 0000	8
	SAL	11010	11010 RRR 0RRR 0RRR 0000 0000 0000 0000	7
	SAR	11011	11011 RRR 0RRR 0RRR 0000 0000 0000 0000	7
逻辑运算	EQU	11100	11100 RRR 0RRR 0000 0000 0000 0000 0000	8
	LT	11101	11101 RRR 0RRR 0000 0000 0000 0000 0000	8
	LTE	11110	11110 RRR 0RRR 0000 0000 0000 0000 0000	8
	NOTC	11111	11111 000 0000 0000 0000 0000 0000 0000	1
伪指令	BYTE	无		
	WORD	无		

9.6.3 指令格式

指令操作码为 5 位,用一个助记符来表示,其余 27 位分别用来表示寄存器的编号

(reg0、reg1、reg2)、立即数(immediate)、数据在内存中的地址(address)、外围设备的端口号(port)等,为了补齐27位还用到了填充位(padding)。指令后27位的解析按指令结构类型分为以下8种。

(1) op(5b)+padding(27)

此类指令有4个：HLT、RET、NOP和NOTC。以NOTC为例,此类指令的书写形式为：

```
NOTC
```

NOTC指令的机器码如表9-6所示。

表9-6　NOTC指令的机器码

1 1 1 1 1	0 0 0 0 0 0 0 0 0 0 0 0 0 0 0 0 0 0 0 0 0 0 0 0 0 0 0
op(5b)	pad(27b)

(2) op(5b)+padding(3b)+address(24b)

此类指令有4个：JMP、CJMP、OJMP和CALL。此类指令在书写时,后面的地址用一个标号label来表示,该标号必须在源码中定义,进行汇编时转换为地址码。以JMP为例,书写形式为：

```
JMP  loop
```

JMP指令的机器码如表9-7所示。

表9-7　JMP指令的机器码

0 0 0 0 1	0 0 0	A A A A A A A A A A A A A A A A A A A A A A A A
op(5b)	pad(3b)	address(24b)

(3) op(5b)+reg0(3b)+padding(24b)

此类指令有两个：PUSH和POP。以PUSH为例,此类指令的书写形式为：

```
PUSH  G
```

PUSH指令的机器码如表9-8所示。

表9-8　PUSH指令的机器码

0 0 1 1 0	1 1 1	0 0 0 0 0 0 0 0 0 0 0 0 0 0 0 0 0 0 0 0 0 0 0 0
op(5b)	reg(3b)	pad(24b)

(4) op(5b)+reg0(3b)+address(24b)

此类指令有4个：LOADB、LOADW、STOREB和STOREW。此类指令在书写时,后面的地址用一个符号来表示,汇编时转换为地址码。以LOADB为例,此类指令的书写形式为：

```
LOADB  B  cnt
```

LOADB 指令的机器码如表 9-9 所示。

表 9-9　LOADB 指令的机器码

0 1 0 0 0	0 1 0	A A A A A A A A A A A A A A A A A A A A A A A A
op(5b)	reg(3b)	address(24b)

(5) op(5b)+reg0(3b)+padding(8b)+immediate(16b)

此类指令有 3 个：LOADI、ADDI 和 SUBI。以 LOADI 为例，此类指令的书写形式为：

```
LOADI  A  8
```

LOADI 指令的机器码如表 9-10 所示。

表 9-10　LOADI 指令的机器码

0 1 1 0 0	0 0 1	0 0 0 0 0 0 0 0	0 0 0 0 0 0 0 0 0 0 0 0 1 0 0 0
op(5b)	reg(3b)	pad(8b)	immediate(16b)

(6) op(5b)+reg0(3b)+padding(16b)+port(8b)

此类指令有两个：IN 和 OUT。以 IN 为例，此类指令的书写形式为：

```
IN  D  0
```

IN 指令的机器码如表 9-11 所示。

表 9-11　IN 指令的机器码

0 1 1 1 0	1 0 0	0 0 0 0 0 0 0 0	0 0 0 0 0 0 0 0	0 0 0 0 0 0 0 0
op(5b)	reg(3b)	pad(16b)		port(8b)

(7) op(5b)+reg0(3b)+reg1(4b)+reg2(4b)+padding(16b)

此类指令有 9 个：ADD、SUB、MUL、DIV、AND、OR、NOR、SAL 和 SAR。以 ADD 为例，此类指令的书写形式为：

```
ADD  A  B  C
```

ADD 指令的机器码如表 9-12 所示。

表 9-12　ADD 指令的机器码

1 0 0 0 0	0 0 1	0 0 1 0	0 0 1 1	0 0 0 0 0 0 0 0 0 0 0 0 1 0 0 0
op(5b)	reg(3b)	reg1(4b)	reg2(4b)	pad(16b)

(8) op(5b)+reg0(3b)+reg1(4b)+padding(20b)

此类指令有 4 个：NOTB、EQU、LT 和 LTE。以 NOTB 为例，此类指令的书写形式为：

```
NOTB  B  B
```

NOTB 指令的机器码如表 9-13 所示。

表 9-13 NOTB 指令的机器码

1 0 0 0 0	0 1 0	0 0 1 0	0 0 0 0	0 0 0 0 0 0 0 0 0 0 0 0 1 0 0 0
op(5b)	reg(3b)	reg1(4b)	pad(20b)	

此外,伪指令 BYTE 和 WORD 因为不生成机器码,所以没有对应的机器码格式。以 BYTE 为例,这两条指令的书写格式为:

```
BYTE    num
BYTE    num=0
BYTE    num[10]
BYTE    num[10] ={0, 1, 2, 3, 4, 5, 6, 7, 8, 9}
BYTE    num[10] ="This is a string"
```

9.6.4 指令功能

常用的指令及功能简述如下。

(1) 停机指令:

```
HLT
```

功能:终止程序运行。

(2) 无条件转移指令:

```
JMP  label
```

功能:将控制转移至标号 label 处,执行标号 label 后的指令。

(3) 比较运算转移指令:

```
CJMP  label
```

功能:如果程序状态字中比较标志位 c 的值为 1,即关系运算的结果为真,则将控制转移至标号 label 处,执行标号 label 后的指令;否则,顺序往下执行。

(4) 溢出转移指令:

```
OJMP
```

功能:如果程序状态字中比较标志位 o 的值为 1,即算术运算的结果发生溢出,则将控制转移至标号 label 处,执行标号 label 后的指令;否则,顺序往下执行。

(5) 调用子程序指令:

```
CALL  label
```

功能:将通用寄存器 A~G、程序状态字(PSW)、程序计数器(PC)中的值保存到 ES,然后调用以标号 label 开始的子程序,将控制转移至标号 label 处,执行标号 label 后的指令。

(6) 子程序返回指令:

```
RET
```

功能：将 ES 中保存的通用寄存器 A～Z、程序状态字(PSW)和程序计数器(PC)的值恢复，控制转移到子程序被调用的地方，执行调用指令的下一条指令。

(7) 入栈指令：

```
PUSH  reg0
```

功能：将通用寄存器 reg0 的值压入堆栈 SS，reg0 可以是 A～G 和 Z 这 8 个通用寄存器之一。

(8) 出栈指令：

```
POP  reg0
```

功能：从堆栈 SS 中将数据出栈到寄存器 reg0，reg0 可以是 A～G 这 7 个通用寄存器之一，但不能是通用寄存器 Z。

(9) 取字节数据指令：

```
LOADB  reg0  symbol
```

功能：从字节数据或字节数据块 symbol 中取一个字节的数据存入寄存器 reg0，所取的字节数据在数据块 symbol 中的位置由寄存器 G 的值决定。用 C 的语法可将此指令的功能描述为：

```
reg0 =symbol[G]
```

例如，假设用伪指令定义了以下字节数据块 num：

```
BYTE num[10] ={5,3,2,8,6,9,1,7,4,0}
```

如果要将字节数据块 num 中第 5 个单元的值(即下标为 4 的元素)取到寄存器 C，指令如下：

```
LOADI  G  4
LOADB  C  num
```

后面的指令 LOADW、STOREB 和 STOREW 在操作上与此指令类似。

(10) 取双字节数据指令：

```
LOADW  reg0  symbol
```

功能：从双字节数据或双字节数据块 symbol 中取一个双字节的数据存入寄存器 reg0，所取的双字节数据在数据块 symbol 中的位置由寄存器 G 的值决定。

(11) 存字节数据指令：

```
STOREB  reg0  symbol
```

功能：将寄存器 reg0 的值存入字节数据或字节数据块 symbol 中的某个单元，存入单元的位置由寄存器 G 的值决定。用 C 的语法可将此指令的功能描述为：

```
symbol[G] =reg0
```

(12) 存双字节数据指令：

```
STOREW  reg0  symbol
```

功能：将寄存器 reg0 的值存入双字节数据或双字节数据块 symbol 中的某个单元，存入单元的位置由寄存器 G 的值决定。

(13) 取立即数指令：

```
LOADI  reg0  immediate
```

功能：将指令中的立即数 immediate 存入寄存器 reg0。立即数被当作 16 位有符号数，超出 16 位的高位部分被截掉。例如：

```
LOADI  B  65535
```

寄存器 B 的值为−1。

```
LOADI  B  65537
```

寄存器 B 的值为 1。

(14) 空操作指令：

```
NOP
```

功能：不执行任何操作，但耗用一个指令执行周期。

(15) 控制台输入指令：

```
IN  reg0  0
```

功能：从输入端口(即键盘输入缓冲区)取一个字符数据，存入寄存器 reg0。

(16) 控制台输出指令：

```
OUT  reg0  15
```

功能：将寄存器 reg0 的低字节作为字符数据输出到输出端口(即显示器)。

(17) 加运算指令：

```
ADD  reg0  reg1  reg2
```

功能：将寄存器 reg1 的值加上 reg2 的值，结果存入寄存器 reg0。如果结果超过 16 位有符号数的表示范围将发生溢出，使程序状态字的溢出标志位 o 置为 1；如果未发生溢出，则使程序状态字的溢出标志位 o 置为 0。

(18) 加立即数指令：

```
ADDI  reg0  immediate
```

功能：将寄存器 reg0 的值加上立即数 immediate，结果仍存入寄存器 reg0。如果结果超过 16 位有符号数的表示范围将发生溢出，使程序状态字的溢出标志位 o 置为 1；如果未发生溢出，则使程序状态字的溢出标志位 o 置为 0。

(19) 减运算指令：

```
SUB  reg0  reg1  reg2
```

功能：将寄存器 reg1 的值减去 reg2 的值，结果存入寄存器 reg0。如果结果超过 16 位有符号数的表示范围将发生溢出，使程序状态字的溢出标志位 o 置为 1；如果未发生溢出，则使程序状态字的溢出标志位 o 置为 0。

(20) 减立即数指令：

```
SUBI  reg0  immediate
```

功能：将寄存器 reg0 的值减去立即数 immediate，结果仍存入寄存器 reg0。如果结果超过 16 位有符号数的表示范围将发生溢出，使程序状态字的溢出标志位 o 置为 1；如果未发生溢出，则使程序状态字的溢出标志位 o 置为 0。

(21) 乘运算指令：

```
MUL  reg0  reg1  reg2
```

功能：将寄存器 reg1 的值乘以 reg2 的值，结果存入寄存器 reg0。如果结果超过 16 位有符号数的表示范围将发生溢出，使程序状态字的溢出标志位 o 置为 1；如果未发生溢出，则使程序状态字的溢出标志位 o 置为 0。

(22) 除运算指令：

```
DIV  reg0  reg1  reg2
```

功能：将寄存器 reg1 的值除以 reg2 的值，结果存入寄存器 reg0，这里进行的是整数除运算。如果寄存器 reg2 的值为零，将发生除零错。

(23) 按位与运算指令：

```
AND  reg0  reg1  reg2
```

功能：将寄存器 reg1 的值与 reg2 的值进行按位与运算，结果存入寄存器 reg0。

(24) 按位或运算指令：

```
OR  reg0  reg1  reg2
```

功能：将寄存器 reg1 的值与 reg2 的值进行按位或运算，结果存入寄存器 reg0。

(25) 按位异或运算指令：

```
NOR  reg0  reg1  reg2
```

功能：将寄存器 reg1 的值与 reg2 的值进行按位异或(按位加)运算，结果存入寄存器 reg0。

(26) 按位取反运算指令：

```
NOTB  reg0  reg1
```

功能：将寄存器 reg1 的值按位取反后，结果存入寄存器 reg0。

(27) 算术左移运算指令：

```
SAL  reg0  reg1  reg2
```

功能：将寄存器 reg1 的值算术左移 reg2 位，结果存入寄存器 reg0。在进行算术左移时，低位空位用 0 填充。

(28) 算术右移运算指令：

```
SAR  reg0  reg1  reg2
```

功能：将寄存器 reg1 的值算术右移 reg2 位，结果存入寄存器 reg0。在进行算术右移时，高位空位用符号位填充。

(29) 相等关系运算指令：

```
EQU  reg0  reg1
```

功能：将两个寄存器 reg0 和 reg1 的值进行相等比较关系运算：reg0==reg1，关系运算的结果为逻辑真或逻辑假，存入程序状态字中的比较标志位 c。

(30) 小于关系运算指令：

```
LT  reg0  reg1
```

功能：将两个寄存器 reg0 和 reg1 的值进行小于关系运算：reg0 < reg1，关系运算的结果为逻辑真或逻辑假，存入程序状态字中的比较标志位 c。

(31) 小于或等于关系运算指令：

```
LTE  reg0  reg1
```

功能：将两个寄存器 reg0 和 reg1 的值进行小于或等于关系运算：reg0 <=reg1，关系运算的结果为逻辑真或逻辑假，存入程序状态字中的比较标志位 c。

(32) 比较标志位取反指令：

```
NOTC
```

功能：将程序状态字中的比较标志位 c 求反，即将逻辑真变为逻辑假，将逻辑假变为逻辑真。

(33) 字节数据定义伪指令：

BYTE symbol ***[n]*** ={…} (注：斜体加粗部分为可选项)

或

BYTE symbol ***[n]*** ="…" (注：斜体加粗部分为可选项)

功能：定义长度为 1 字节的字节型数据或数据块，字节型数据块类似于 C 的字符数组。

(34) 字数据定义伪指令：

WORD symbol ***[n]*** ={…} (注：斜体加粗部分为可选项)

功能：定义长度为 2 字节的双字节型数据或数据块，双字节型数据块类似于 C 的整型数组(16 位系统)。

此外,指令前可以加标号,标号构成规则是标志符后加西文(半角)冒号“:”,标号必须具有唯一性,不能重复定义。

9.6.5 任务要求

(1) 用C语言编制汇编程序,将此简单计算机的汇编源程序翻译成目标代码,即机器码。为了验证所编制汇编程序的正确性,可用附录E中的汇编源程序 queen.txt 进行测试。queen.txt 采用该拓展后的简单计算机汇编指令编写,功能是对八皇后问题求解。此外,作为练习,还需用以上指令集编写4个汇编源程序,并用汇编程序对其进行编译,汇编源程序的功能要求如下:

① 求1+2+3+…+n,输出运算结果,n≤100,n可在汇编源程序中进行初始化赋值。

② 求1!+2!+…+n!,输出运算结果,n≤5,同样可在汇编源程序中进行初始化赋值。

③ 输入一个十进制整数n(0≤n≤32 767),转换为十六进制(不带前缀)后输出。

④ 输入一个十六进制整数(不带前缀),转换为十进制后输出。

(2) 用C语言编制一个模拟器,能够模拟此简单计算机执行汇编程序生成的目标代码,得到运行结果。同样,用汇编程序对 queen.txt 进行汇编得到的目标代码来测试模拟器,看功能是否正确。

第10章　多线程编程

随着技术的发展，现在2～8个核的多核CPU计算机已经进入日常的应用之中。传统的单核、单线程编程方式难以发挥多核CPU的强大功能，并行编程成为程序设计技术发展的必然趋势。本章介绍使用OpenMP在共享存储环境下进行并行程序设计的方法。

10.1　OpenMP概述

OpenMP(open multiprocessing)是为在多处理机(多核计算机)上编写并行程序而设计的一个应用编程接口。

OpenMP是目前被广泛接受的、用于共享内存并行系统的多处理器(多核)程序设计的一套指导性编译处理方案，它提供了对并行算法的高层抽象描述，特别适合于多处理器(包括多核CPU)计算机上的并行程序设计。OpenMP包括一套编译指导语句、一个用于支持它的函数库以及一组环境变量，目前支持的编程语言包括C、C++和FORTRAN，在常用的编译环境(如Visual Studio、GCC)中，可以直接使用。

使用OpenMP进行程序设计，是在程序中添加OpenMP编译指导语句(一组pragma指令)，编译器可以根据pragma指令的指示自动将程序进行并行化编译，这使得源程序的设计与传统的串行程序设计类似，而其并行实现由编译器自动完成，因此使用OpenMP降低了并行编程的难度和复杂度，从而得到了广泛使用(注：即使编译器不支持OpenMP，也仅使程序退化成普通的串行程序，程序中添加的OpenMP指令不会影响程序的正常编译和运行)。

10.2　共享存储模型

使用OpenMP进行编程是一种并行程序设计技术，一般需要并行计算机的支持。并行计算机根据计算单元的不同分为多计算机系统(multi-computer system)、多处理器计算机(multi-processor computer)、多核计算机(multi-core CPU computer)等。根据内存储器结构的不同，并行计算机又分为分布式存储系统和共享存储系统。OpenMP适合于在共享存储多处理器计算机和多核CPU计算机上的编程。

共享存储多处理器系统(包括多核CPU计算机)的底层为一系列处理单元，这些处理单元能够访问同一个共享的内存储器，图10-1是共享存储模型的一般表示。由于所有处理器都可以访问内存中的同一个位置，因此它们可以通过共享变量交换数据或实现同步。使用OpenMP进行编程时，程序员在源代码中加入专用的pragma指导指令来指明自己的并行处理意图，编译器编译时根据编译指导指令的指示，就可以将程序自动进行并行化，并在必要之处加入对同步、互斥以及通信进行处理的代码。

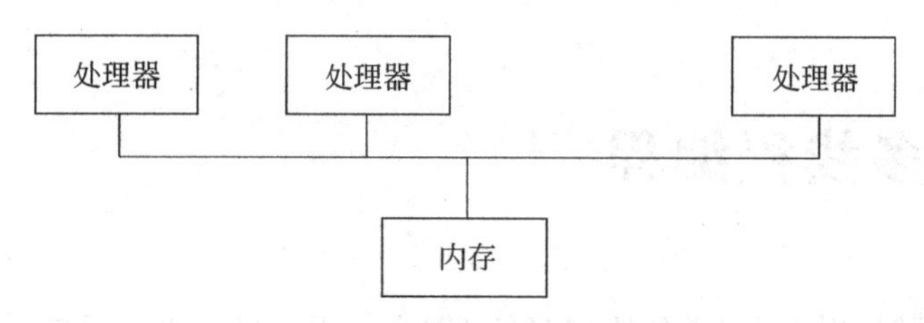

图 10-1 共享存储模型的一般表示

共享存储并行程序的标准并行模式是 fork/join 并行执行模式，如图 10-2 所示。在程序开始执行的时候只有一个称为主线程的线程在运行。主线程执行算法的顺序部分，而当遇到并行代码段时，主线程首先派生出（创建或者唤醒，称为 fork 操作）一些附加线程，然后在并行区域内，主线程与派生线程协同工作，一起完成并行代码段所规定的计算任务。在一个并行代码段结束时，派生线程退出或挂起，整个程序的控制流重新回到主线程中（会合，称为 join 操作）。在下一个并行代码段处重复上述动作，直至程序最后在主线程结束时为止。

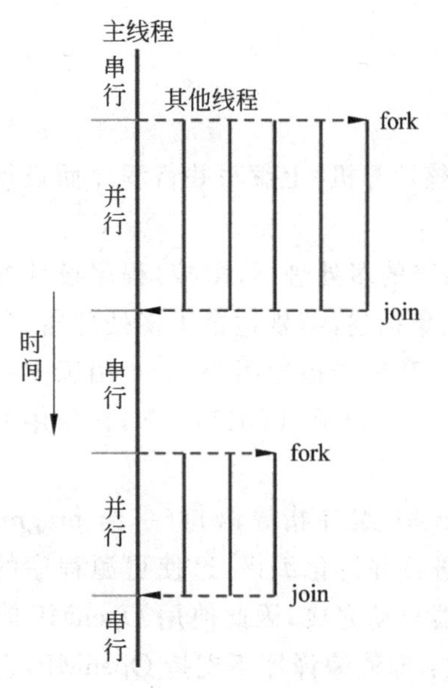

图 10-2 fork/join 并行执行模式

可见，在 fork/join 并行模式下，在程序的开始和结束时活动线程只有一个主线程。在整个程序的执行过程中，线程数是动态变化的，主线程根据设计的要求会派生出子线程协同工作，这一点和其他并行程序设计技术（如 MPI 等）或有不同。同时，传统的顺序执行的程序可以视为共享存储模型程序的一个特殊情况（单线程）。

这是一种增量并行化策略，即一次操作并行化程序中的一段代码，整个并行程序由多次这样的操作转化而来。相对于其他并行编程模型（如 MPI），支持增量并行化是共享存储并行编程模型的一个优势。这使得程序设计人员可以对原始程序进行全面的分析后，逐步完成对顺序程序的并行化改造，特别是对程序的各个模块进行分析，按照耗时情况进行排序，从最费时的模块开始，对适于并行执行的模块逐个进行并行化，直到获得最佳性能为止。

10.3 编写第一个 OpenMP 程序

在 C 程序中，固有的可并行操作常常以 for 循环的形式表现出来。作为例子，对下面的顺序程序进行并行化：

```
#include<stdio.h>
int main()
{
    int i;
    for (i =0; i <10; i++)
        printf("Hello World(%d) !\n",i);
```

```
    return 0;
}
```

这个程序将输出10行“Hello World!”。为了清晰地表示出每次迭代输出的顺序关系，这里在每句“Hello World”后加上了循环变量i的当前值。传统的顺序执行输出结果如图10-3所示。

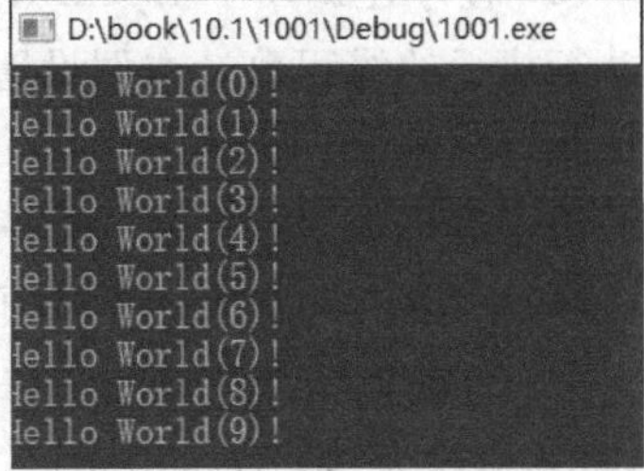

图10-3 “Hello World”程序顺序执行的输出结果

注：

(1) 本章的所有例题均在Visual Studio 2008下编辑、编译和运行。但不同的平台对OpenMP的使用和环境配置有所差异，因此如果读者使用其他平台，请查询相关手册，以确保程序能够被正确执行。

(2) 在Visual Studio下编写控制台程序可能需要将stdio.h改成stdAfx.h，并且为了观察输出结果，需要在return语句前加getchar等函数，以使控制台的显示窗口暂停一下。这些细节在本章的例题中不进行描述，读者可以根据需要补充必要的语句。

下面对“Hello World”程序进行并行化改造：

顺序程序的并行化改造是指将程序中可以并行执行的部分并行化。利用OpenMP进行并行化改造时，需要编程人员对源程序进行分析，对其中需要并行化的代码段(称为并行域)加注OpenMP编译指导语句。编译器编译后会为这些部分加上控制代码，运行时对每一个被并行化的部分，系统会根据设置的情况派生出若干线程并行执行这一段代码，从而达到并行计算的目的。

对于本例，可并行化的部分是for循环，并行化改造的主要工作是将程序中的10次for循环分配给不同的线程并行执行。每个线程分配到若干次迭代，执行时，各个线程独立地输出它所负责的迭代中所要输出的信息。

改造后的OpenMP程序如下：

```
#include<stdio.h>
#include<omp.h>
int main()
{
    int i;
    omp_set_num_threads(4);
    #pragma omp parallel for
        for (i =0; i <10; i++)
            printf("Hello World(%d) from mathine %d!\n",i,omp_get_thread_num());
    return 0;
}
```

程序说明：

(1) 这里对for循环的并行化通过OpenMP的编译指导语句“#pragma omp parallel for”(简称为parallel for编译指导语句)实现。关于编译指导语句的详细说明见10.4节。

(2) 为了清晰地显示出每个线程的输出结果，这里使用OpenMP的API函数opm_get_

thread_num 来获取线程的 ID。输出信息时，每个线程在输出信息中加上自己的 ID。因为要用到 OpenMP 的 API 函数，所以在程序的开始位置写上了“#include <omp. h>”，注意 OpenMP 的 API 函数、常量、类型等均在 omp. h 中予以声明。

(3) 程序还调用了 OpenMP 的 omp_set_num_threads(int) 函数，该函数用于设置可同时并行执行的线程数。本例设置为 4，执行时，系统将根据这个设置派生出 4 个线程并行执行被并行化的 for 循环。

为了编辑和运行上面的 OpenMP 程序，在 Visual Stadio 中需要按照以下步骤操作：

(1) 新建一个控制台程序项目(本例中项目命名为 1001)。

(2) 对项目属性进行如下修改：项目属性页→配置属性→C/C++→语言→OpenMP 支持，将其值改为“是(/openmp)”，如图 10-4 所示。

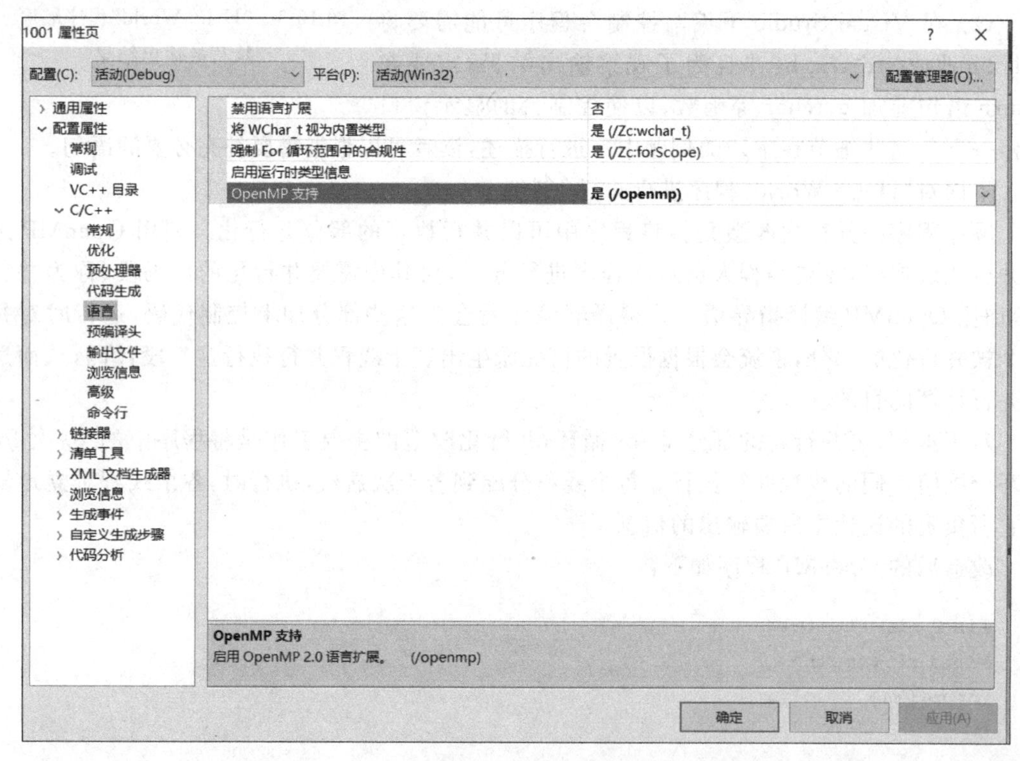

图 10-4 项目属性“OpenMP 支持”的修改方法

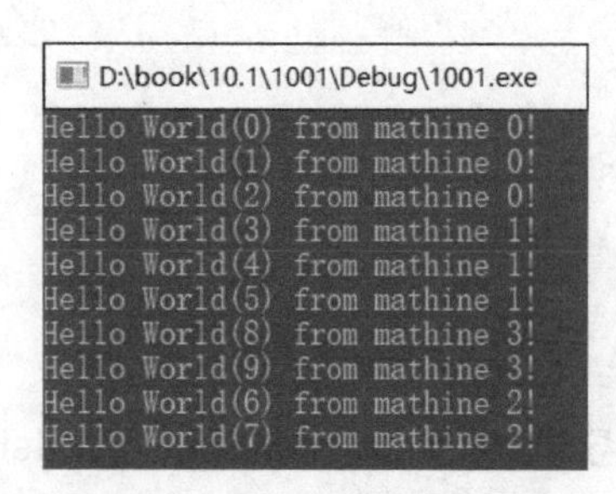

图 10-5 “Hello World”程序并行化后的输出结果

然后就可以编辑源代码，编译、链接并执行程序了。如果操作正确，程序将输出如图 10-5 所示的结果。

观察输出结果会发现：①for 循环的 10 次迭代被划分为 4 段，并被分配给 4 个线程分别处理，其中第 1～3 次迭代分给线程 0，第 4～6 次迭代分给线程 1，第 7～8 次迭代分给线程 2，第 9～10 次迭代分给线程 3；②每个线程对自己负责的输出按照循环变量 i 的大小顺序输出，先后次序不会乱；③线程间的输出没有必然的顺序，例如本例中线程 2 的输出在线程 3 之后，这是因为线程是异步执行的，独立运行，没有必然的先后顺序。

以上是“Hello World”程序的并行化结果。虽然简单，但展示了利用 OpenMP 进行并行程序设计的基本思路和方法。

10.4 OpenMP的编译指导语句、库函数和环境变量

OpenMP 由编译指导语句（compiler directives）、运行时函数（run-time library functions）、环境变量（environment variables）组成，还包括一些与 OpenMP 相关的数据类型及_OPENMP 宏定义等。

10.4.1 编译指导语句

编译指导语句也称为编译制导语句，是添加到源代码中的、遵循某些特定规则的一段代码语句，其作用是与编译器交互信息以实现某些功能。一般情况下，指导语句本身并不能完成它所表示的功能，真正完成指定功能的是编译器（所以称为编译指导语句）。能够识别某个标准中定义的指导语句，并且完成指导语句指定功能的编译器称为支持这套标准的编译器。C 或 C++ 语言的编译指导语句记作 pragma（注：pragma 是 pragmatic information 的简写形式）。

OpenMP 编译指导语句是帮助实现 OpenMP 编程功能的指导语句。在 C 或 C++ 程序中，OpenMP 编译指导语句的文法如下：

```
#pragma omp 指令[子句[,子句]…]
```

说明：

(1) 所有的 OpenMP 编译指导语句均以 #pragma omp 开头，后跟必需的指令部分和可选的子句部分。

(2) 指令是指导语句的必需部分，指定指导语句的功能，常用的指令如下。

- parallel：用在一个结构块之前，表示这段代码将被多个线程并行执行。
- for：用于 for 循环语句之前，表示将循环的计算任务分配到多个线程中并行执行。
- parallel for：相当于 parallel 和 for 指令的结合，用在 for 循环语句之前，表示 for 循环体的代码将被多个线程并行执行，它同时具有并行域的产生和任务分担功能。
- sections：用在可被并行执行的代码段之前，用于实现多个结构块语句的任务分担，sections 域内可并行执行的代码段需要各自用 section 指令标出（注意区分 sections 和 section）。
- parallel sections：parallel 和 sections 两个语句的结合，类似于 parallel for。
- single：用在并行域内，表示一段只被单个线程执行的代码。
- critical：用在一段临界区代码之前，保证每次只有一个线程进入临界区。
- flush：保证各个 OpenMP 线程的数据映像的一致性。
- barrier：用于并行域内代码的线程同步，线程执行到 barrier 时要停下等待，直到所

有线程都执行到 barrier 时才继续往下执行。

- atomic：用于指定一个数据操作需要原子性地完成。
- master：用于指定一段代码由主线程执行。
- threadprivate：用于指定一个或多个变量是线程专用。

(3) 子句是指导语句中可选的附加部分，与指令部分配合使用。常用的子句如下。

- private：指定一个或多个变量在每个线程中都有它自己的私有副本。
- firstprivate：指定一个或多个变量在每个线程都有它自己的私有副本，并且私有变量要在进入并行域或任务分担域时，继承主线程中的同名变量的值作为初值。
- lastprivate：指定一个或多个变量在每个线程都有它自己的私有副本，并在并行处理结束后将这些私有变量的值复制到主线程中同名变量中，负责复制的线程是 for 或 sections 任务分担中的最后一个线程。
- reduction：用于指定一个或多个变量是私有的，并且在并行处理结束后这些变量要执行指定的归约运算，并将结果返回给主线程的同名变量。
- nowait：指出并发线程可以忽略其他指导指令暗含的路障同步。
- num_threads：用于指定并行域内线程的数目。
- schedule：用于指定 for 任务分担中的任务分配调度类型。
- shared：指定一个或多个变量为多个线程间的共享变量。
- ordered：用来指定 for 任务分担域内指定代码段需要按照串行循环次序执行。
- copyprivate：配合 single 指令，将指定线程的专有变量广播到并行域内其他线程的同名变量中。
- copyin：用来指定一个 threadprivate 类型的变量需要用主线程同名变量进行初始化。
- default：用来指定并行域内变量的使用方式，默认是 shared。
- if：用于设置并行执行的条件，条件为真时并行域内代码以并行方式执行，不满足时仍以单线程顺序方式执行。

使用编译指导语句改写程序时，需要将编译指导语句置于需要“被指导”的程序段之前，如“Hello World”程序中所示的那样：

```
#pragma omp parallel for
    for (i =0; i <10; i++)
        printf("Hello World(%d) from mathine %d!\n",i,omp_get_thread_num());
```

10.4.2 OpenMP 的库函数

除编译指导语句之外，OpenMP 还提供了一组库函数，用于获取运行环境的信息或控制并发线程的某些行为。这些函数在程序中如同普通函数一样被调用。常用的 OpenMP 库函数及其功能说明如下。

(1) 设置线程数目：

```
void omp_set_num_threads(int num_threads);
```

功能：指定其后用于并行计算的线程数目，其中参数 num_threads 就是指定的线程数目。

(2) 获取线程数目：

```
int omp_get_num_threads();
```

功能：获取当前运行组中的线程数目，如果是在并行结构中使用该函数，它返回的是执行状态下所有线程的总数；如果是在顺序结构中使用该函数，其返回值只为 1。

(3) 获取最多线程数目：

```
int omp_get_max_threads();
```

功能：返回最多可以用于并行计算的线程数目。

(4) 返回线程 ID：

```
int omp_get_thread_num();
```

功能：返回当前线程的 ID。如果使用该函数时处于并行结构中，它返回的就是这个并行线程的 ID；如果在串行结构中，则返回主线程的 ID。

(5) 获取程序可用的处理器数目：

```
int omp_get_num_procs();
```

功能：返回可用于程序的处理器数目(实际是线程数目)。

(6) 获取时间：

```
double omp_get_wtime();
```

功能：返回以秒为单位的时钟运行时间。在程序运行开始和即将结束时，调用该函数可以计算程序运行的时间。

(7) 是否处于并行中：

```
int omp_in_parallel();
```

功能：函数返回值为 0，表示现在处于串行结构中；值为 1，表示现在处于并行结构中。

(8) 是否处于动态调整：

```
int omp_get_dynamic();
```

功能：如果线程的动态调整启用，则函数返回非零值，否则返回 0。

(9) 启用或禁用线程数动态调整：

```
int omp_set_dynamic(int dynamic_threads);
```

功能：如果 dynamic_threads 为非零值，执行后续并行区域时使用线程的数目可由运行时环境自动调整以最佳利用系统资源；否则，动态调整将被禁用。注意，dynamic_threads 为真只是指示系统根据当前状况分配合理数量的线程执行并行域代码，但不改变程序为并行域派生出的线程总数(线程总数是固定的，动态可调的是实际使用的线程数)。

(10) 嵌套并行是否启用：

```
int omp_get_nested();
```

功能：返回非零值表示嵌套并行启用，否则未启用。

(11) 启用或禁用嵌套并行：

```
int omp_set_nested (int val);
```

功能：如果 val 是非零值则启用嵌套并行，否则禁用嵌套并行。

下面的程序使用到了 omp_get_thread_num、omp_get_max_threads、omp_get_num_threads 等 OpenMP 库函数，并输出相关信息。

```
#include "stdio.h"
#include<omp.h>
int main(int argc, char * argv[])
{
    printf("输出 0:ID: %d, Num Procs: %d \n",omp_get_thread_num(), omp_get_num_
        procs());
    printf("输出 1:ID: %d, Max threads: %d, Num threads: %d \n",omp_get_thread_
        num(), omp_get_max_threads(), omp_get_num_threads());
    omp_set_num_threads(5);
    printf("输出 2:ID: %d, Max threads: %d, Num threads: %d, %s \n",omp_get_thread
        _num(), omp_get_max_threads(), omp_get_num_threads(),omp_in_parallel
        ()?"在并行域内":"不在并行域内");

#pragma omp parallel num_threads(5)
    {
        //omp_set_num_threads(6);//Do not call it in parallel region
        printf("输出 3:ID: %d, Max threads: %d, Num threads: %d, %s \n",omp_get_
            thread_num(), omp_get_max_threads(), omp_get_num_threads(), omp_in_
            parallel()?"在并行域内":"不在并行域内");
    }

    printf("输出 4:ID: %d, Max threads: %d, Num threads: %d, %s \n",omp_get_thread
        _num(), omp_get_max_threads(), omp_get_num_threads(),omp_in_parallel
        ()?"在并行域内":"不在并行域内");

    omp_set_num_threads(6);
    printf("输出 5:ID: %d, Max threads: %d, Num threads: %d \n",omp_get_thread_
        num(), omp_get_max_threads(), omp_get_num_threads());
    return 0;
}
```

程序输出如图 10-6 所示。该结果是某次执行时得到的输出，由于并行线程异步执行，多次重复执行得到的结果可能互不相同。

```
D:\book\10.1\1002\Debug\1002.exe
输出0: ID: 0, Num Procs: 8
输出1: ID: 0, Max threads: 8, Num threads: 1
输出2: ID: 0, Max threads: 5, Num threads: 1, 不在并行域内
输出3: ID: 0, Max threads: 5, Num threads: 5, 在并行域内
输出3: ID: 1, Max threads: 5, Num threads: 5, 在并行域内
输出3: ID: 2, Max threads: 5, Num threads: 5, 在并行域内
输出3: ID: 3, Max threads: 5, Num threads: 5, 在并行域内
输出3: ID: 4, Max threads: 5, Num threads: 5, 在并行域内
输出4: ID: 0, Max threads: 5, Num threads: 1, 不在并行域内
输出5: ID: 0, Max threads: 6, Num threads: 1
```

图 10-6 使用 OpenMP 库函数程序的输出

思考题：请通过学习 OpenMP，对上面的输出做出正确的解释。

10.4.3 OpenMP 环境变量

OpenMP 中定义了一些环境变量，通过这些环境变量可以控制 OpenMP 程序的行为。常用的环境变量有：

- OMP_SCHEDULE：用于 for 循环并行化后的调度，它的值就是循环调度的类型（见 10.6 节）；如果未定义，则使用默认值 STATIC。例如：

  ```
  setenv OMP_SCHEDULE 'GUIDED,4'
  ```

- OMP_NUM_THREADS：用于设置并行区域执行期间所要使用的线程数。使用 num_threads 子句或调用 omp_set_num_threads 函数可以覆盖此值。如果未设置，则使用默认值 1。例如：

  ```
  setenv OMP_NUM_THREADS 16
  ```

- OMP_DYNAMIC：启用或禁用可用于执行并行区域的线程数的动态调整。其值为 TRUE 或 FALSE。如果未设置，则使用默认值 TRUE。如：

  ```
  setenv OMP_DYNAMIC FALSE
  ```

- OMP_NESTED：启用或禁用嵌套并行操作。值为 TRUE 或 FALSE。默认值为 FALSE。例如：

  ```
  setenv OMP_NESTED FALSE
  ```

10.5 OpenMP 编程初步

本节对程序中常见的并行结构进行分析，介绍对它们进行并行化的一般方法。

10.5.1 对 for 循环的并行化

C 程序中固有的可并行操作最常见的就是 for 循环形式。OpenMP 可以方便地指示编译器去并行化一个 for 循环的迭代过程。例如，"Hello World"程序中使用 parallel for 编译指导语句对 for 循环进行了并行化。

对 for 循环进行并行化，最简单的方法是用 parallel for 编译指导语句，另外是使用 parallel 编译指导语句加 for 编译指导语句共同完成对 for 循环的并行化。这里先介绍用 parallel for 编译指导语句进行 for 循环并行化的方法，使用 parallel 编译指导语句加 for 编译指导语句完成对 for 循环并行化的方法将在 10.5.5 节中介绍。

1. 使用 parallel for 编译指导语句对 for 循环进行并行化

这种形式的 for 循环并行化前面已经接触到。parallel for 编译指导语句的语法如下：

```
#pragma omp parallel for
```

经 parallel for 编译指导语句并行化的 for 循环，在并行执行的过程中，主线程首先创建若干派生线程，然后主线程和派生线程协同工作，共同完成循环的所有迭代。

并行执行的每个线程都有一个独立的执行现场(上下文)，包括该线程将访问的所有变量的地址空间，具体包括静态变量、堆中动态分配的数据结构以及运行时堆栈中的变量等。执行现场包括线程本身的运行时堆栈，其中保存调用函数的框架信息。并行化后，原来程序中的变量或者是共享的，或者转为私有的(关于共享变量和私有变量的讨论见后)。共享变量在所有线程的执行现场中的地址都是相同的，从而所有线程都可以对共享变量进行访问；而私有变量在各个线程的执行现场中的地址不同，线程只可以访问自己的私有变量，不能访问其他线程的私有变量。

另外，OpenMP 要求，使用 parallel for 编译指导语句对 for 循环语句并行化时，必须能够得到足够的信息以确定循环迭代的次数。因此，为了使编译器能够成功地将顺序执行的循环转化为并行执行，for 循环的控制语句必须具备如图 10-7 所示的规范格式。

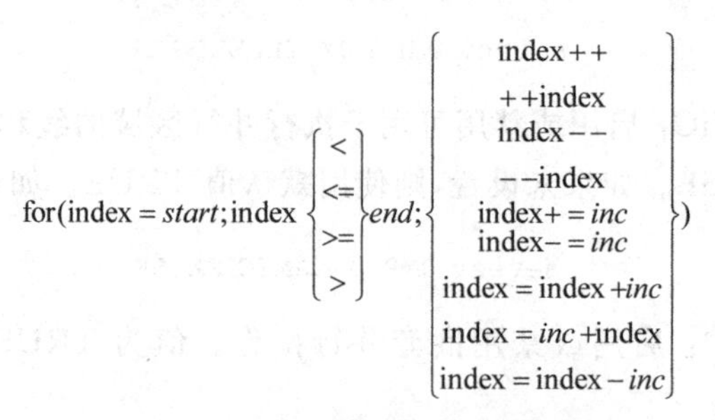

$$\text{for}(\text{index} = start;\text{index}\begin{Bmatrix} < \\ <= \\ >= \\ > \end{Bmatrix} end;\begin{Bmatrix} \text{index}++ \\ ++\text{index} \\ \text{index}-- \\ --\text{index} \\ \text{index}+=inc \\ \text{index}-=inc \\ \text{index}=\text{index}+inc \\ \text{index}=inc+\text{index} \\ \text{index}=\text{index}-inc \end{Bmatrix})$$

图 10-7 for 循环控制结构的规范格式

需要注意以下几点：

(1) 循环的控制变量必须是有符号整型，其他的类型不可以。

(2) 循环控制的比较条件必须是＜、＜＝、＞、＞＝中的一种。

(3) 循环的增量部分必须是增减一个固定的值。

(4) 如果比较条件是＜、＜＝操作，则每次循环控制变量的值应该增加；反之应该减小。

(5) 循环中不能包含允许循环提前退出的语句，例如 break、return、exit、goto 等；但允许使用 continue 语句，因为 continue 语句不影响迭代的次数。

2. 私有变量和共享变量

私有变量是每个线程独有的变量，在每个线程的运行时栈里都有一个独立的副本，一个线程对自己的私有变量所做的任何操作都不影响其他线程的私有变量；而共享变量是所有线程共享使用的变量，一个线程对共享变量进行了修改，其他线程都可见该修改。

在 parallel for 编译指导语句中，循环控制变量被作为私有变量对待，而程序中的其他变量默认是共享的。例如下面的程序段，设 for 循环的迭代被分配到两个线程中并行执行，根据 OpenMP 的设定，循环控制变量 i 是私有变量，每个线程中都拥有一个自己的副本；而其他变量(b 和 cptr)以及堆中分配的数据，均为共享变量，如图 10-8 所示。注意，变量私有化是为每个线程(包括主线程)在各自的运行时栈中创建一个私有变量副本，类型和原来的变量相同(值可能未定)，但原来的变量依然存在，并且属性是共享的，只是并发线程工作时操作的对象对应到私有变量上，不用共享变量而已。

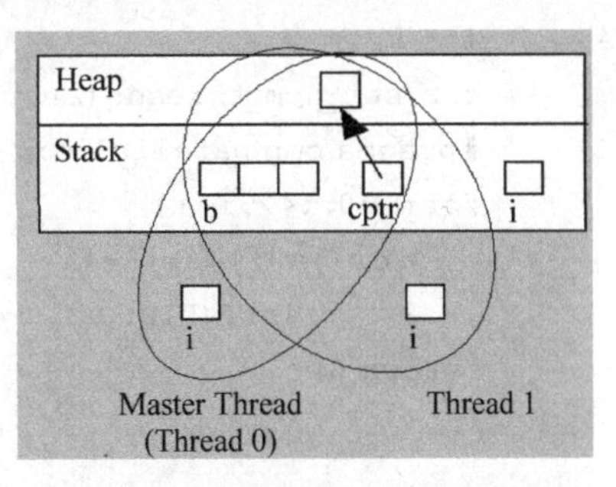

图 10-8　私有变量和共享变量示意图

```
int main(int argc, char * argv[])
{
    int b[3];
    char * cptr;
    int i;
    cptr = (char * )malloc(sizeof(char));
    #pragma omp parallel for
    for(i=0;i<3;i++)
        b[i] =i;
    …
}
```

并行化时，要对变量的私有和共享特征有准确的把握，否则会出现不可预期的后果。下面的例子给出了一个顺序程序的 for 循环被简单并行化的过程，试分析它并行执行时的输出结果。

```
int main(int argc, char * argv[])
{
    int i,j;
    for(i=0;i<3;i++)
        for(j=0;j<3;j++)
            printf("i=%d : j=%d \n",i,j);
    return 0;
}
```

这个顺序程序包含两层嵌套的循环，由各自的循环变量控制(外层循环的控制变量是 i，内层循环的控制变量是 j)。图 10-9(a)是顺序程序的输出。

下面的程序是顺序程序并行化后的程序。注意，这里仅对外层 for 循环进行并行化。根据上面对 for 循环并行化中私有变量和共享变量的描述，此处的 i 并行化后成为私有变量，而 j 对所有线程而言是共享变量。图 10-9(b)是并行化后的 OpenMP 程序的输出。

```
int main(int argc, char * argv[])
{
    int i,j;
    omp_set_num_threads(2);
    #pragma omp parallel for
    for(i=0;i<2;i++)
        for(j=0;j<4;j++)
            printf("ID: %d, i=%d : j=%d \n",omp_get_thread_num(),i,j);
    return 0;
}
```

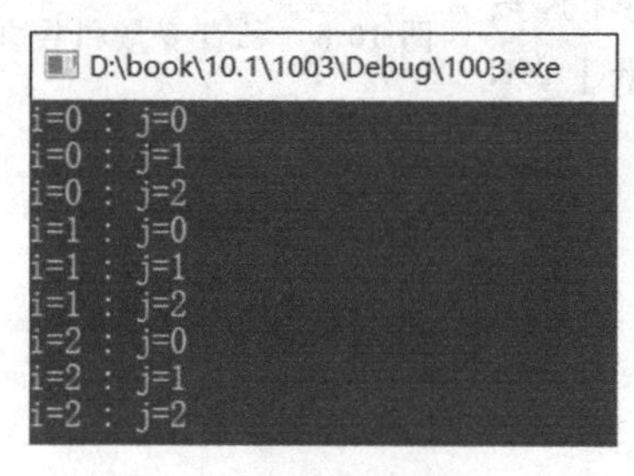

(a) 顺序程序的输出

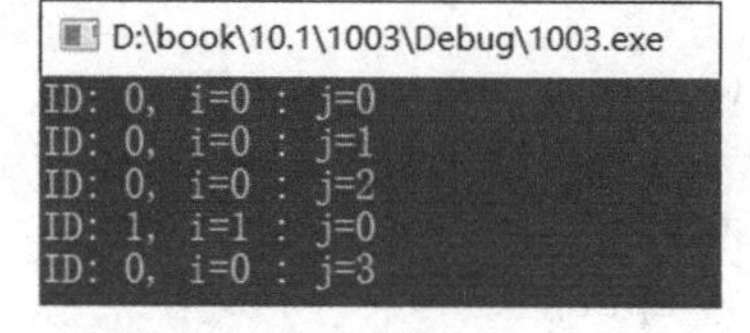

(b) 并行程序的输出

图 10-9　程序顺序执行和并行执行的输出结果

分析：并行程序中调用了 omp_set_num_threads(2)，从而将活动线程数设置为 2。执行时，主线程(0 号线程)和派生出来的另一个线程(1 号线程)并行执行。从输出结果可以看出外层 for 循环的两次迭代被分配的情况：i=0 迭代被分配给 0 号线程处理，i=1 迭代被分配给 1 号线程处理。两个线程异步并行执行，开始的时候都是从 j=0 开始输出，但显然 0 号线程执行得“快”一些(由系统的某些原因造成)，当 1 号线程准备输出第二个结果时，0 号线程已经输出完所有的 4 个结果，此时共享变量 j 被累加到 4。此后，正打算执行第二次内循环迭代的 1 号线程读取 j 的当前值，即 4，发现已不满足循环条件，所以直接结束。如图 10-9(b)中看到的，1 号线程确实输出了 i=1 且 j=0 的一个结果。

3. 声明私有变量

通过对上面程序的分析，可以看到某些时候共享变量会对并行线程的执行带来副作用。如何进而解决呢？其实方法也很明显，就是将变量 j 也转化为私有变量。OpenMP 提供了 private 子句来实现这一功能。

1) private 子句

private 子句指导编译器将一个或若干个变量私有化，即为并行执行的每个线程创建这些变量的副本。并行执行时，线程对变量的操作只发生在私有副本上，与共享变量无关，互不影响。private 子句的语法如下：

private (<variable list>)

使用 private 子句对前面的程序进行修改，结果如下：

```
int main(int argc, char * argv[])
{
    int i,j;
    omp_set_num_threads(2);
    #pragma omp parallel for private(j)
    for(i=0;i<2;i++)
        for(j=0;j<4;j++)
            printf("ID: %d, i=%d : j=%d \n",omp_get_thread_num(),i,j);
    return 0;
}
```

带有 private 子句的指导语句会告诉编译器为每个执行并行域代码段的线程分配一个变量 j 的私有副本，这些副本仅在 for 循环内部才能访问到(注意，在循环的入口和出口处副本变量都是未定义的，依然只有原来的共享变量 j 唯一一个实体存在)。并行执行时，每个线程操作自己的私有副本，从而不再相互影响。

执行上面的程序，输出结果如图 10-10 所示。可以看到两个线程都有完整的结果输出，达到了预期效果。

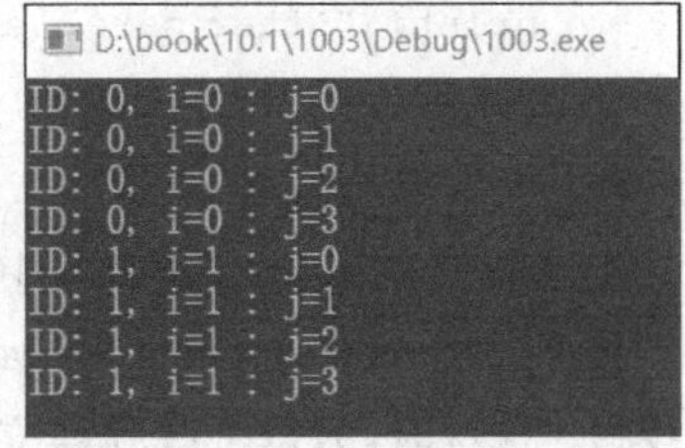

图 10-10　并行程序对变量 j 私有化后的输出

被私有化的变量将在每个线程中建立相应的副本，每个私有的 j 有自己的独立空间，与原始的共享变量 j 在空间上是分离的。因此，即使共享变量 j 在 for 循环区之前被赋予某个初始值，到线程并行执行时也没有一个线程能够访问这个值(默认状态下，共享变量 j 的值不会自动复制给任何一个私有变量 j)。同样，无论在并行执行 for 循环时线程为自己的私有变量 j 赋了什么值，共享变量 j 的值也不会受影响(默认状态下，私有变量 j 的值不会在并行结构结束时自动复制给原始的共享变量 j)。另外需要注意的是，在进入并行结构的时候，一个私有变量的默认值是未定义的(正如未初始化的 auto 变量)；在并行结构结束的时候，私有变量的值也是未定义的。这样做能够消减共享变量和与其对应的私有变量之间不必要的值复制，节省程序的执行时间。

2) firstprivate 子句

应用的需求是多种多样的。有的时候可能确实需要一个私有变量能够继承其共享变量的值，或者在并行结构结束时能够把私有变量的值带出来复制给共享变量。对于这两种情况，OpenMP 分别提供了 firstprivate 子句和 lastprivate 子句实现需要的功能。

firstprivate 子句：相比较 private 子句，firstprivate 子句在将指定的变量变为私有变量的同时，在进入并行区域之前还将用并行域外的共享变量的值对并行域内的私有变量进行一次初始化，从而使得私有变量能够继承并行区域之外的变量的值。

firstprivate 子句的语法如下：

```
firstprivate (<variable list>)
```

下面的代码用 firstprivate 子句对共享变量 A 进行私有化，同时用共享变量 A 的值对并行域内私有变量 A 进行初始化。

```
int main(int argc, char * argv[])
{
    int A =100;                                              //共享变量 A,赋初值 100
    int i;
    int id;
    printf("Before parallel area: Shared-A=%d\n",A);
    omp_set_num_threads(4);
    #pragma omp parallel for firstprivate(A) private(id)
    for(i=0; i<10;i++)
    {
        id =omp_get_thread_num();
        printf("ID %d: A=%d\n",id, A);                       //A是私有变量
        A+=id;
    }

    printf("After parallel area: Shared-A=%d\n",A);          //A是共享变量
    return 0;
}
```

上述程序的输出结果如图 10-11 所示。

程序通过 omp_set_num_threads(4)为并行域创建 4 个线程。执行时,为每个线程建立变量 A 的副本,由于使用的是 firstprivate,所以同时用共享变量 A 的值(100)为每个私有的 A 进行了初始化。在并行域内,每个线程对自己的私有变量进行修改,但不影响其他线程的同名私有变量,也不影响并行域外的共享变量。从最后一行输出可以看到,即使每个线程各自修改了自己的私有变量,共享变量的值也没有改变,依然是 100。

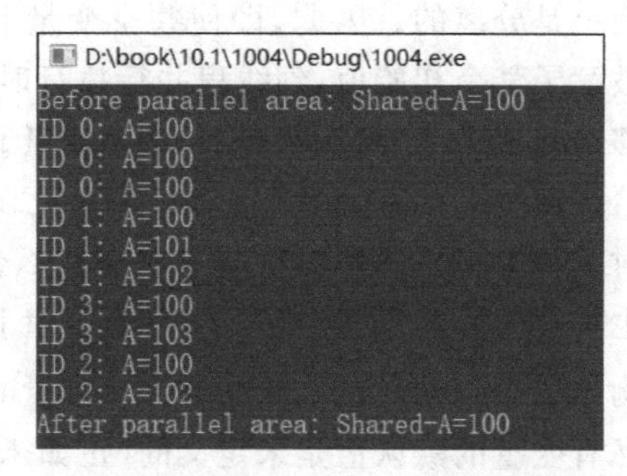

图 10-11　使用 firstprivate 子句后的输出

思考:

(1) 读者可以尝试将 firstprivate 改为 private,看有什么样的结果。

(2) 这里为什么需要使用 private(id)子句将 id 私有化?

3) lastprivate 子句

firstprivate 子句解决了进入并行域时的问题,而 lastprivate 子句将解决出并行域时的问题,即在退出并行域的时候,将并行域中副本变量的值反过来赋值给并行域外的共享变量。lastprivate 子句的语法如下:

```
lastprivate (<variable list>)
```

下面的代码用 lastprivate 子句对共享变量 A 进行私有化,观察输出结果。

```
int main(int argc, char * argv[])
{
```

```
    int A =0;                                          /* 共享变量 A,赋初值 100 */
    int i;
    int id;
    printf("Before parallel area: Shared-A=%d\n",A);
    omp_set_num_threads(4);
    #pragma omp parallel for lastprivate(A) private(id)
    for(i =0; i<10;i++)
    {
        A=i;
        id =omp_get_thread_num();
        printf("ID %d: A=%d\n",id, A);                 /* A是私有变量 */
    }

    printf("After parallel area: Shared-A=%d\n",A);/* A是共享变量 */
    return 0;
}
```

图 10-12 是使用 lastprivate 子句后程序的输出。

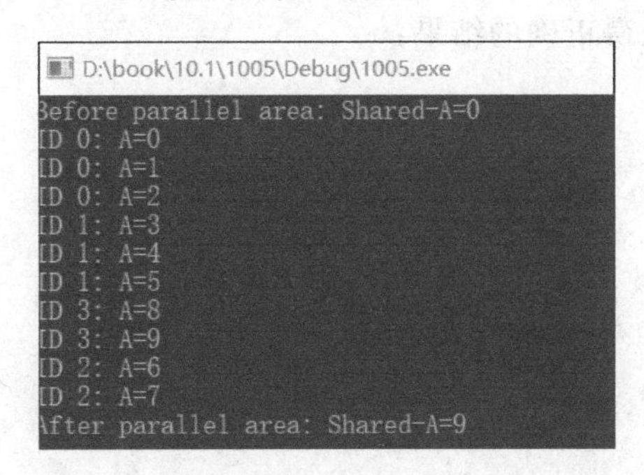
D:\book\10.1\1005\Debug\1005.exe

```
Before parallel area: Shared-A=0
ID 0: A=0
ID 0: A=1
ID 0: A=2
ID 1: A=3
ID 1: A=4
ID 1: A=5
ID 3: A=8
ID 3: A=9
ID 2: A=6
ID 2: A=7
After parallel area: Shared-A=9
```

图 10-12 使用 lastprivate 子句后程序的输出

程序开始时为共享变量 A 赋初值 0,并行域之前使用 lastprivate(A)子句对 A 私有化,循环体中用循环变量 i 的值更新 A 并输出。并行域执行时,4 个线程并行执行。每次迭代依然输出 A 的当前值。退出并行域后,再次输出共享变量 A 的值,可以看到此处 A 的值被更新了,这是 lastprivate 子句带来的效果。仔细观察结果会发现,A 的值等于 9,即等于同样的循环顺序执行时最后一次迭代的结果,这是因为 OpenMP 规范中指出,如果是循环迭代,那么是将最后一次循环迭代中的值赋给对应的共享变量,与线程异步执行时结束的先后无关。

firstprivate 和 lastprivate 可以同时使用,甚至可以对同一个变量既使用 firstprivate 也使用 lastprivate 子句。读者可以在上例的基础上将循环体中第一条语句移到第三条语句之后,然后编译,观察会出现什么异常。再次修改,在 lastprivate 子句前面加上 firstprivate(A),然后编译执行,观察输出结果。

10.5.2 临界区

临界区是任何时候只允许一个线程进行访问的代码段。通过下面的程序了解临界区的用法和作用。

一个利用矩阵法则的数值积分方法来估算 π 值的 C 程序段描述如下：

```
double area, pi, x;
int i, n;
...
area =0.0;
for(i=0; i<n; i++) {
    x = (i+0.5)/n;
    area +=4.0/(1.0+x*x);
}
pi =area / n;
...
```

通过分析可以发现，该例的 for 循环与前面的例子有不一样的地方：在计算 area 的时候，首先读取上次迭代的 area 值，然后累加当前 4.0/(1.0＋x * x)的值，这使得循环的每次迭代都依赖于上次迭代的结果，迭代之间不再是相互独立的。如果按照前面的方法简单地并行化循环，则可能不能获得正确的结果：

```
double area, pi, x;
int i, n;
...
area =0.0;
#pragma omp parallel for private(x)
for(i=0; i<n; i++) {
    x = (i+0.5)/n;
    area +=4.0/(1.0+x*x);
}
pi =area / n;
```

这是由于语句“area ＋＝4.0/(1.0＋x * x);”执行的原子性不能得到保证，在有多个线程访问共享变量 area 时，计算结果会呈现出非确定性。如图 10-13 所示，假设有两个线程并行执行并行域代码。某个时刻线程 1 读取了 area 的当前值(11.667)并求和(15.432)，而线程 2 在线程 1 准备将结果写回 area 前读取了 area 的值(仍是 11.667)，然后线程 1 才将 area

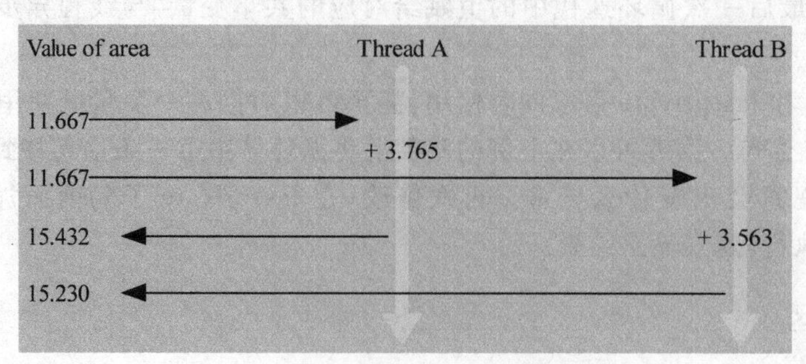

图 10-13　竞争区域访问冲突的实例

更新后的值写到 area 单元(area 先变成 15.432)。那么,此时线程 2 读取的 area 值是线程 1 更新之前的旧值,而后即使线程 2 算出一个 area 的新值(15.230)并将结果回写,变量 area 的值最终也是错误的。

正确的操作应该是在线程 1 将 area 的值更新后,线程 2 再读取(得到 area 的新值 15.432)。如何避免这种共享区域的访问冲突呢?通过设置临界区可以实现这一目标:

将对变量 area 读取和更改的代码放在一个临界区中,这样同一时刻只能有一个线程进入临界区执行这段代码。一个线程只有在前面的线程彻底完成临界区内的操作后(如将 area 回写完成),才能够进入临界区执行它的操作,而后面的线程也只有等它退出临界区才能进入临界区工作。

在 OpenMP 中,使用 critical 编译指导语句定义一个代码的临界区。critical 指令的语法是:

```
#pragma omp critical
```

critical 编译指导语句告诉编译器对竞争区域生成相应代码,使得试图执行这段代码的线程之间必须互斥进入。

对上面存在问题的求 π 程序加上 critical 指导语句后,得到的代码如下:

```
double area, pi, x;
int i, n;
...
area =0.0;
#pragma omp parallel for private(x)
for(i=0; i<n; i++) {
    x = (i+0.5)/n;
    #pragma omp critical
    area +=4.0/(1.0+x * x);
}
pi =area / n;
```

此时并行执行 for 循环的线程将以互斥的方式执行临界区代码。每个时刻只有一个线程执行对 area 的读取、求和和更新,完成后下一个线程才能进入临界区执行同样的操作,从而保证了正确的执行顺序。

如果临界区内有一行以上的代码,则需要用大括号将临界区代码整体包括起来,并在左括号之前加上 critical 编译指导语句。

上述代码虽然可以保证结果的正确性,但这段代码的效率不尽如人意,原因是设置临界区后,每次只允许一个线程访问临界区,对临界区的访问实际上变成串行的,降低了这段代码的并行度。下面的归约操作可以改进这段求和代码的效率。

10.5.3 归约操作

归约操作是指参与归约的所有线程都执行同样的一种操作,然后获得一个全局结果。如上面求 π 值的例子中,所有的线程都对 area 求和就是一种归约操作。

OpenMP 支持的 C 归约操作如表 10-1 所示。

表 10-1　OpenMP 支持的 C 归约操作符

操　作　符	含　　义	允许的类型	初　始　值
+	和	整数、浮点数	0
*	积	整数、浮点数	0
&	按位与	整数	
|	按位或	整数	0
^	按位异或	整数	0
&&	逻辑与	整数	1
||	逻辑或	整数	0

OpenMP 的归约操作通过归约子句完成。归约子句的语法如下：

reduction (<op>:<variable>)

其中，＜op＞是表 10-1 中列出的归约操作符之一，＜variable＞是用来完成归约操作的共享变量名，＜op＞和＜variable＞之间用冒号隔开。

下面是添加了归约子句后，用归约操作代替临界区实现 π 值计算的 C 程序段。

```
double area, pi, x;
int i, n;
…
area =0.0;
#pragma omp parallel for private(x) reduction(+:area)
for(i=0; i<n; i++) {
    x = (i+0.5)/n;
    area +=4.0/(1.0+x * x);
}
pi =area / n;
```

归约操作的原理是 OpenMP 先为每个线程创建一个共享变量的私有副本，每个线程内部在执行计算时，先在自己的私有变量上累加得到局部结果。在循环结束的时候 OpenMP 再将各线程的局部结果累加得到全局结果并赋给共享变量。这样求和的过程可以充分并行化，执行效率得到很大提高。读者可以尝试分别执行上面使用临界区的代码和使用归约子句的代码，比较两个程序的执行时间。

表 10-2 是将 n 设为 100000，在一台 Sun 公司的企业服务器上运行两个求 π 程序的时间。显然使用了归约操作的程序明显比使用临界区的程序好。但应注意，当只有单线程时，使用归约的方法落后于使用临界区的方法，这是由于归约机制本身的开销所致，单线程时不占优势；而当活动线程数增加时，归约方法的优势就显现出来了。

表 10-2　在 Sun 公司的企业服务器上运行两个求 π 程序的时间

线程数	程序执行时间/s	
	使用 critical	使用 reduction
1	0.0780	0.0273
2	0.1510	0.0146
3	0.3400	0.0105
4	0.3608	0.0086
5	0.4710	0.0076

10.5.4　其他并行模式

除了使用 parallel for 编译指导语句对规范形式的 for 循环进行并行化之外，OpenMP 还提供了其他编译指导语句来建立不同形式的并行模式。下面介绍其中常用的编译指导语句和常见的并行模式。

1. parallel 编译指导语句

如果有一段代码，希望创建若干个线程并行执行它，就可以使用 parallel 编译指导语句实现。parallel 编译指导语句的语法如下：

```
#pragma omp parallel
```

与前面的 parallel for 编译指导语句相比，这里 parallel 编译指导语句少了 for 部分。parallel 编译指导语句放在需要所有线程执行的代码段前，它的功能是告诉编译器生成对这段代码创建线程且并行执行的代码。执行时，并行域的代码被复制到各个工作线程中并行地执行。注意，如果并行域内包含多条语句，应该用大括号将这些语句组成一个代码块。

2. for 编译指导语句

for 循环是程序并行化中最常见的并行结构，前面介绍了对规范的 for 循环可以使用 parallel for 编译指导语句进行并行化。对于非规范的 for 循环则可以借助 parallel 编译指导语句和 for 编译指导语句进行并行化。例如下面的程序段：

```
for(i=0;i<m;i++) {
    low =a[i];
    high =b[i];
    if(low>high) {
        printf("Existing during iteration %d\n!",i);
        break;
    }
    for(j=low;j<high;j++)
        c[j] =(c[j]-a[i])/b[i];
}
```

由于上述程序段包含 break 语句，所以外层循环不能用 parallel for 编译指导语句并行化。对于内层的 for 循环,虽然理论上可以用 parallel for 编译指导语句并行化,但这样会导致每执行一次外层迭代,就会因对内部循环并行化而执行一次线程的 fork/join 操作而造成巨大的系统开销,所以也不可取。

为了解决上面的问题,可以用 parallel 编译指导语句和 for 编译指导语句进行改进。具体方法是在外层 for 循环前加上 parallel 编译指导语句,这样在此处只执行一次 fork 操作即可派生出所有的工作线程(在并行执行结束时也会执行一次 join 操作进行线程的会合)。默认方式下,所有活动线程都执行下面并行域的代码。但同时希望内层循环也能够由多个线程协同并行地完成,这时可以进一步使用 for 编译指导语句予以改进以实现这一目标。

for 编译指导语句的语法如下:

```
#pragma omp for
```

for 编译指导语句能够根据当前活动线程的设置情况,将 for 循环的迭代工作进行划分(规则如同 parallel for 编译指导语句),并分配给线程并行执行。注意,for 编译指导语句同样要求后面的 for 循环语句具有规范的格式。

上面的程序段加上 parallel 编译指导语句和 for 编译指导语句后,描述如下:

```
#paragma omp parallel private(i,j)
for(i=0;i<m;i++) {
    low =a[i];
    high =b[i];
    if(low>high) {
       printf("Existing during iteration %d\n!",i);
       break;
    }
#paragma omp for
    for(j=low;j<high;j++)
       c[j] =(c[j]-a[i])/b[i];
}
```

此时,只有 parallel 编译指导语句所处的位置在执行的时候发生且仅发生一次线程的 fork/join 操作。for 编译指导语句只负责根据当前派生出来的线程情况,指导编译器对它后面的 for 循环做进一步并行化,此处没有新的线程 fork/join 操作,只有任务的划分和分担,它所使用的线程仅是 parallel 编译指导语句处派生好的线程。

针对上面的例子,还有下面两个相关的问题可以讨论。

(1) 前面的例子对内层循环进行了必要的并行化,但对外层循环内的其他代码,多个线程同时执行却不一定是必要的,例如 if 语句中的 printf。如果对于某个 i 有 low>high,则每个线程都会执行一次 printf 而输出多条相同的信息。这是由于用 parallel 编译指导语句并行化时,后面的代码会复制给每个线程执行,也就是每个线程都执行整个 for 循环,相同的情况在每个线程中都会出现,所以有重复的输出。如何避免这种情况的发生呢? OpenMP 提供了 single 编译指导语句,告诉编译器后面的代码只能由一个线程执行,从而避免了这类代码被重复执行情况的发生。

single 编译指导语句的语法如下：

```
#pragma omp single
```

使用 single 编译指导语句后的代码如下：

```
#pragma omp parallel private(i,j)
for(i=0;i<m;i++) {
    low =a[i];
    high =b[i];
    if(low>high) {
        #pragma omp single
        printf("Existing during iteration %d\n!",i);
        break;
    }
    #pragma omp for
    for(j=low;j<high;j++)
        c[j] =(c[j]-a[i])/b[i];
}
```

(2) 经过上述的改进，程序的行为可以基本达到设计要求。读者可能会有这样的疑问：low 和 high 是共享变量，会不会因为线程异步执行而引起访问冲突呢？幸运的是这种情况在本例中不会发生。这是因为编译器在每个 parallel for 语句后面都会放置一个同步路障。同步路障的作用是，在开始下一次迭代之前保证所有线程都执行完前一次迭代，这就使得本例中所有执行内层 for 循环的并行线程都持有相同的 low 和 high，直到所有线程完成本轮工作，然后才进入下一次外循环迭代，这时才修改 low 和 high，所以不会发生迭代错误。但同时因为有大量的同步操作，因此这种方式的效率并不高。

一种改进的方法是将 low 和 high 转化成私有变量，这样每个线程都拥有自己的私有副本。执行的时候，线程就不用相互等待，可以独立地修改自己的私有变量而不影响其他线程的正确执行，所以也就没有必要在内层循环的出口再放置同步路障。OpenMP 提供了 nowait 子句实现这一操作：在 parallel for 编译指导语句中加上 nowait 子句，可以告诉编译器无须在并行 for 循环的出口处放置同步路障。

经过进一步改进后的代码如下：

```
#paragma omp parallel private(i,j,low,high)
for(i=0;i<m;i++) {
    low =a[i];
    high =b[i];
    if(low>high) {
        #pragma omp single
        printf("Existing during iteration %d\n!",i);
        break;
    }
#paragma omp for nowait
```

```
    for(j=low;j<high;j++)
        c[j] =(c[j]-a[i])/b[i];
}
```

3. 数据并行

除了对 for 循环并行化，利用 OpenMP 还可以实现另外两种常见的并行计算模式：数据并行和功能并行。这里先讨论数据并行。

设有一个数据集合，包含有若干个元素，一个程序段对这些元素逐一进行处理。如果能创建几个线程对数据集中的元素进行并行处理的话，就实现了一种称为数据并行的并行计算模式。数据并行的典型特征是多个线程执行同一个程序而对不同的数据进行并行处理，也被称为 SPMD 模式(single program multiple data)。

由于需要所有线程执行相同的程序，所以数据并行可以用 parallel 编译指导语句来实现。下面的例子展示了使用 parallel 编译指导指令进行数据并行程序并行化的过程。

设有一个待完成任务的列表，两个线程(一个主线程、一个派生线程)来完成单一任务列表中的任务，如图 10-14 所示。其中，变量 job_ptr 必须是共享的，变量 task_ptr 必须是私有的。

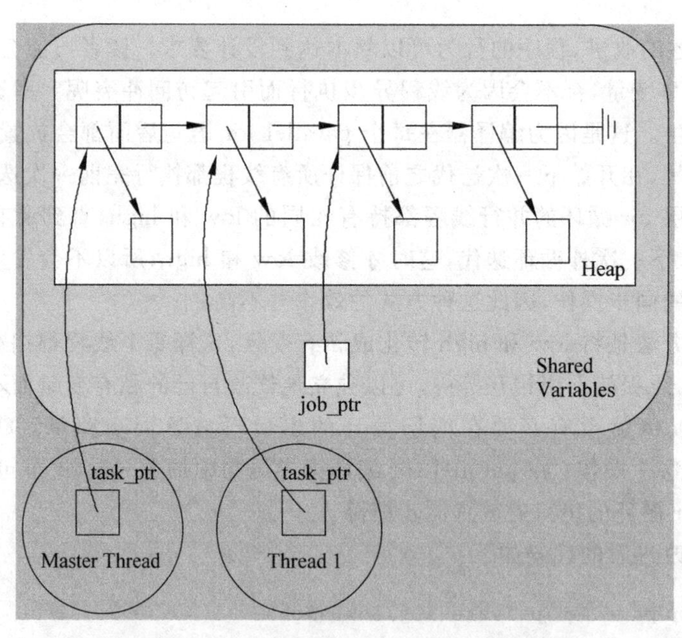

图 10-14　两个线程对单一任务列表进行处理

可以设计下面的一种串行程序框架：

```
int main(int argc,char argv[])
{
    struct _job * job_ptr;
    struct _task * task_ptr;
    …
```

```
    task_ptr =get_next_task(&job_ptr);
    while(task_ptr !=NULL) {
        complete_task(task_ptr);
        task_ptr =get_next_task(&job_ptr);
    }
    ...
}
```

其中，函数 get_next_task 的功能是从待完成任务的列表中摘取下一个任务，如果待完成任务的列表为空，则函数返回 NULL；否则，返回一个新任务。get_next_task 的程序描述如下：

```
struct _task * get_next_task(struct _job * j_ptr)
{
    struct _task t_task;
    if(*j_ptr ==NULL)
        t_task =NULL;
    else {
        t_task =(*j_ptr)->task;
        *j_ptr =(*j_ptr)->next;
    }
    return t_task;
}
```

函数 complete_task 的功能是“执行任务”，这里不给出详细描述，读者可以根据自己的需要自行设计。

分析：该段程序并行化的目标是希望创建多个线程来并行完成任务列表中的任务，但每个线程的行为和串行代码类似：首先获取一个初始任务，接着完成任务，然后再获取下一个任务，直至结束。这样可以使用 parallel 编译指导语句进行如下改造：

```
int main(int argc,char argv[])
{
    struct _job * job_ptr;
    struct _task * task_ptr;
    ...
#pragma omp parallel private(task_ptr)
{
        task_ptr =get_next_task(&job_ptr);
        while(task_ptr !=NULL) {
            complete_task(task_ptr);
            task_ptr =get_next_task(&job_ptr);
        }
    }
    ...
}
```

上述程序中，parallel 编译指导语句将下面大括号内的代码段作为一个并行域进行并行化。每个线程执行这段代码的行为如前所述。这里，变量 task_ptr 必须私有化，而 job_ptr 必须为共享变量，请读者思考其中的原因。

还有一个需要改进的地方：get_next_task 函数。get_next_task 函数被所有线程“并行”调用，所以如果不加控制，可能会造成多个线程获得同一个任务的情况，以及因函数中有修改共享变量 job_ptr 的操作而可能引发对共享变量 job_ptr 的访问冲突。为此，用 critical 编译指导指令对 get_next_task 函数中的临界区代码进行保护，使得这段代码只能够被互斥地执行，重写 get_next_task 函数如下：

```
struct _task * get_next_task(struct _job * * j_ptr)
{
    struct _task t_task;
    #pragma omp critical
    {
        if(*j_ptr ==NULL)
            t_task =NULL;
        else {
            t_task = (*j_ptr)->task;
            *j_ptr = (*j_ptr)->next;
        }
    }
    return t_task;
}
```

此后，在调用 get_next_task 函数时，所有线程互斥访问临界区，对临界区中的共享资源(以 job_ptr 为代表的任务列表)就不会发生结果错误和访问冲突的问题了。

4. 功能并行

数据并行模式下，所有线程执行具有相同功能的代码；而功能并行则是这样的一种并行模式：有若干功能不同的代码段，如果它们之间不存在严格的数据依赖，则可以创建多个线程，每个线程执行一段功能代码，而线程间并行执行。功能并行的典型特征是每个线程的功能不同，对相同或不同的数据进行并行处理。

考虑下面的代码：

```
1 v =alpha();
2 w =beta();
3 x =gamma(v, w);
4 y =delta();
5 printf ("%6.2f\n", epsilon(x,y));
```

此处，函数 alpha、beta、gamma、delta 和 epsilon 是几个功能不同的函数，程序中的 1～4 行的每一行语句可以看作是功能不同的程序段(尽管只包含一条语句)。设除第 3 行调用 gamma 函数时需要以第一行 alpha 函数的输出 v 和第二行 beta 函数的输出 w 作为输入参数外，函数之间没有其他依赖关系。

图 10-15 给出了上述程序代码段中数据间相关性的描述。

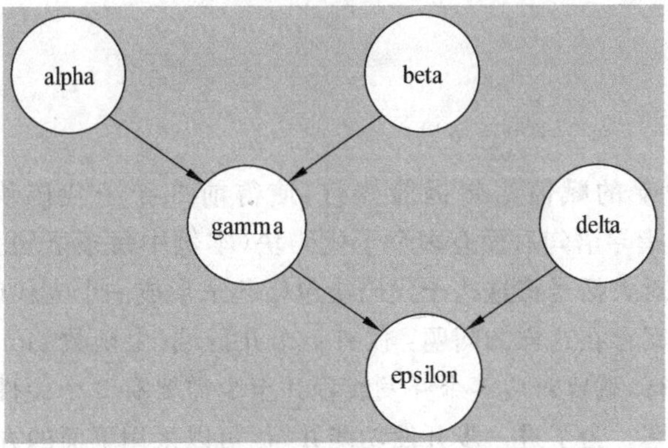

图 10-15 程序代码段中数据间相关性的描述

从并行化的角度分析可以得到，函数 alpha、beta 和 delta 可以并行执行，函数 gamma 必须在函数 alpha、beta 后面调用，而函数 epsilon 必须在函数 gamma 和 delta 后面调用，函数 gamma 和 delta 也可以并行执行。如何建立这些代码块之间的并行执行过程呢?

借助 OpenMP 提供的 parallel sections、section 和 sections 编译指导语句可以实现功能并行的处理模式。

方式一：在由 k 块子代码组成的一块代码前加上 parallel sections 编译指导语句，并在每个子代码块前加上 section 编译指导语句。section 编译指导语句指导编译器将每个子代码块定义为一个并行子域，parallel sections 编译指导语句负责并发线程的 fork/join 操作。在并行执行的时候，每个子并行域作为一个任务，分配给活动线程并发处理，从而实现了 k 个子代码块的并行处理。

parallel sections 编译指导语句的语法如下：

```
#pragma omp parallel sections
```

section 编译指导语句的语法如下：

```
#pragma omp section
```

程序并行化时，parallel sections 编译指导语句放在大代码块前面，而在里面的每个子代码块前面放 section 编译指导语句。注意，parallel sections 编译指导语句后面的第一个子代码块前的 section 编译指导语句可以省略。

针对上例，利用 parallel sections 编译指导语句和 section 编译指导语句改造后的程序如下：

```
#pragma omp parallel sections
{
    #pragma omp section                                    /* optional */
    v =alpha();
    #pragma omp section
    w =beta();
```

```
        #pragma omp section
        y =delta();
    }
    x =gamma(v, w);
    printf ("%6.2f\n", epsilon(x,y));
```

说明：这里将对 y 的赋值语句提前执行，使得前 3 个子代码块可以并行执行。若 parallel sections 编译指导语句后面有多个子代码块(本例中每条语句就代表了一个待并行的子代码块)，则用一对大括号将这些子代码块包括起来形成一个大代码块。

上述的并行化方案存在这样的问题：仅有一个并行域(由函数 alpha、beta、delta 组成)，要充分实现它们的并行，就要对应 3 个并发线程并至少需要有 3 个硬件执行单元，否则会因为并发而影响执行效率。为了进一步开发功能并行，可以采用下面的方案二。

方案二：建立两个并行域。先让函数 alpha 和 beta 并行执行，然后再并行执行函数 alpha 和 beta。这样每个并行域仅需两个线程，需要的执行单元数比方案一少一个。同时，为了减少 fork/join 操作的开销，下面的代码采用 parallel 编译指导语句和 sections 编译指导语句来对代码进行并行化。

parallel 编译指导语句置于整个代码块的前面，而内部先用 section 编译指导语句定义待并行的子代码块，并分成两组，然后用 sections 编译指导语句将两组子代码块分别包括起来。

sections 编译指导语句的语法如下：

```
#pragma omp sections
```

改造后的程序如下：

```
#pragma omp parallel
{
    #pragma omp sections
    {
        #pragma omp section                          /* This pragma optional */
        v =alpha();
        #pragma omp section
        w =beta();
    }
    #pragma omp sections
    {
        #pragma omp section                          /* This pragma optional */
        y =delta();
        #pragma omp section
        x =gamma(v, w);
    }
}
printf ("%6.2f\n", epsilon(x,y));
```

10.5.5　性能改善

再次回到 for 循环的并行化上来。测试中你可能会发现,有时候把顺序执行的 for 循环转化成并行执行却增加了执行时间。这是由于并行化本身也有很大的开销,如果处理不当,计算并行执行带来的改进可能会被并行化本身带来的开销所抵消。

为此,需要对并行化的代码进行改进和优化。这里讨论 3 种改善并行循环性能的方法。

1. 循环转化

考虑下面的一段代码:

```
for(i=1;i<m;i++)
    for(j=0;j<n;j++)
        a[i][j] =2 * a[i-1][j];
```

此处程序对二维数组 a 中的元素逐行进行更新。从第二行开始,每行数据需要基于它上一行的数据逐个进行修改。因此,两行数据之间存在密切的相关性:只有上一行更新完,下一行才能开始更新。如果要并行处理,行与行之间不能同时进行;但是列与列之间没有相关性,更新可以同时进行。

一种并行化的方式是对内层循环并行化,而外层循环保持顺序执行,如下所示:

```
for(i=1;i<m;i++)
#pragma omp parallel for
    for(j=0;j<n;j++)
        a[i][j] =2 * a[i-1][j];
```

显然,这种并行化的效率不高,因为外循环的每次迭代都会导致一次 fork/join 操作,系统开销大。另一种简单有效的改进方法是交换内外循环的顺序:

```
#pragma omp parallel for private (i)
for(j=0;j<n;j++)
    for(i=1;i<m;i++)
        a[i][j] =2 * a[i-1][j];
```

这样虽然矩阵中的数据相关性没有改变,但现在相关性发生在内层循环的迭代之间,外层循环的迭代之间不存在相关性(内层循环对应的二维矩阵的行下标,外层循环对应列下标)。因此,对外层循环并行化将不再引起副作用,且只需要一次 fork/join 操作,程序效率得到提高。

但是,交换循环依然存在效率问题,这是因为 C 语言中的二维数组是以行序存储的,循环转化将降低计算机内部存储部件高速缓存的命中率,关于这一点请读者查找相关文献进行学习。

2. 循环的条件并行执行

fork/join 操作的系统开销大,如果循环本身迭代次数不多而并行化后的线程数又较多的话,会使花在线程 fork/join 上的时间超过并行执行循环所节省的时间,并行程序的整体效率可能还不如顺序程序,这样就失去了并行化的意义。表 10-3 是按照如下简单策略对按

矩形规则求 π 值的程序并行化后，在一台 Sun 公司企业服务器上执行的平均时间。

```
area =0.0;
#pragma omp parallel for private(x) reduction(+,area)
for(i=0; i<n; i++) {
    x = (i+0.5)/n;
    area +=4.0/(1.0+x * x);
}
pi =area / n;
```

表 10-3　求 π 值程序的平均时间

线　程　数	程序执行时间/s	
	n=100	n=100000
1	0.964	27.288
2	1.436	14.598
3	1.732	10.506
4	1.990	8.648

可以看出，当 n=100 时，顺序执行的时间最短，而随着线程数的增加，整体时间不减反增，说明增加工作线程只会带来更多的 fork/join 开销，对问题求解没有实际意义。而当 n=100000 时，在 4 个线程上并行执行相对于顺序执行能带来 3.16 倍的加速比，这时并行程序的性能就凸显出来了。

可见，有的时候并行化是有条件的，那么怎么表示何时应该并行执行呢？OpenMP 提供了 if 子句来实现这一功能。if 子句指导编译器插入控制代码，以确定在运行时是否将并行执行。if 子句的语法如下：

```
if(<scalar expression>)
```

如果标量表达式的值非 0，则循环将被并行执行；否则，按顺序方式执行。

对上面计算 π 值的程序，可以根据 n 值大小选择是否并行执行。在 parallel for 编译指导语句里加入 if 子句后，程序改写如下：

```
area =0.0;
#pragma omp parallel for private(x) reduction(+,area) if(n>5000)
for(i=0; i<n; i++) {
    x = (i+0.5)/n;
    area +=4.0/(1.0+x * x);
}
pi =area / n;
```

上面并行化的含义是：当 n 大于 5000 时循环才会被分配到多个线程中并行执行。

3. 循环调度

某些程序中，即使是同一循环中，不同迭代之间的执行时间也有很大的差异。例如下面的程序，给三角矩阵的元素赋值：

```
for(i=0;i<n;i++)
    for(j=i;j<n;j++)
        a[i][j]=i+j;
```

显然，随着i的增加，内层循环的迭代次数不断减少。外层循环的第一次迭代(i等于0时)的运行时间相当于最后一次迭代(i=n-1时)的运行时间的n倍。

假设迭代之间没有数据相关性，对外层循环并行化，并设外层循环的n次迭代被分配到t个线程中。如果每个线程被分到连续的$\lfloor n/t \rfloor$或$\lceil n/t \rceil$次迭代，则因为线程分配到的工作量不均衡，有些线程完成这些迭代的速度比其他线程慢，因而整个程序的执行效率不高。

如何平衡线程的负载，提高程序执行的效率呢？OpenMP提供了schedule子句，用于指定循环并行化时如何调度循环迭代，即如何将各次迭代在线程间进行分配。schedule子句的语法如下：

schedule(<type>[,<chunk>])

其中type指循环调度的类型，其值为static、dynamic、guided、runtime之一。static为静态调度，即循环迭代在被执行之前已经被分配到各个线程，执行过程中不再变化；dynamic是动态调度，即在循环开始执行的时候先只给每个线程一部分迭代，在线程完成了分配给它们的迭代后，再分配新任务给它们，直到所有迭代都分配完结束；guided是指导性调度；runtime是在运行时根据环境变量OMP_SCHEDULE确定调度类型，OMP_SCHEDULE能设置的调度类型依然是static、dynamic或guided三者之一。schedule子句的另一个参数chunk指调度时迭代块的大小，即每次分配的迭代的次数。使用schedule子句时，type参数是必需的，chunk参数是可选的。

schedule子句常用方法如下：

- schedule(static, C)：静态地将数据块轮流分配给每个任务，每个数据块包括C次连续的迭代。
- schedule(static)：把后面的n次迭代分成t个块(t等于当前活动线程数)，每块包括连续的n/t次迭代，然后静态地分配给每个线程。
- schedule(dynamic, C)：动态地将任务分配给每个线程，每个任务块包含C次迭代。
- schedule(dynamic)：将n次迭代逐个动态地将分配到各个线程。
- schedule(guided, C)：一种采用指导性的启发式自调度方法，开始时先分配给每个线程一个较大的迭代块，之后每次请求新的迭代任务时，将按照迭代块大小递减的方式将剩余工作分配给请求任务的线程。迭代块的大小呈指数地下降到C,C是迭代块大小的下界。
- schedule(guided)：相当于C=1时的指导性自调度。
- schedule(runtime)：在运行时根据环境变量OMP_SCHEDULE确定调度类型。

不管是静态调度还是动态调度，每次分配时都是取一段连续的迭代。增加数据块的大小可以降低程序开销并提高高速缓存的命中率，但负载均衡度受到影响。减小数据块可以得到更好的负载均衡效果，但是任务数大，调度开销大。应用中具体采用何种方式、数据块大小多少合适，应该根据实际情况而定。

当 parallel for 编译指导语句中不包含 schedule 子句时，大部分运行时系统默认采用 schedule(static)调度方式。

对前面的例子，外层循环的每次迭代都是可预测的，所以仅将外循环的各次迭代轮换地分配给各个线程即可达到较好的工作负载平衡效果：

```
#pragma omp parallel for private(j) schedule(static,1)
for(i=0;i<n;i++)
    for(j=i;j<n;j++)
        a[i][j] =i+j;
```

10.6 练习

1. 配置 OpenMP 运行环境，自己编写并执行 10.3 节中给出的第一个 OpenMP 并行化程序“Hello World”。根据所使用计算机的具体情况，观察程序的输出和图 10-5 有什么不同，并思考原因。

2. 对下面各小题程序段，用 OpenMP 编译指导语句将循环并行化，如果不适合并行化，请解释原因。

(1)

```
for(i=0; i<n; i++) {
    a[i] =2 * i;
}
```

(2)

```
for(i=0; i<n ;i++) {
    a[i] =2 * i;
    if(a[i]<b[i]) a[i] =b[i];
}
```

(3)

```
for(i=0; i<n; i++) {
    a[i] =2 * i;
    if( a[i]<b[i] ) break;
}
```

(4)

```
for(i=0; i< (int) x/2; i++) {
    a[i] =2 * i;
    if(i<10) b[i] =a[i] +1;
}
```

(5)

```
for(i=k; i<n; i++) {
    a[i] =b * a[i-k];
}
```

(6)

```
for(i=k; i<2 * k; i++) {
    a[i] =a[i]+a[i-k];
}
```

(7)

```
vs =0;
for(i=0; i<n; i++) {
    vs +=(a[i]+b[i]);
}
```

(8)

```
flag =0;
for(i=0; (i<n) && (!flag); i++) {
    a[i] =2 * i;
    if( a[i]<b[i] ) flag =1;
}
```

3. 在 10.5.2 和 10.5.3 节中分别讨论了用临界区和归约操作实现求 π 值的并行例程，在自己的计算机上分别实现并对比测试。

4. 以下是实现 Winograd 矩阵乘的程序段，用 OpenMP 编译指导语句最大限度地开发其中的并行性。

```
for( i=0; i<m; i++) {
    rowterm[i] =0.0;
    for( j=0; j<p; j++)
        rowterm[i] +=a[i][2 * j] * a[i][2 * j+1];
}


for( i=0; i<q; i++) {
    colterm[i] =0.0;
    for( j=0; j<p; j++)
        colterm[i] +=b[2 * j][i] * b [2 * j+1] [i];
}
```

5. Eratosthenes 素数筛选法是由古希腊数学家 Eratosthenes(公元前 276—前 194)提出的，通过筛选求给定的 n 范围以内的素数。Eratosthenes 素数筛选法的计算过程如下：

(1) 为待筛选的 n 范围内的自然数 2,3,…,n 创建一个列表，其中所有的自然数都没有被标记。

(2) 令 k=2,是列表中第一个没有被标记的数。

(3) 重复下面的步骤直到 k>n 为止:

① 将 k 到 n 之间且是 k 倍数的数都标记出来;

② 找出比 k 大的未被标记的数中最小的那个数,令 k 等于这个数。

(4) 输出列表中所有未被标记的数,这些数就是 n 范围以内的素数。

编写实现 Eratosthenes 素数筛选法的串行程序,并在此基础用 OpenMP 进行并行化。用不同的 n 值和线程数测试你的程序,统计相应的时间,画出不同 n 的情况下不同线程数与执行时间的关系曲线。

6. 如图 10-16 所示,在一个单位正方形中嵌入一个半径为 1 的 1/4 圆。一个半径为 1 的圆的面积是 π,1/4 圆的面积是 π/4,所以 1/4 圆的面积与单位正方形的面积之比就是 π/4。利用随机数发生器产生一系列数对(x,y),其中 x 和 y 都是区间[0,1]上均匀分布的随机变量,则每个数对对应单位正方形内的一个点。如果随机数发生器产生的数对分布足够均匀,则落在 1/4 圆内的点数与总点数之比就应该约等于 π/4,所以求出这个比值(记为 f),然后乘以 4 就是 π。这就是蒙特卡洛法求 π 值的基本原理。请编写一个随机函数 dotrand(),使之能够足够均匀地产生分布在单位正方形内的点对(x,y)。然后编写主函数,重复调用 n 次 dotrand 函数,生成 n 个数对,并统计落在 1/4 圆内的数对数(这样的数对有 $x^2+y^2\leqslant 1$),计算比值 f。可以用不同大小的 n 进行多次测试(如 $n=10^m$,$1\leqslant m\leqslant 9$),分别计算比值并计算 π 的估计值,然后对比 π 的理论值(精度为小数点后 6 位),看看误差分别是多少。

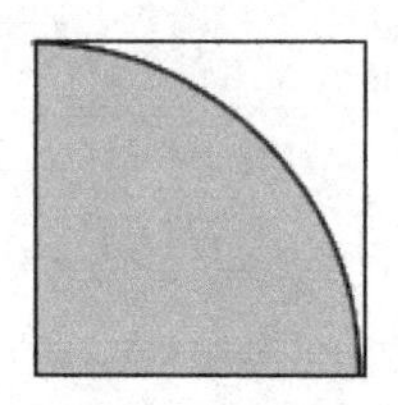

图 10-16 用蒙特卡洛法估算 π 的值

在此基础上,用 OpenMP 充分开发串行程序并行性,实现一个经 OpenMP 并行化的蒙特卡洛法求 π 值的程序。然后用同样的数据和不同的并行粒度测试并行化后的程序,看速度有多大的提高,并对比精度的异同。

第 11 章　综合练习题

本章给出了 3 套精心设计的 C 语言程序设计综合练习题，这些练习题代表了考试的命题方向，以及每个知识点在实际考试中所占的分数比例。读者通过对这些练习题的解题练习，既可检验自己的学习效果，也可熟悉考试的题型，同时对于综合理解课程内容、迅速掌握考试重点和难点、提高考试通过率都具有重要的作用。

11.1　练习题一

1. 单项选择题(每小题 1 分，共 10 分)

(1) 以下属于数据类型关键字的是(　　)。

A. CHAR　　B. integer　　C. Double　　D. short

(2) 以下属于非法常量的是(　　)。

A. 0x678　　B. 0678　　C. 678L　　D. 678.0

(3) 为了实现字符变量 a 左移一位后再加一，应使用表达式(　　)。

A. (a<<1)+1　　B. 1+a<<1　　C. a<<1+1　　D. (1+a)<<1

(4) 设“int x=3,y=2;”，则表达式“x=(x++, y++)”计算后，x 和 y 的值分别是(　　)。

A. 2 和 3　　B. 4 和 3　　C. 4 和 2　　D. 3 和 3

(5) 设“int a=12;”，则表达式“a+=a-=a*=a”的值是(　　)。

A. 0　　B. 144　　C. 12　　D. -264

(6) 设变量 a 和 b 的类型分别是 char 和 float，则以下存在语法错误的表达式是(　　)。

A. ++a+(b=2)　　B. a-- +b

C. a++&0x0f+b　　D. !a+1<b

(7) 以下与条件表达式(m)?(a++)：(a--) 中 m 等价的是(　　)。

A. m==1　　B. m!=1　　C. m!=0　　D. m==0

(8) 以下正确的函数原型说明形式是(　　)。

A. double f(int x,int y);　　B. double f(int x;int y);

C. double f(int x,int y)　　D. double fun(int x,y;);

(9) 设“char a[]="abc\0mis";”，则 a 中储存的字符串长度是(　　)。

A. 8　　B. 9　　C. 4　　D. 3

(10) 设有“int a[8], *p=a;”，则表示 a[1]地址的表达式是(　　)。

A. p[1]　　B. *(p+1)　　C. p+1　　D. p++

2. 多项选择题(每小题 2 分，共 10 分)

(1) 以下正确的字符串常量有(　　)。

A. "abc"　　B. "abc\0xyz"　　C. "\n\x61\143"　　D. "\xfg"

(2) 若有“char c='a'; int i=10,j; double f=12.3;”,则表达式值的类型为 int 的有(　　)。

A. i+50　　B. c-32　　C. c*i+f　　D. j=f

(3) 对二维整型数组 A 的部分元素初始化的形式有(　　)。

A. int A[2][3]={{,2,3},{4,,6}}　　B. int A[2][3]={1,2,3,4}

C. int A[ ][ ]={{1,2},{4,5}}　　D. int A[ ][3]={{1,2,3},{4,5}}

(4) 设有声明“int max(int a,int b),(*pf)(int,int)=max, x=10,y=20;”,则正确调用函数 max 的选项有(　　)。

A. pf->(x,y)　　B. pf(x,y)

C. max(x,y)　　D. (*pf)(x,y)

(5) 以下对 typedef 的叙述中,正确的有(　　)。

A. 用 typedef 只是将一个类型表达式用一个标识符来代表

B. 用 typedef 可以定义各种类型表达式,但不能用来定义变量

C. 用 typedef 可以增加新类型

D. typedef char *STRING 和 #define STRING char* 中命名的 STRING 完全等价

3. 计算题(每小题 1 分,共 10 分)

根据下面各题前的变量声明计算表达式的值,各题表达式之间相互无关。

```
char  c1=16, c2=0x61;           short  h1=0x10, h2=0xFF01;
long   i=-1;                    unsigned long  lu=0x12345678;
```

(1) c1!=h1 || i　　(2) lu ?c1:h1　　(3) c1++ + ++h1

(4) c1=lu　　(5) c2 & h2>>4

```
char name1[10]={'C','H','A','R','L','E','S','\0'};
char name2[10]={'J','O','E','\0'};
struct student{
    char *name;
    float av;
    int rank;
}stu[2]={{name1,90.0,1},{name2,86.0,2}}, *ps=stu;
```

(6) (ps+1)->name[2]　　(7) ++ps->rank　　(8) ++*stu->name

(9) (ps->av+(*(ps+1)).av)/2

(10) strcpy(stu[0].name,stu[1].name), stu[0].name[0]

4. 判断改错题(每小题 2 分,共 10 分)

判断下面各小题代码是否正确,如果存在错误,请画线找出并改正,否则不必改。

(1) 下列程序段实现输入圆的半径 r,计算圆的周长 len。

```
float r,len;
scanf("%d",&r);
len=2*3.14*r;
```

(2) 下列程序段实现输入一行字符到字符数组 s 中。

```
char s[100]; int i=0;
while (s[i++]=getchar()!='\n');
s[i]='\0';
```

(3) 下列函数 fac 实现求 n 的阶乘。

```
long fac(int n) {
    long f=1,i;
    for(i=1;i<=n;f*=i++) ;
    return f;
}
```

(4) 下列表达式判断 x 的值是否在闭区间[1,100],若是则表达式的值为 1,否则为 0。

```
1<=x<=100
```

(5) 以下代码要实现的功能是:使用字符指针数组 str1 输入 5 个字符串,存放到数组 str2 中。要求在 scanf 函数中只能用 str1。

```
int i;
char  *str1[5], str2[5][80];
for(i=0;i<5;i++)  scanf("%s", str1[i]);
```

5. 简答题(每小题 4 分,共 20 分)

(1) 请写一个 C 表达式,计算 int 变量 a 和 b 之差的绝对值。

(2) 请写一个 C 表达式,判断两个 int 变量 a 与 b 是否是相同的符号:如果是,则表达式的值为 1,否则为 0。

(3) 请定义一个带参数 array 的宏 DATA_NUM,用于计算一维数组 array 中元素的个数(即一维数组的大小)。

(4) p 是一个返回值为 int 类型,且有 3 个形参 a、n 和 f 的函数。其中,a 为一维的 int 数组类型;n 为 int 类型;f 为指向函数的指针,其所指向函数的返回值为 int 类型,且有两个 int 类型的形参 x 和 y。请写出相应的函数原型声明语句。

(5) 请写一个 C 表达式,将 char 型变量 c 的值,进行高 4 位与低 4 位对换。

6. 写运行结果题(每小题 4 分,共 20 分)

(1) 写出下面程序的运行结果。

```
#include<stdio.h>
int main(void)
{
  int i,r;  char c,s[]="0101";
  i=r=0;
  while((c=s[i++])!='\0'){
    switch(r){
```

```
        case 0:
            if(c=='1') r=1;      /* r=(c=='0'?0:1); */
            break;
        case 1:
            r=(c=='0'?2:0);
            break;
        case 2:
            if(c=='0') r=1;      /* r=(c=='0'?1:2); */
            break;
      }
    }
  printf("r=%d\n",r);
  return 0;
}
```

(2) 写出下面程序的运行结果。

```
#include<stdio.h>
int f(int a,int * b);
int c;
int main(void)
{
  int a=11,b=12;
  printf("L1:a=%d,b=%d,c=%d\n",a,b,c);
  c=f(a,&b);
  printf("L2:a=%d,b=%d,c=%d\n",a,b,c);
  c+=f(a,&b);
  printf("L3:a=%d,b=%d,c=%d\n",a,b,c);
  return 0;
}
int f(int a,int * b)
{
  static int c=0;
  if((a+ * b)%2)  c++;
  a++,(* b)++;
  return c;
}
```

(3) 写出下面程序的运行结果。

```
#include<stdio.h>
#define N 5
unsigned f(char * s);
int main(void)
{
  char s[]="01234";
```

```
  unsigned num;
  printf("str=%s\n",s);
  num=f(s);
  printf("num=%d\n",num);
  return 0;
}
unsigned f(char *s)
{
  char d; int i=0; unsigned n=0;
  while((d=s[i++])!='\0') n=n*N+(d-'0');
  return n;
}
```

(4) 写出下面程序的运行结果。

```
#include<stdio.h>
#define N 9
void f(int x[],int n);
int main(void)
{
  int a[N]={10,20,30,40,50,60,70,80,90},n,i;
  f(a,N);
  for(i=0;i<N;i++) printf("%d ",a[i]);
  printf("\n");
  return 0;
}
void f(int x[],int n)
{
  int i,j,t;
  i=0,j=n-1;
  while(i<j){
    t=x[i],x[i]=x[j],x[j]=t;
    i++,j--;
  }
  return;
}
```

(5) 写出下面程序的运行结果。

```
#include<stdio.h>
#define N 3
void f(unsigned n);
int main(void)
{
  printf("n=%d\n",N);
  f(N);
```

```
    return 0;
}
void f(unsigned n)
{
    unsigned i ;
    for(i=0;i<n;i++) printf("%d ",i+1);
    printf("\n");
    if(n>0)f(n-1);
    return;
}
```

7. 完善程序题(每空 2 分,共 20 分)

(1) 本程序的功能是:输入一个字符串存放到字符数组 s 中,接着将 s 中连续的多个空格压缩成一个空格,并输出压缩空格后的字符串。

```
#include<stdio.h>
int main() {
    char s[100];
    int flag=____①____, i=0,j=0;
    gets(s);
    while (____②____) {
        if (s[i]!=' ') { s[j++]=s[i];  flag=0;  }
        else if (____③____)  { s[j++]=s[i];  flag=1; }
        i++;
    }
    s[j]='\0';
    puts(s);
    return 0;
}
```

(2) 下面函数 Octal_display 用于将无符号整型数以八进制形式显示(不显示前导 0)。例如,在 32 位机上,某整数的二进制数为 10001010 01110010 11101110 00001111,则显示八进制数为 21234567017。

```
void Octal_display(unsigned x){
    int d, flag=0,len=8*sizeof(int);
    for(len=len-len%3; len>=0;____④____){
        d=x>>len&07;
        if(!d && !flag)    continue;
        ____⑤____;
        flag=1;
    }
}
```

(3) 本程序的功能是:首先输入正整数 n,接着输入 n 个整数,舍弃闭区间[1,100]外的数据，根据[1,100]的数据，构造一个递增有序的单链表(不计重复的数据)，最后依次显示该单链表的数据。假定输入为：

```
10↙
110   2   7   7   4   2   3   1   -10   4↙
```

则生成的单向链表如图 11-1 所示。

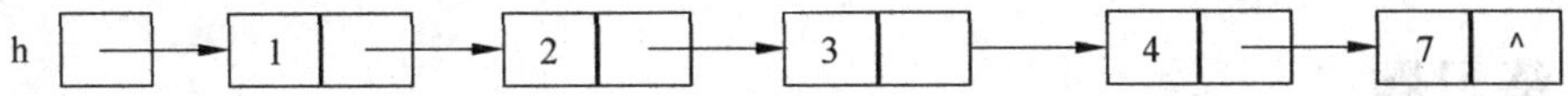

h → 1 → 2 → 3 → 4 → 7 ^

图 11-1 单向链表

```
#include<stdio.h>
#include<stdlib.h>
struct node {
    int data;
    struct node * next;
};
void display(struct node * h) {
  while(h) {
    printf("%5d",h->data);
    ____⑥____;
  }
}
int main() {
  struct node * h, * tail, * p;
  int i,n,a[101],x;
  for(i=1;i<=100;i++)
    a[i]=0;
  scanf("%d",&n);
  for(i=1;i<=n;i++){
    scanf("%d",&x);
    if (x<1 || x>100)  ____⑦____;
    a[x]++;
  }
  tail=h=NULL;
  for(i=1;i<=100;i++){
    if (____⑧____)  {
        p=(struct node * ) ____⑨____;
        if (h==NULL)   tail=h=p;
        else {
            tail->next=p;
            tail=tail->next;
        }
        tail->data=i;
    }
```

```
    }
    if (h)
        ______⑩______;
    display(h);
    return 0;
}
```

11.2 练习题二

1. 单项选择题(每小题 1 分,共 10 分)

(1) 以下能定义为用户标识符的是(　　)。

A. x/2　　B. x_2　　C. x.3　　D. 3x

(2) −125 的 16 位补码是(　　)。

A. 0x807d　　B. 0x807e　　C. 0xff82　　D. 0xff83

(3) 表达式"s=x+++y++"中的词法元素(记号,即 token)的数目是(　　)。

A. 5 个　　B. 6 个　　C. 7 个　　D. 8 个

(4) 关于 0xfeededUL 最准确的解释是:0xfeededUL 为(　　)。

A. 无符号长整型常量　　B. 长整型常量

C. 有符号整型常量　　D. 非法常量

(5) 以下正确的转义字符是(　　)。

A. '\'　　B. '\138'　　C. '\0x18'　　D. '\\'

(6) 设有说明"int x=−1;",则执行"printf("%hu\n", x);"语句的输出是(　　)。

A. −1　　B. 1　　C. ffff　　D. 65535

(7) 设有说明"char　x[ ]="a";",则字符数组 x 的大小是(　　)。

A. 0　　B. 1　　C. 2　　D. 3

(8) 以下正确的声明语句是(　　)。

A. int x[10],p=x;　　B. int x[10][20],(*p)[10]=x;

C. int x[5][6],*p[6]=x;　　D. int x[1][2],(*p)[2]=x;

(9) 设有如下说明,则变量 m 的存储区域的字节数是(　　)。

```
union {
    char  c;  short  h;  long  l;
} m ;
```

A. 1　　B. 2　　C. 4　　D. 7

(10) 设有说明"int x=1,y=2,z=3;",则以下表达式的值为 1 的是(　　)。

A. (y&z)>>1&x　　B. x&y&z

C. y-|x　　D. x^x

2. 多项选择题(每小题 2 分,共 10 分)

(1) 下列运算符的优先级,比!=高的有(　　)。

A. ~　　B. <<　　C. &　　D. &&

(2) 属于C语言合法常量的有(　　)。

A. 'b'　　B. ""　　C. E−2　　D. 0123

(3) 对数组元素a[i][j][k]的引用,下面表示中正确的有(　　)。

A. (*(a+i))[j][k]　　B. *(*(*(a+i)+j)+k)

C. **(a+i)[j]+k　　D. *(a[i][j]+k)

(4) 设有下面程序段,说法正确的有(　　)。

```
int x;
int fun(void)
{   int y=1;  static int z=1;
    y++;z+=1;
    return y-z;
}
```

A. 首次调用fun函数时,fun函数返回0

B. 每次调用fun函数时,fun函数返回0

C. 变量z与变量y的作用域相同

D. 变量z与变量x的生存期相同

(5) 设有如下说明,那么执行语句"a.x=0xf00f;"后值为0的表达式有(　　)。

```
struct bits{
    unsigned short int l_byte:8,h_byte:8;
};
union u{
    unsigned short int x;
    struct bits b;
} a;
```

A. a.b.h_byte<<4&0xff　　B. a.b.h_byte&a.b.l_byte

C. a.b.h_byte>>8　　D. a.b.l_byte>>4

3. 计算题(每小题1分,共10分)

根据下面各题前的变量声明计算表达式的值,各题表达式之间相互无关。

```
unsigned i =0, j =1;
int a;
```

(1) j++ ? j++ : i++　　(2) i=i !=j　　(3) a=~i ^j

(4) 2 << ++i+j << 2　　(5) −i >> 15 && −j << 15

```
int x[3]={-1,0,1}, y[3]={-2,0,2},z[3]={-3,0,3};
struct {
    char *s;
    int *t;
} s[3]={{ "Beijing", x},{"Shanghai",y},{"Wuhan",z}}, *p=s;
```

(6) (++p)->s[1]　　(7) ++*p->t　　(8) *(++p)->t

(9) (*p).s[(p+2)->t[2]]　　(10) (p+2)->t[++p->t[2]]

4. 判断改错题(每小题 2 分,共 10 分)

判断下面各小题代码是否正确,如果存在错误,请画线找出并改正,否则不必改。

(1) 下面程序段从键盘输入数组 a 的各元素值。

```
int i =5, a[5];
while(i-->0)    scanf("%d", &a[i]);
```

(2) 下面是定义一个指向常量的常指针的声明语句。

```
const char *p="abcd" ;
```

(3) 下面是将 x 左移 n 位的宏定义。

```
#define SHIFTL(x,n)  (x)<<(n)
```

(4) 下面程序实现字符串连接。

```
#include<stdio.h>
#include<string.h>
int main(void)
{
    char a[ ] ={'a','s','d','f','\0'}, b[ ] ="1234";
    strcat(a, b);
    printf("%s", a);
    return 0;
}
```

(5) 下面程序计算并输出 1!、2!、3!、4!、5!的值。

```
#include<stdio.h>
int factorial(int n)
{
    int k=1;
    k*=n;
    return k;
}
int main(void)
{
    int i;
    for(i=1;i<6;i++)
        printf("%d\n",factorial(i));
    return 0;
}
```

5. 简答题(每小题 4 分,共 20 分)

(1) 设 x 为 short int 类型,请运用单个运算符书写关于 x 的 4 个表达式,并使表达式的结果为0。例如,表达式 x－x。

(2) 请写一个C表达式,将 unsigned short 类型变量 x 的高字节送入 unsigned char 类型变量 ch 中。

(3) 已知函数 f 中只定义有一个结构类型(struct stu)的指针变量 pstu,pstu 指向的结构要求只能通过函数 creat 动态生成。试写出两种 creat 函数原型及其在函数 f 中相应的调用语句。

(4) 文件 file1. c 和 file2. c 共享变量 x。file2. c 和 file3. c 共享变量 y 并且不允许 file1. c 共享该变量。file1. c 的各个函数共享变量 y 并且不允许 file2. c 和 file3. c 共享该变量。请在 file1. c、file2. c、file3. c 文件中写出相关的声明语句。

(5) 设 p 是函数指针,所指向的函数有两个整型参数并且返回一个指向有5个元素的字符数组的指针,请写出相应的声明语句。

6. 写运行结果题(每小题4分,共20分)

(1) 写出下面程序的运行结果。

```
#include<stdio.h>
int main(void)
{
    int i=0, j=4;
    int a[ ]={1,3,5,7,9};
    for(;i<5;) {
        if(i>j) break;
        for(;j>0;) {
            printf("%d\t",a[i++] * a[j--]);
            break;
        }
    }
    return 0;
}
```

(2) 写出下面程序的运行结果。

```
#include<stdio.h>
int main()
{
    int i;
    char s[]="xyz";
    for(i=0; i<3; i++)
        switch(i)  {
            case 0:printf("%c\t",s[i]);
            case 1:printf("%c\t",s[i]);
            case 2:printf("%c\n",s[i]);
        }
    return 0;
```

```
}
```

(3) 写出下面程序的运行结果。

```
#include<stdio.h>
#define M 5
#define N 2
int main()
{
    static a[M];
    int i,n,k=M-1,*p1,*p2;
    p1=p2=&a[k];
    for(n=0;n<k;n++) {
        for(i=0;i<N;++i) {
            while(1) {
                if(++p1>p2)  p1=a;
                if(!*p1)  break;
            }
        }
        *p1=-1;
        for(i=0;i<M;++i)   printf("%d\t",a[i]);
        printf("\n");
    }
    for(i=0;i<M;++i)
        if(!a[i])  printf("%d\n",i+1);
    return 0;
}
```

(4) 写出下面程序的运行结果。

```
#include<stdio.h>
void f1( char *s[],int n );
int f2(char *s1,char *s2);
void f1(char *s[],int n )
{
    char *temp;
    int i,j ;
    for(i=0; i<n-1;i++)
        for(j=i+1;j<n;j++)
            if( f2(s[i],s[j])>0)  {
                temp=s[i];
                s[i]=s[j];
                s[j]=temp;
            }
}
```

```
int f2(char * s1,char * s2)
{
    while(* s1== * s2&& * s2!='\0')
        s1++,s2++;
    return * s1- * s2;
}

int main()
{
    int i;
    char * menu[ ] ={
        "Enter record",
        "Find record ",
        "Delete a record",
        "Add a record"
    };
    f1(menu,4);
        for(i=0;i<4;i++)
            puts(menu[i]);
    return 0;
}
```

(5) 写出下面程序的运行结果。

```
#include<stdio.h>
typedef  int  (* F)(int, int);
typedef struct funs {
    F fun;
    char op;
} funs;

int add(int x,int y) {
    return x+y;
}
int sub(int x,int y) {
    return x-y;
}
int mul(int x,int y) {
    return x * y;
}
int div(int x,int y) {
    return x/y;
}
void result(funs fun,int x,int y) {
```

```
        printf("%d%c%d=%d",x,fun.op,y,fun.fun(x,y));
    }
    int main(void) {
        funs array[4]={{add,'+'},{sub,'-'},{mul,'*'},{div,'\\'}};
        result(array[2],6,3);
        return 0;
    }
```

7. 完善程序题(每空2分,共20分)

(1) 下面程序可以对一个文本文件中存放的少量整型数据(以空格分隔)进行升序排序,并且将结果写入另一个文本文件中。例如,执行命令行:

```
C:\>fsort  1.txt  2.txt
```

则将2.txt中的整型数据排序后写入1.txt文件中。注意,写入1.txt文件中的数据同样应以空格分隔。

```
/*fsort.c*/
#include<stdio.h>
#include<stdlib.h>
#define NUM 100
void sort(int a[],int n)
{
    int i,j,t;
    for(i=0;i<    ①    ;i++)
        for(j=i+1;j<n;j++)
            if(a[i]>a[j])
                ②    ;
}

FILE *openfile(char * filename, char * openmode)
{
    FILE * fp;
    if(    ③    ==NULL){
        printf("Can't open %s file!\n", filename);
        exit(-1);
    }
    return fp;
}

int main(int argc, char* argv[])
{
    FILE *in, *out;
    int numbers[NUM],length=0;
    int x,i;
```

```
    if(argc<2) {
        printf("Argument numbers error!\n");
        exit(-1);
    }
    out=openfile(argv[1],"w");
    in=openfile(argv[2],"r");
    while(fscanf(in,"%d",&x)!=EOF)   numbers[length++]=x;
    ____④____;
    for(i=0;i<length;i++) ____⑤____;
    fclose(in);
    fclose(out);
    return 0;
}
```

(2) 下面程序用单向链表实现两个超长整数的加法运算，由键盘输入超长整数，按后进先出的方式创建单链表，经运算后输出和值。

```
#include<stdio.h>
#include<stdlib.h>
typedef struct intnode {
    char c;
    struct intnode * next;
} IntNode;

void creatlist(IntNode * * );
IntNode * addlist(IntNode * , IntNode * );
void outlist(IntNode * );

int main(void)
{
    IntNode * head1=NULL, * head2=NULL, * head3=NULL;
    creatlist(&head1);
    creatlist(&head2);
    head3=addlist(head1, head2);
    outlist(____⑥____);
    return 0;
}

void creatlist(IntNode * * headp)
{
    IntNode * head=NULL, * p;
    char ch;
    while((ch=getchar())>='0'&& ch <='9') {
        p=(IntNode * )malloc(sizeof(IntNode));
        p->c=ch;
```

```
        ____⑦____;
        head=p;
    }
    *headp=head;
}

IntNode *addlist(IntNode *hd1,IntNode *hd2)
{
    IntNode *hd, *tl;
    int carry=0;

    hd = (IntNode *)malloc(sizeof(IntNode));
    hd->next=NULL;
    tl=hd;
    while(hd1 !=NULL && hd2 !=NULL) {
        tl->next= (IntNode *)malloc(sizeof(IntNode));
        tl=tl->next;
        tl->c= (hd1->c-'0'+hd2->c -'0'+carry) %10 +'0';
        carry=____⑧____;
        hd1=hd1->next;
        hd2=hd2->next;
    }
    while(hd1 !=NULL) {
        tl->next= (IntNode *)malloc(sizeof(IntNode));
        tl=tl->next;
        tl->c= (hd1->c -'0'+carry) %10 +'0';
        carry = (hd1->c -'0'+carry) / 10;
        hd1 =hd1->next;
    }
    while(hd2 !=NULL) {
        tl->next= (IntNode *)malloc(sizeof(IntNode));
        tl=tl->next;
        tl->c= (hd2->c -'0'+carry) %10 +'0';
        carry= (hd2->c -'0'+carry) / 10;
        hd2=hd2->next;
    }
    if(carry) {
        tl->next= (IntNode *)malloc(sizeof(IntNode));
        tl=tl->next;
        tl->c='1';
    }
    ____⑨____;
    return hd;
}
```

```
void outlist(IntNode *hd)
{
    if(hd !=NULL) {
        ____⑩____;
        putchar(hd->c);
    }
}
```

11.3 练习题三

1. 单项选择题(每小题 1 分,共 10 分)

(1) 关于 C 语言程序,以下说法正确的是(　　)。

A. 总是从第一个定义的函数开始执行

B. 要调用的函数必须在 main 函数中定义

C. 总是从 main 函数开始执行

D. main 函数必须放在程序的开始部分

(2) 以下可用作 C 语言用户标识符的是(　　)。

A. 3a　　B. a3　　C. case　　D. －e2

(3) 在 C 语言中,字符型数据在内存中的存放形式是(　　)。

A. 原码　　B. 补码　　C. 反码　　D. ASCII 码

(4) C 语言中,关系表达式和逻辑表达式的值是(　　)。

A. 0　　B. 0 或者 1

C. 1　　D. "True"或者"False"

(5) 若"char * s[ ]={"prog","techni","is","great"};",则表达式"* s[1]+2"的值是(　　)。

A. 'v'　　B. 'c'　　C. "chni"　　D. "is"

(6) 以下正确的一维数组 a 说明语句是(　　)。

A. char a(10);　　B. int a[ ];

C. char a[3]="abc";　　D. char a[ ]={'a','b','c'};

(7) 决定 C 语言中函数返回值类型的是(　　)。

A. 函数定义时指定的返回类型　　B. return 语句中的表达式类型

C. 调用该函数时实参的数据类型　　D. 形参的数据类型

(8) 以下是函数 p 的定义,若连续两次调用 p(10),第二次的返回值是(　　)。

```
int  p(int x)
{
    static int  a=100;
    a=a-5;
    return(a-x)
}
```

A. 70　　B. 90　　C. 85　　D. 80

(9) 以下对结构变量 stul 中成员 age 的非法引用是(　　)。

```
struct student {
    int age;
    int num;
} stu1, * p=&stu1;
```

A. stu1.age　　B. stu1－>age　　C. p－>age　　D. (＊p).age

(10) 在 C 语言中,若按照数据的格式划分,文件可分为(　　)。

A. 程序文件和数据文件　　B. 磁盘文件和设备文件

C. 二进制文件和文本文件　　D. 顺序文件和随机文件

2. 多项选择题(每小题 2 分,共 10 分)

(1) 以下合法的整型常量有(　　)。

A. 0381　　B. 100L　　C. 0XABCDE　　D. 3.0

(2) 以下正确的数组声明语句有(　　)。

A. int a[2,3];　　B. int b['a'-'A'];

C. int x,c[x][3];　　D. char d[10]="abc";

(3) 设有声明"int a[10],＊p=a",则以下能够正确表示数组元素 a[i]的表达式有(　　)。

A. ＊(p＋i)　　B. ＊(a＋i)　　C. a[i]　　D. p[i]

(4) 设 main 函数原型为"int main(int argc,char ＊ argv[]);",如果命令行是"test a apple",则以下说法正确的有(　　)。

A. argc 为 2　　B. argc 为 3　　C. argv[1]为"a"　　D. argv[2]为"a"

(5) 链表具备的特点为(　　)。

A. 不必事先确定存储空间　　B. 插入和删除不需要移动任何元素

C. 可随机访问任意一个结点　　D. 所需存储空间与其长度成正比

3. 计算题(每小题 1 分,共 10 分)

根据下面各题前的变量声明计算表达式的值,各题表达式之间相互无关。

```
char a=4, b=6, c;  short x =0x80ff, y=10;
#define B  a +y
```

(1) ＋＋a|b　　(2) c＝x＞＞8　　(3) a^b＜＜2

(4) 2＊B/2　　(5) !(～a)?a＋b: a&b?a－b: b%2

```
char s[] ="hjk";
int x[3] ={1, 2, 3}, y[4] ={4, 5, 6,7};
struct T {
    char c;
    char *s;
    int *a;
}  t[ ] ={ {'m', s, x}, {'n', "def", y} }, *p =t;
```

(6) p->c (7) *p->a (8) *++p->s

(9) p[0].a[0]+*((t+1)->a+1) (10) ++p, p->s[x[1]-p->c+'m']

4. 判断改错题(每小题 2 分,共 10 分)

判断下面各小题代码是否正确,如果存在错误,请画线找出并改正,否则不必改。

(1) 下面程序段计算一元二次方程 $ax^2+bx+c=0(a,b,c\in R)$的判别式。

```
int a,b,c,delta;
scanf("%f %f %f",&a,&b,&c);
delta=(b*b-4*a*c);
printf("%f",delta);
```

(2) 下面程序段通过键盘输入的方式为二维数组 p 的首列各元素赋值。

```
int i,p[3][4];
for(i=1;i<=4;i++) scanf("%d",p[i]);
```

(3) 函数 strcpy 的功能是:把 s 所指的字符串复制到 t 所指的空间,并返回目的串 t 的首地址。

```
char *strcpy(char *t,char *s)
{
    while(*t++=*s++);
    return(t);
}
```

(4) 函数 isCompNum(x)判断整数 x 是否是合数,如果是合数,则函数返回 1;否则,函数返回 0。(注:合数指自然数中除了能被 1 和本身整除外,还能被其他数整除的数)

```
int  isCompNum(int x)
{
    int  i,flag=0;
    for(i=2;i*i<=x;i++)
        if(!(x%i)) flag=1;
        else flag=0;
    return flag;
}
```

(5) 打开 C 盘根目录下的文件 abc.txt,用于读并判断是否打开成功。

```
FILE *fin;
if((fin=fopen("c:\abc.txt","r"))==NULL) {
    printf("can not open the file!");
    exit(-1);
}
```

5. 简答题(每小题 4 分,共 20 分)

(1) 请写一个 C 表达式,判断 int 变量 a 的个位数字和十位数字是否相同。若相同,则表达式的值等于1,否则等于0。

(2) 请写一个C表达式,对无符号短整型变量x和y,将y的低字节替换成x的高字节。

(3) 一维数组A中含有n个已经从小到大排好序的元素,请定义一个带有参数的宏MID (A, n),计算A的中位数。中位数的定义为:如果数据的个数是奇数,中位数则为处于中间位置的那个数据;如果数据的个数是偶数,中位数则为处于中间位置的2个数据的平均数。例如,A={3,4,8,10,12},中位数是8;A={3,4,8,10,12,19},中位数是9。

(4) do…while循环和while循环有什么区别?循环结构中break语句和continue语句的作用是什么,二者有什么区别?

(5) 设有类型定义"typedef void (* p_to_f)(char *, char *);",请说明声明语句"void (* pf[2])(char *, p_to_f *);"的含义。

6. 写运行结果题(每小题4分,共20分)

(1) 写出下面程序的运行结果。

```
#include<stdio.h>
int main()
{
    int x=1,a=0,b=0;
    switch(x){
        case 0: b++;
        case 1: a++;
        case 2: a++;b++;
    }
    printf("a=%d,b=%d\n",a,b);
    return 0;
}
```

(2) 写出下面程序的运行结果。

```
#include<stdio.h>
int main()
{
    int i=0,k=19;
    while (k) {
        k-=3;
        if(k%5==0)   continue;
        else if(k<5)  break;
        i++;
    }
    printf("i=%d,k=%d\n",i,k);
    return 0;
}
```

(3) 写出下面程序的运行结果。

```
#include<stdio.h>
void fun(unsigned long *n)
{   unsigned long x=0, i;
    int t;
    i=1;
    while(*n)
    {
        t= *n %10;
        if(t%2!=0)
        {
            x=x+t*i;
            i=i*10;
        }
        *n = *n /10;
    }
    *n=x;
}
int main()
{   unsigned long n=2356789;
    fun(&n);
    printf("\nThe result is: %ld\n",n);
    return 0;
}
```

(4) 写出下面程序的运行结果。

```
#include<stdio.h>
#define N 10
int main(void)
{
    int i, j, m=0,  u[N], v[N];
    for (i=0; i<N; i++)  u[i]=0;
        for (i=2; i<N; i++)
            if (u[i] ==0)  {
                v[m++] =i;
                for (j=i*i; j<N; j+=i)  u[j] =1;
            }
    for (i=0; i<m; i++)  {
        printf("%d", v[i]);
        if (i==m-1)  putchar('\n');
        else putchar(',');
    }
    return 0;
}
```

(5) 写出下面程序的运行结果。

```
#include<stdio.h>
int conm(char * outputstr, char * inputstr)
{
    int i, len =0, max =0;
    char * p =NULL;
    while(1) {
        if(* inputstr >='0' && * inputstr <='9')  {
            len++;
        }
        else  {
            if(len >max) {
                p =inputstr-len;
                max =len;
            }
            len =0;
        }
        if(* inputstr++=='\0')   break;
    }
    for(i=0; i<max; i++)
        * outputstr++= * p++;
    * outputstr ='\0';
    return max;
}
int main()
{
    char str[] =" abcd123ed45678ss9876xy";
    int n =conm(str,str);
    printf("%d,%s\n",n, str);
    return 0;
}
```

7. 完善程序题(每空 2 分,共 20 分)

(1) 如果字符串 ct 是另一个字符串 cs 的一部分,则称字符串 ct 是字符串 cs 的子串。下面的 strstr 函数将在字符串 cs 中求子串 ct。如果字符串 ct 是字符串 cs 的子串,则返回 ct 在 cs 中第一次出现的位置;否则,返回－1。

```
int strlen(char s[]);
int strstr(char cs[], char ct[])
{
    int j =0, k;
    for (; cs[j]!='\0'; j++)          /* 先比较 ct 中的第一个字符,再逐个比较后续字符 */
        if (____①____)  {
            k =1;
```

```
        while (____②____ && ct[k]!='\0')
            k++;
        if (k ==strlen(ct))
            return j;
    }
    return -1;
}

int strlen(char s[])                    /* 求字符串长度 */
{
    int j =0;
    while (s[j] !='\0') ____③____;
    return j;
}
```

(2) 本程序从外部输入N个数并存放在数组array中，然后调用find_order_min_k函数找出数组中第k小的数(k从1开始)，最后输出第k小数的值和所在的位置。例如，在array={2,4,3,4,7}中，第一小的数是2，下标位置是0；第三小、第四小的数都是4，下标位置是1、3，输出其一均可。

```
#include<stdio.h>
#define N 5
int find_order_min_k(int* narry,  int n,  int k);
int main()
{
    int array[N];
    int i,n,k;
    printf("请输入%d个数:", N);
    for(i =0;i <N; i++)   scanf("%d",&array[i]);
    printf("你要找第几小的数?");   scanf("%d", &k);
    n =find_order_min_k(____④____);
    if(n!=-1)
        printf("第%d小的数是%d,在下标为%d的位置.\n", k, array[n],n);
    else
        printf("不存在第%d小的数.\n", k);
    return 0;
}
int find_order_min_k( int* narry, int n, int k)
{
    int i,j,ptr[N];
    if(k <=0 || k >n)   return -1;
    for(i =0; i <n; i++)
        ptr[i] =narry[i];
    for(i =0; i <k; i++)
        for(j =i+1; j <n; j++)    {
```

```
            if(    ⑤    )    {
                int temp =ptr[i];
                ptr[i] =ptr[j];
                ptr[j] =temp;
            }
        }
    for(i =0; i <n; i++)
    {
        if(    ⑥    ==narry[i] )    {
            return i;
        }
    }
    return -1;
}
```

(3) 本程序实现链表的翻转。首先输入正整数 n,用这 n 个数建立一个单向链表,各结点的 data 域顺次保存着这 n 个数的值,指针域 next 指向下一个结点(最后一个结点的 next 等于 NULL),指针 head 指向链表头结点。递归函数 ReversePtr 实现链表的翻转,即将原链表中各结点的 next 指针指向翻转,从而使原链头变成链尾,原链尾变成链头,链表头结点依旧被 head 指针所指。例如,设输入:1 2 3 4 5,建立单向链表,单向链表被指针 head 所指,如图 11-2 所示。反转链表,链表依旧被指针 head 所指,反转后的链表结构如图 11-3 所示。

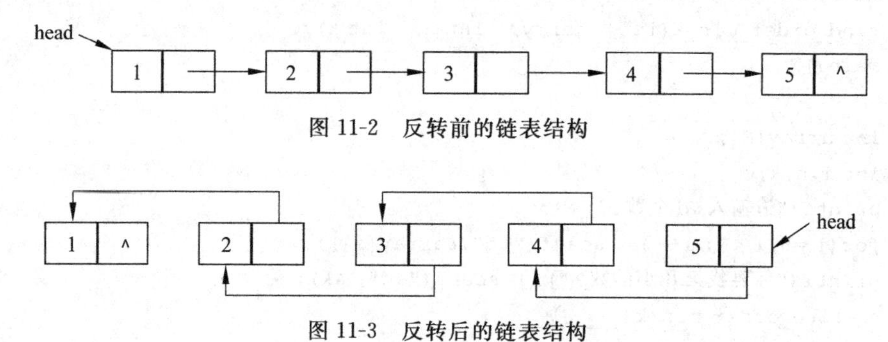

图 11-2 反转前的链表结构

图 11-3 反转后的链表结构

```
#include<stdio.h>
#include<malloc.h>
#define N 5
struct _node {
    int data;
    struct _node * next;
};
struct _node * ReversePtr(struct _node * p,struct _node * * t);

void PrintList(struct _node * head)
{
    struct _node * ptr;
```

```
    ptr =head;

    while(ptr) {
        printf("%d ", ptr->data);
        ptr = ____⑦____;
    }
}
int main()
{
    int i,j;
    struct _node * head =NULL, * tail, * ptr;
    printf("请输入%d个数:", N);
    for(i =0;i<N;i++) {
        ptr = (struct _node * )malloc(____⑧____);
        scanf("%d",&ptr->data);
        ptr->next =NULL;
        if(!head) head =ptr;
        else tail->next =ptr;
        tail =ptr;
    }
    printf("你输入的序列是:");
    PrintList(head);
    printf("\n");
    head =ReversePtr(head,&tail);
    printf("翻转后的序列是:");
    PrintList(head);
    printf("\n");
}
struct _node * ReversePtr(struct _node * p,struct _node * * t)
{
    struct _node * h;
    if(p==NULL) return p;
    if(____⑨____) {
        * t =p;
        return p;
    }
    h =ReversePtr(p->next,t);
    ____⑩____ =p;
    * t =p;
    (* t)->next =NULL;
    return h;
}
```

附录 A　C语言常见编译错误及分析

A.1　错误类型

C 编译程序给出的出错信息一般有两类：错误(error)和警告(warning)。

错误指程序的语法错误，一般都是违背了 C 语言的语法规定，如括号不匹配、语句漏了分号等，这些错误不改正是不能通过编译的。应该仔细检查源代码文件中第 n 行及该行之前的程序，有时也需要对该文件所包含的头文件进行检查。有些情况下，一个很简单的语法错误，编译器会给出一大堆错误，此时要保持清醒的头脑，不要被其吓倒。

警告指出一些语法上有轻微毛病但不影响程序运行的错误(如定义了变量但始终未使用)，或者指出一些值得怀疑的情况(如在 if 语句中用赋值表达式，怀疑可能将等于运算符＝＝写成赋值符＝)。警告并不阻止编译进行，有些警告不影响程序执行，但常预示着隐藏较深的实际错误，必须认真弄清原因，消除程序中的警告。

注意错误信息处有关行的一个细节：编译程序只产生被检测到的信息。因为 C 并不限定在正文的某行放一条语句，这样真正产生错误的行可能在编译指出的前一行或几行。

排除编译过程中的错误是程序设计中最基本的一步。这个过程中的错误是在使用 C 语言描述一个算法中所产生的错误，是比较容易排除的。编写的程序编译连接通过后，程序在运行过程中也可能出现问题，这可能是算法设计有问题，或者是代码书写有问题，这时需要更加深入地测试、调试和修改。一个程序，尤其稍为复杂的程序，往往要经过多次的编译、连接和测试、修改。

编译程序发现错误后会输出错误处的行号、源文件名和信息的内容，A.2 节按字母顺序列出常见错误信息，对每一条信息提供可能产生的原因及修正方法。

A.2　错误信息

(1) called object 'x' is not a function

错误信息说明：对象 x 不是一个函数。错误原因是变量与函数重名或该标识符不是函数，例如“int i,j; j=i();”中 i 不是函数。

(2) case label does not reduce to an integer constant

错误信息说明：case 表达式不是常量。case 表达式必须是一个整型常量(包括字符型)，例如 case "a" 中"a"为字符串，这是非法的。

(3) conflicting types for 'xxx'

错误信息说明：'xxx'的类型冲突。错误原因是定义了同名但类型不同的变量。

(4) dereferencing pointer to incomplete type

错误信息说明：间接引用指针为不合适的类型。错误原因是程序试图通过指针访问一

个没有事先声明的结构体成员。在C语言中,在声明指向结构的指针时应先声明结构类型。例如:

```
struct btree * data;
int main (void)  {
    data->size =0;                    /* 不合适的类型,因为没有说明 btree 结构 */
    return 0;
}
```

(5) 'else' without a previous 'if'

错误信息说明:没有if与else相匹配。错误原因可能是多加了“;”或复合语句没有使用“{ }”。

(6) empty character constant

错误信息说明:字符型常量为空。一对单引号“''”中不能没有任何字符。

(7) expected declaration or statement at end of input

错误信息说明:输入结束时期待声明或语句。这是因为大括号少一个,括号的个数不成对,仔细在出错的函数中查找即可。

(8) expected … before '…'

错误信息说明:在'XXX'语句前期待…。错误原因通常是丢失了某些语法成分,例如丢失了花括号、圆括号、分号或标识符等。

(9) file not recognized: File format not recognized

错误信息说明:文件不可识别:文件格式不可识别。错误原因是文件扩展名不是.c。

(10) floating point exception

错误信息说明:浮点运算异常。这是个算术运算异常,例如除数为0、上溢、下溢或非法的操作(如对−1求平方根)等。

(11) Illegal instruction

错误信息说明:非法指令。当系统遇到非法的机器指令时,产生此错误。通常此类错误是在源代码已编译成特定机器的目标代码后,又在其他类型的机器上运行时发生。

(12) initializer element is not a constant

错误信息说明:初始化元素不是常量。在C语言中,全局变量只能在初始化时赋值常量,例如数值、NULL或字符串常量。注意,在C++语言中则允许在初始化中使用非常量数据。C语言中若使用了非常量值则会引发此错误。例如:

```
int i =10;
int j =2 * i;                    /* i 不是常量,错 */
int main (void)  {
    printf ("Hello World!");
    return 0;
}
```

(13) invalid digit "…" in xxx constant

错误信息说明:对于xxx常量来说数字…非法。一般是八进制或十六进制数表示错误，例如“int i=081;”语句中 8 不是八进制的数字。

(14) invalid operands to binary+(have 'int *' and 'int *')

错误信息说明：+的操作数无效。例如，“int *pa, *pb, *a; a=pa+pb;”中两个指针变量不能进行加“+”运算。

(15) invalid preprocessing directive #…

错误信息说明：非法的预处理命令#…。表明预处理器遇到了不可识别的#命令。例如“#elseif BAR”，#elseif 应该是#elif。

(16) invalid type argument of unary '*' (have 'int')

错误信息说明：单目“*”的无效类型参数。错误原因是对非指针变量使用“*”运算。

(17) lvalue required as left operand of assignment

错误信息说明：赋值的左操作数需要左值。赋值表达式的左边应该是变量，不能是表达式。例如“a+b=1;”语句中，“=”运算符左值必须为变量，不能是表达式。

(18) missing terminating ' character

错误信息说明：缺少终止符 '。该错误是因为使用字符串或字符常量缺少配对的引号而产生的。对字符而言，应使用成对的单引号；而对字符串，应使用成对的双引号。

(19) No such file or directory

错误信息说明：没有相应文件或目录。编译器的搜索路径上找不到所需要的文件。例如，#include <stdoi.h> 引入了一个不存在的文件 stdoi.h。需要查看文件名是否正确，或文件所存放的目录是否已添加到系统目录。

(20) redeclaration of 'xxx' with no linkage

错误信息说明：标识符 xxx 重复声明。错误原因是有变量名、数组名重名。

(21) Segmentation fault

错误信息说明：分段错误。企图访问受保护的内容或覆盖重要的数据，指明内存访问错误。通常的原因如下：①用一个空指针或没有初始化的指针；②超出数组访问的下标；③对 malloc，free 和相关函数不正确的使用；④使用 scanf 时的参数（数量、类型）不正确。

(22) stray '\243' in program

错误信息说明：程序中有游离的'\243'。'\243'这个字符不能识别，一般是输入了中文标点符号，把问题指向的语句重新用英文输入法输一次就行了。

(23) 'struct <anonymous>' has no member named '…'

错误信息说明：'…'不是结构的成员。指出程序错误地引用结构体的成员。

(24) switch quantity not an integer

错误信息说明：switch 表达式不是整型的。switch 表达式必须是整型（或字符型），例如 switch ("a") 中表达式为字符串，这是非法的。

(25) syntax error : 'xxx'

错误信息说明：'xxx'语法错误。分析：引起错误的原因很多，可能多加或少加了符号 xxx。

(26) too few arguments to function 'xxx'

错误信息说明：函数 xxx 的参数太少。指出在调用函数 xx 时给定的实参少于形参。

(27) too many arguments to function '…'

错误信息说明：函数 '…' 参数太多。指出调用函数时参数个数和定义时候不一样。

(28) two or more data types in declaration specifiers

错误信息说明：在声明标识符中存在多种数据类型。例如"char int x;"中 char 和 int 只能保留一个。

(29) undefined reference to 'main'

错误信息说明：没定义对 main 的引用。错误原因是程序中缺少 main 函数，一般是 main 拼写错误，例如错写成了 mian。

(30) unknown escape sequence: 'x'

错误信息说明：未知的转义字符 x。一般是使用了不能识别转义字符。

(31) unterminated '#if' conditional

错误信息说明：'#if'语句条件没有终止。错误原因是缺少 #endif 语句。

(32) 'variable' undeclared (first use in this function)

错误信息说明：变量'variable' 没有声明(第一次使用此变量)。在 C 语言中，变量必须先声明后使用。

(33) warning: missing terminating " character

错误信息说明：缺少表示终止的字符。指出字符串没有以终止符结束。

(34) 'xxx' redeclared as different kind of symbol

错误信息说明：xxx 重新声明为不同类型的符号。原因是函数参数 xxx 在函数体中重定义。

A.3 警告信息

(1) assignment makes integer from pointer without a cast

警告信息说明：赋值不能从指针到整数进行转换。通常是因为将一个指针数据赋值给整型数据。

(2) assignment of read-only location

警告信息说明：对只读变量进行赋值。检查赋值的变量是否已用 const 修饰或已被声明为常量。

(3) comparison between pointer and integer

警告信息说明：对指针和整型值进行比较。检查参与比较运算的两个操作数的类型，指针类型和整数类型的数据不能做比较。

(4) control reaches end of non-void function

警告信息说明：控制到达非 void 函数末端。警告原因是，如果一个函数已声明为有返回数据类型(如 int 或 double)，那么就必须在函数中的适当位置(所有可能的结束点)使用 return 语句返回相应类型的值；否则，就属于不是良好定义的函数。如果函数声明为 void，则不需要 return 语句。

(5) excess elements in array initializer

警告信息说明：初始值过多。警告原因一般是数组初始化时初始值的个数大于数组长度,例如“int b[2]={1,2,3};”。

(6) implicit declaration of function 'xxx'

警告信息说明:函数隐式声明。该警告是因为调用了一个函数,但没有提供函数原型,或在#include指令中没有包含正确的头文件。

(7) initialization makes integer from pointer without a cast

警告信息说明:初始化过程中不能从指针到整型进行转换。该警告通常是把一个指针赋值给了整型数。

(8) multi-character character constant

警告信息说明:字符常量太长。字符型常量的单引号中只能有一个字符,或是以“\”开始的一个转义字符,本警告是因为使用单引号封装了多于一个字符而引发的。

(9) passing arg of xxx as … due to prototype

警告信息说明:传送xxx参数为…,但原型不匹配。该警告提示在调用函数时,存在与声明的参数类型不一致的情况。

(10) passing arg 1 of 'cpystr' makes integer from pointer

警告信息说明:函数的参数1存在参数不匹配。该警告原因是类型转换不匹配,无法类型转换。

(11) return discards 'const' qualifiers …

警告信息说明:返回值丢弃const限定符…。return表达式的指针类型被限制为const,而函数定义的指针类型末用const修饰。例如,

```
char * f(const char * s){
    …
    return s;          /* warning: return discards 'const' qualifiers … */
}
```

指针s所指存储单元的值不能改变,但函数的类型是char *,可以通过函数返回的指针来改变该存储单元的值,即返回值丢弃了对存储单元值的const限定,所以给予警告。

(12) statement with no effect

警告信息说明:语句无效果。例如,“i+j;”语句中的“+”运算无意义。

(13) suggest parentheses around assignment used as truth value

警告信息说明:建议用圆括号括上用于逻辑值的赋值表达式。该警告强调有潜在的语义错误,程序在条件语句或其他逻辑表达式测试中使用了赋值操作符“=”而不是比较操作符“==”。当然在语法上,赋值操作符可作为逻辑值使用,但在实践中很少用。

(14) unknown escape sequence '…'

警告信息说明:未知的转义序列。该警告原因是使用了不正确的转义字符。"HELLO\N"中“\N”错误。

(15) unused variable 'xxx'

警告信息说明:存在从未使用的变量xxx。该警告指出存在已声明的变量,但在其他地方并没使用过它。

(16) unused parameter 'xxx'

警告信息说明：存在从未使用的参数xxx。该警告原因与上述警告信息(15)类似。

(17) useless type name in empty declaration

警告信息说明：空声明中无用的类型名。例如，语句“int;”未定义任何变量，但不影响程序执行。

(18) discards qualifiers from pointer target type

警告信息说明：在指针目标类型中丢弃限定符。该警告原因是指针声明中缺少限定符。例如：

```
const int a[ ]={1,2,3}          /* 数组a用const修饰,表示其元素值不可修改 */
int *p=a;                       /* 用指针p表示数组a */
```

指针变量p未添加const修饰符，那么可以间接通过p来改变数组a的元素值，这与数组a的元素不可修改的要求相悖，所以给予警告。解决办法就是将int * p＝a改为const int * p＝a，从而不能通过p来改变数组a的元素值。

(19) 'x' is used uninitialized in this function

警告信息说明：在这个函数中变量x未初始化。变量未赋值，结果有可能不正确，如果变量通过scanf函数赋值，则有可能漏写“&”运算符。

附录B　练习题参考答案

B.1　练习题一参考答案

1. 单项选择题答案

(1) D　(2) B　(3) A　(4) A　(5) A　(6) C　(7) C　(8) A　(9) D　(10) C

2. 多项选择题答案

(1) ABC　(2) ABD　(3) BD　(4) BCD　(5) AB

3. 计算题答案

(1) 1　(2) 16　(3) 33　(4) 120(0x78)　(5) 96(0x60)

(6) E　(7) 2　(8) D　(9) 88.0　(10) J

4. 判断改错题答案

(1) 将“scanf("%d",&r);”改为“%f”。

(2) 将“while (s[i++]=getchar()!='\n');”改为“(s[i++]=getchar())!='\n'”。

(3) 正确。

(4) 错误。正确形式“1<=x && x<=100”。

(5) “scanf("%s",str1[i]);”指针悬浮,需要初始化。可改为“for(i=0;i<5;i++){ str1[i]=str2[i]; scanf("%s", str1[i]); }”。

5. 简答题答案

(1) a-b>=0 ? a-b: b-a 或 abs(a-b)

(2) (!a&&!b)? 1: a*b>0

(3) #define DATA_NUM(array)　sizeof(array)/ sizeof(array[0])

(4) int p(int a[],int n,int (*f)(int x,int y));

(5) c=(c>>4)&0x0f|c<<4

6. 写运行结果题答案

(1) r=2

(2) L1: a=11,b=12,c=0

　　L2: a=11,b=13,c=1

　　L3: a=11,b=14,c=2

(3) str=01234

　　num=194

(4) 90 80 70 60 50 40 30 20 10

(5) n=3

1 2 3

1 2

1

7. 完善程序题答案

① 0　② s[i]!='\0' 或 s[i]　③ flag==0 或 !flag

④ len-=3　⑤ printf("%d",d)　⑥ h=h->next

⑦ continue　⑧ a[i]!=0 或 a[i]

⑨ malloc(sizeof(struct node))　⑩ tail->next=NULL

B.2 练习题二参考答案

1. 单项选择题答案

(1) B　(2) D　(3) C　(4) A　(5) D　(6) D　(7) C　(8) D　(9) C　(10) A

2. 多项选择题答案

(1) AB　(2) ABD　(3) ABD　(4) ACD　(5) ABCD

3. 计算题答案

(1) 2　(2)1　(3)-2　(4) 32　(5) 0

(6) h　(7) 0　(8) -2　(9) j　(10) 3

4. 判断改错题答案

(1) 正确。

(2) 错误,应为"const char * const p="abcd";"。

(3) 错误,(x)<<(n)应为"((x)<<(n))"。

(4) 错误,"char a[ ]={'a','s','d','f','\0'};"目标数组 a 会溢出,a[]改为 a[20]。

(5) 错误,应将 k 声明为"static int k=1;"。

5. 简答题答案

(1) x % x,x<< 16,x & 0,x ^ x,x && 0,x !=x

(2) ch=(x&0xff00)>>8

(3) 函数原型 1: struct stu * creat(void);　调用语句: pstu=creat();

函数原型 2: void creat(struct stu * *); 调用语句: creat(&pstu);

(4) file1.c　　file2.c　　file3.c

int x;　　extern int x;　　int y;

static int y;　　extern int y

(5) char (* (* p)(int, int))[5];

6. 写运行结果题答案

(1) 9　21　25

(2) x　x　x

y y

z

(3) 0 −1 0 0 0

0 −1 0 −1 0

−1 −1 0 −1 0

−1 −1 0 −1 −1

3

(4) Add a record

Delete a record

Enter record

Find record

(5) 6 * 3=18

7. 完善程序题答案

① n−1 ② t=a[i],a[i]=a[j],a[j]=t

③ (fp=fopen(filename, openmode)) ④ sort(numbers,length)

⑤ fprintf(out,"%d ",numbers[i]) ⑥ head3−>next

⑦ p−>next=head ⑧ (hd1−>c-'0'+hd2−>c-'0'+carry)/10

⑨ tl−> next=NULL ⑩ outlist(hd−>next)

B.3 练习题三参考答案

1. 单项选择题答案

(1) C (2) B (3) D (4) B (5) A (6) D (7) A (8) D (9) B (10) C

2. 多项选择题答案

(1) BC (2) BD (3) ABCD (4) BC (5) ABD

3. 计算题答案

(1) 7 (2) −128(0x80) (3) 28 (4) 13 (5) −2

(6) m (7) 1 (8) j (9) 6 (10) e

4. 判断改错题答案

(1) 将"int a,b,c,delta;"改为"float"(因 a,b,c∈R,且格式为%f)。

(2) 将"for(i=1;i<=4;i++) scanf("%d",p[i]);"改为"p[i−1]"或"for(i=0;i<3;i++) scanf("%d",p[i]);"。

(3) while 循环前加定义"char *p=s;",且将 while 改成 while(*p++=*t++);或者不改 while,改"return(p);"。

(4) 将 else 子句去掉, 或者 if 语句改成"if(!(x%i)) {flag=1; break;}"。

(5) 将"fin=fopen("c: \abc. txt","r")"中的画线部分改为"c: \\abc. dat"。

5. 简答题答案

(1) a%10==(a/10)%10 ? 1：0。

(2) y=(y&0xff00) | ((x&0xff00)>>8)。

(3) #define MID(A, n)　(((n)%2)? A[(n)/2]：(A[(n)/2]+A[(n)/2-1])/2)，或 #define MID(A, n)　((A[(n)/2]+A[((n)-1)/2])/2)。

(4) do…while 是先执行一次循环再判断条件，如果条件成立则再做一遍循环，直到条件不满足时退出循环。while 循环是先进行条件判断，如果条件成立则执行循环，并直到条件不成立时退出循环。而在首次判断条件时，如果条件不成立，while 循环一次循环都不做。

break 的作用是终止执行整个循环，即结束本次循环的执行并停止执行以后的循环，直接退出包含本 break 的循环体，执行后面的语句。

continue 的作用是终止执行本次循环，即只结束本次循环的执行，转而继续执行下一次循环，不退出循环。

(5) 首先 typedef 定义了一个函数指针类型 p_to_f，该指针指向的函数要求有两个 char * 类型的形参，但无返回值。

然后声明了一个有两个元素的函数指针数组 pf。每个元素所指向的函数无返回值，需要有两个参数，第一个参数是字符指针类型，第二个参数是 p_to_f 类型的指针。

6. 写运行结果题答案

(1) a=2,b=1

(2) i=3,k=4

(3) The result is：3579

(4) 2,3,5,7

(5) 5,45678

7. 完善程序题答案

① cs[j]==ct[0]　　② cs[j+k]==ct[k]

③ j++　　④ array， N， k

⑤ ptr[i] > ptr[j]　　⑥ ptr[k-1]

⑦ ptr->next　　⑧ sizeof(struct _node)

⑨ !p->next　或　p->next==NULL　或　p==*t

⑩ (*t)->next　或　p->next->next

附录C　C语言编程作业在线评测系统

C.1　系统概述

C语言程序设计是一门强调编程实践的课程。学生编程作业的提交与批阅作为其理论教学和实践教学中的一个重要环节，可以及时反馈学生对知识点的掌握情况、检验学生的实际动手能力、真实反映理论课堂和实践课堂的教学效果。然而，在编程作业提交和批阅过程中，存在以下几个方面的问题。

（1）编程作业量大。

在48个学时的理论教学和32个学时的实践教学过程中，总共大约要布置50道编程题。

（2）每个课堂的学生人数较多。

由于受到教学资源的限制（教室数量和容量、实验设备数量及场地等），一个理论课堂学生人数一般大约为90～110人，有的课堂人数多达120人以上。实验课堂一般也是30人左右。

（3）作业批阅过程复杂，批阅工作量巨大，容易出现错判。

一般来讲，每章至少有3道编程作业题。按照以前传统的人工批阅方法，助教必须逐一打开C源文件、检查源代码、编译并执行程序、输入测试用例、检测测试结果，最后才能给出评分结果。假设助教评阅一个学生一道题，从打开源文件到给出测试评分结果需要3分钟，则评阅一个课堂（按90人计算）3道编程作业题需要810分钟（13.5小时）。这是假定所有的作业不出问题、一次性测试成功所需要的时间。如果测试程序遇到问题，那么花费的时间更多。由此可见，编程作业的批阅工作量非常大，助教很难给出及时、正确、客观、一致的评测结果，学生编程作业的完成情况无法及时反馈给任课教师。

另一方面，助教在批阅过程中，反复做重复性的工作，非常容易出现差错，出现错判的现象。

（4）学生作业抄袭现象比较普遍。

通过对前些年C语言编程作业完成情况的跟踪调查，发现抄袭剽窃他人编程作业的现象非常普遍。有些学生直接从互联网上下载作业案例，做一些简单的修改，就直接提交给任课老师；有的甚至原封不动地直接提交上来。如果仅仅依靠任课老师和助教人工逐个排查，不仅要花费大量的时间和精力，而且也很难准确甄别。

此外，延期上交作业的现象屡禁不止，不交作业的学生也时有发生。

针对上述问题，我们C语言课程组组织设计和开发了这套面向C语言编程作业在线评测系统（C programming Assignment Online Judge system，CAOJ）。这套系统从2015年初投入运行以来，深受学生和老师的好评，引起了较大的反响。从使用情况来看，系统对学生的作业完成起到了很好的督促和监督作用，有效避免了抄袭现象，大大提高了编程作业的批改效率和质量。

以下是部分学生在使用该系统之后给出的评价：

“我觉得这个系统很有意义。首先，它减少了老师评判作业的时间，而且传统的把代码写在纸上的方式，一是学生费时，二是老师批改也困难，往往不能看出细节错误。其次，它也提高了对学生的要求，多一个空格、少一个换行，程序就不能通过，这更加要求学生在编写程序时要细心谨慎，无形之中培养了学生的严谨思维能力。”

“我认为使用这个C语言作业检查系统是很有必要的。学生提交作业后能即时反馈正确与否的结果，方便学生进一步修改错误，直到正确提交为止。在这个不断修改错误的过程中，学生的动手能力、分析问题和解决问题的能力就会自然地得到提高；同时，系统中的查重功能也能帮助减少一部分作业抄袭现象。美中不足的是系统答案比较死板，比如有一次有道题我的程序逻辑本身没有错误，只是在输出结果时多输出了一个回车符，系统就是不通过，后来检查了很久才发现，浪费了很多时间，希望系统能够反馈明确的错误结果。”

“首先，系统的最大特点就在于其严格的规定，而且给学生作业的反馈相当迅速，相对于人工批改作业，效率提高了数倍；其次，截止时间也是该系统的一大特色，说一不二，绝无法外开恩。好处就是督促我们按时完成作业，提升自身效率；第三，查重功能非常有必要，防止了学生因一念之差而偷懒、抄袭其他同学的作业；第四，作业一旦提交成功，就给我一种极大的成就感，每次提交不成功，修改再提交，这都是一个提升的过程，真的可以感受到自己对C语言的掌握一点一点地熟练起来。”

C.2 CAOJ系统与OJ系统的区别

CAOJ系统和OJ系统在实现过程中所采取的技术实现原理是相同的，都属于在线评测编程题，系统对源代码进行自动编译和执行，并通过预先设计的测试数据来检验程序源代码的正确性。二者的最大不同体现在以下几个方面。

(1) 使用的对象和用途不同。

CAOJ是针对C语言的初学者开发的，主要用于学生在线提交自己的编程作业题，实现源代码的自动评测，提高编程作业的批阅效率和质量；同时，对学生的作业完成起到督促和监督作用，有效避免抄袭现象。

OJ最初使用于ACM-ICPC(ACM International Collegiate Programming Contest, http://icpc.baylor.edu)国际大学生程序设计竞赛和信息学奥林匹克竞赛(Olympiad in Informatics, OI)中的自动判题和排名。现广泛应用于世界各地大学生程序设计的训练、参赛队员的训练和选拔、各种程序设计竞赛以及数据结构与算法的学习和作业的自动提交判断中。

(2) 支持的编程语言数量不同。

CAOJ只提供C语言编程题的在线评测。大多数OJ系统都提供C、C++源代码的在线评测，也有的OJ系统除了提供C、C++语言的源代码的在线评测之外，还提供了Java、Pascal和Python等语言的源代码的在线评测。

(3) 评测标准和评测结果不同。

CAOJ 系统评测标准单一,根据输入样例和输出样例来评测,评测结果状态只有两种:通过和不通过。

OJ 系统评测标准比较严格。不仅要考虑输入样例和输出样例的评测结果,还要考虑运行时间限制,内存使用限制和安全限制等,评测结果的状态有 8 种,包括:通过(Accepted, AC)、答案错误(Wrong Answer, WA)、超时(Time Limit Exceed, TLE)、超过输出限制(Output Limit Exceed,OLE)、超内存(Memory Limit Exceed,MLE)、运行时错误(Runtime Error,RE)、格式错误(Presentation Error,PE)、无法编译(Compile Error,CE),并返回程序使用的内存、运行时间等信息。

(4) 系统的其他功能。

CAOJ 系统除了提供在线评测功能之外,还提供作业查重评判、作业到期提醒、作业完成情况统计功能,以及其他一些系统管理功能:学生信息管理、教师信息管理、授课信息管理、作业管理(作业的编辑、发布、删除)、题库管理、日志管理、通知管理等。

OJ 系统除了提供在线评测功能之外,还提供所有学员题目提交状态查询功能、比赛信息发布功能、题库管理功能、集训信息管理功能,等等。

C.3 CAOJ 系统功能描述

系统用户分为学生、教师、管理员 3 种角色。根据角色不同,其权限也不同,登录系统之后能够操作的功能页面也不一样。

以学生身份登录 CAOJ 系统可以在线提交编程作业,上传文件,修改自己的个人信息,查阅自己的作业完成情况、登录日志和作业通知。

以教师身份登录 CAOJ 系统,可以浏览学生上传的文件、编程作业题,发布文件作业和编程作业,修改、查询、删除发布的文件作业和编程作业,贡献编程题目、浏览题库,查询教师课堂班级学生的作业日志、登录日志以及自己的登录日志,发布通知、查阅通知,修改个人信息。

以教师身份贡献(设计)的作业编程题目,只有经过管理员审核通过之后,才能成为题库中的题目,其他教师和管理员才可以作为作业题发布给学生;否则,只有教师本人才可以作为作业题发布给他自己课堂的学生。

以管理员身份登录 CAOJ 系统,完成的主要功能有:

(1) 浏览整个年级各个班级的作业完成情况,导出所有代码以及作业完成统计情况表。

(2) 人员管理。主要实现学生信息、教师信息的初始化,并对学生信息和教师信息进行增加、删除、修改、查询。同时也可以对系统用户(包括学生和教师)账户进行远程控制、修改学生作业状态。

(3) 授课管理。主要是对班级信息、课程信息以及教师授课信息进行维护。

(4) 编程作业管理。包括已发布作业管理、待发布作业管理、已选题目管理。

(5) 题库管理功能,包括题目新增、修改、审核、删除。

(6) 日志管理功能,包括学生登录日志管理、教师登录日志管理、管理员登录日志管理。

(7) 通知管理功能,向系统用户发布作业通知。

(8) 系统垃圾清理,包括系统通知、登录日志、过期题目、垃圾文件的清理。

除此之外,系统还提供编程作业的自动评测、抄袭甄别、作业截止时间自动控制、作业截止时间自动提醒、作业完成情况统计以及数据的导入导出等功能。

C.4 CAOJ 系统操作方法

C.4.1 学生操作手册

在笔记本计算机或台式计算机上,启动浏览器(必须选用极速模式),输入网址:http://xx.xx.xx.xx/CTest2/(xx.xx.xx.xx 代表 Web 服务器 IP 地址),立即出现用户登录页面,输入用户名和密码,如图 C-1 所示。

图 C-1 用户登录界面

单击"学生登录"按钮,身份认证正确后,即可进入学生作业管理页面,如图 C-2 所示。页面的左上部分显示的是姓名、学号、学院、班级等信息,左下部分显示我的作业、个人设置、历史记录、通知 4 个主菜单,右上角为退出按钮。

我的作业主菜单下包括在线作业、文件作业、已通过作业、未通过作业 4 个子功能。文件作业主要用于学生提交实验报告(如 Word 文档)电子文件;学生还可以通过已通过作业、未通过作业功能浏览自己的作业完成情况。

个人设置主菜单包括密码修改和个人信息修改功能。个人信息修改的内容主要包括手机号、Email 地址等信息。Email 地址信息必须准确无误,否则学生就无法接收到作业到期提醒邮件。

历史记录主菜单包括学生作业提交日志和登录日志功能。学生可以通过这两个功能查看自己作业提交的历史记录以及登录系统的历史记录。

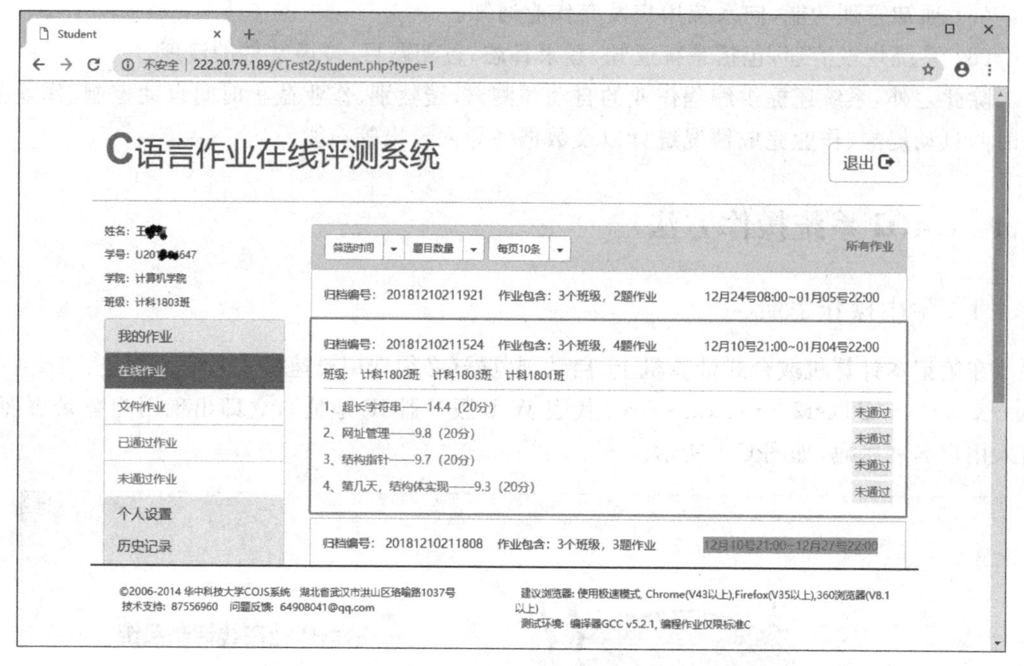

图 C-2 学生作业管理页面

通知主菜单主要用于浏览和查看课堂任课教师发布的在线通知信息。

在图 C-2 中，学生单击在线作业子菜单，则会显示所有的在线编程作业信息，默认情况下，作业信息按提交时间次序倒序排列，离现在时间最近的作业在最前面，最远的作业在最后面，超过截止日期的作业，则作业的起止时间显现灰色，意味着不能再提交了。只能查看作业信息。对于尚未到截止时间的作业，则以醒目的红色"未通过"3 个字给予提示。

作业信息包括归档编号、班级、本次作业的编程题数目、作业提交的起始和截止日期时间以及各个编程题的详细信息。

单击具体的作业题目名称时，弹出该题作业的内容文字描述。具体包括题目标题、题目要求描述、样例输入格式和样例输出格式。

学生根据题目描述，理解题目任务要求后，在本地计算机的 C 语言集成开发环境（如 CodeBlocks、DevCPP 等）下，完成代码的编辑、调试、运行、测试，确保测试结果正确之后，将源代码复制并粘贴到在线作业提交窗口中，单击该窗口下端的"提交代码"按钮，即可完成在线作业的提交。

学生提交作业之后，系统首先进行抄袭剽窃检测，然后自动编译、运行，测试程序的正确性，如果编译不通过或测试结果不正确，都会返回一个不通过的信息给学生。学生根据反馈的错误信息，再修改代码、调试、测试，再提交，直到系统反馈"通过"提示信息，该编程题才算完成，否则系统按未完成处理。

C.4.2 教师操作手册

以教师身份登录成功后，教师可以分别按照题目编号、归档号方式浏览自己课堂各班所有作业的提交情况；可以发布文件作业、在线编程作业、贡献题目、发布通知；还可以修改教师个人信息、查看教师登录日志、作业发布日志等。

C.4.3 管理员手册

以管理员身份登录系统后，管理员可以对作业系统中的学生信息、教师信息、班级信息、课堂信息、作业信息、题库信息、日志信息、通知信息等进行维护和管理。

附录 D 实验要求及评分标准

D.1 实验要求

C 程序设计课程实践性很强，必须重视实验课。通过实验，可以更深入地理解课堂讲授的语法规则和程序设计的思想方法，掌握常用算法的设计，能够应用 C 语言编程解决实际问题，在编程实践中学会调试程序的方法，不断积累调试经验，快速发现并排除程序中的逻辑错误，从而进一步提高解决问题的能力和程序排错的能力。

为了提高上机效率，每次上机实验要求做好：上机前的准备、上机调试运行和实验后的总结 3 个环节的工作。

(1) 上机前的准备：实验前做好充分的准备。预先认真阅读相关实验内容，明确任务与要求；对实验题目进行分析，写出结果、算法或程序，以提高上机效率；准备几组测试程序的实验数据和预期的正确结果，以便发现程序中可能存在的错误；对程序中有疑问的地方作出标记，以便上机进行验证。

(2) 上机调试运行：上机输入和调试程序，按要求完成实验任务。对于程序中的出错信息，尽量独立思考，自己分析判断，不要轻易问老师。使用预先准备的测试数据运行程序，观察是否得到预期的正确结果，若有问题，则仔细调试，排除各种逻辑错误。在调试过程中，要充分利用 C 语言集成开发环境提供的调试手段和工具，例如单步跟踪、设置断点、监视变量值的变化等，随时记录有价值的内容。

运行程序时要分析各种输入，按不同的性质分为若干类，注意检查在不同情况下程序是否正确。以解一元二次方程 $ax^2+bx+c=0$ 为例，可以分为：2 个不同实根、2 个相同实根、无实数根等情况，不同的 a、b、c 组合应得到不同的结果。对各种情况分析理论数据，比对理论数据与运行结果，分析程序的正确性。

(3) 实验后的总结：实验结束后，整理实验结果并认真分析，撰写实验报告。通过写实验报告，对整个实验进行总结，不断积累经验，提高程序设计和调试程序的能力。实验报告一般应包括实验题目、算法分析、源程序清单、测试结果和实验小结。算法分析部分用文字或流程图说明解题思路和步骤；测试结果部分需截图给出程序运行时的输入输出结果和结果的分析；小结部分可以写通过这次上机实验学到了什么知识，有哪些提高，调试程序过程中遇到的问题及解决办法，等等；经验教训的分析和思考。若程序最终未能调试通过，要分析其原因，找出存在哪些不足。

实验报告的电子档必须在该次实验后的一周内提交，每次报告的电子档注意保存好，期末一次全部双面打印提交纸质报告。

给出的实验一至实验八基本上和理论教学内容同步，在强化课堂内容的基础上有所提高和拓展，实验内容中标记星号“*”的是选做题，鼓励选做其中的部分或全部题目，实验中的项目实训和扩展训练供学有余力的有兴趣的学生课后选做。

D.2 评分标准

本课程共安排了8次课内实验，每次实验同等重要，其完成情况纳入实验成绩考核范围，本课程的综合成绩为：

(每次实验的上机检查成绩之和/8)×60%＋实验报告成绩×40%

在实验课之前必须对实验内容进行预习，实验课上，主要对预习时分析的结果进行上机验证，对编制的程序进行调试和测试。每次实验都要检查完成情况，课内未完成的课后自行找时间完成，可以在下次实验课检查。为了有效避免抄袭、不求甚解的弊端，验收时将有针对性地抽查提问。根据完成的题目数量、完成时间、检查演示效果、回答问题情况等综合评定每次实验的上机检查成绩。

做完实验后，要求及时对整个实验进行总结，撰写实验报告，实验报告评定参考指标为：内容完整、格式规范和程序规范。

实验报告的撰写必须内容完整，针对不同的题型，要求包含的报告内容有所不同。对于改错和跟踪调试题，需包含：①题目；②分析语法错误的原因并改正；③截图给出题目要求的各观察点的有关变量的值；④根据跟踪结果分析程序，找出逻辑错并改正。对于修改替换题，需包含：①题目；②分析叙述原程序的方法；③设计替换方案。对于编程题，需包含：①题目；②分析算法思想，必要时画出流程图；③给出完整的源程序；④测试结果。

程序规范基本要求如下：

(1) 源码文件应包含文件头注释，文件头注释包含作者、文件实现功能等信息。

(2) 程序的主要变量，关键代码块要给出注释。

(3) 自定义函数要有函数头部注释。

(4) 程序风格应统一，如全部采用缩进对齐。

(5) 有输入要求的程序，运行时应有输入提示信息，包括输入什么以及输入格式；输出按格式要求输出。

(6) 主要变量和函数的命名应可理解，如一个表示长度的变量可命名为len，而不是随意的字母a。

附录 E　汇编器和模拟器测试用例

```
        #八皇后问题求解
        WORD  cnt =0                      #解计数器
        BYTE  sltn[8] ={0,0,0,0,0,0,0,0}  #存放解的数组,元素值依次为各行皇后的位置
        BYTE  cell[64]                    #元素值表示对应单元位置受皇后攻击状况

        #将数组 cell 的元素值初始化为 0
        LOADI  A  64          #设置数组下标的上界为 64
        LOADI  G  0           #数组下标初始化为 0
init:   STOREB Z  cell        #将寄存器 Z 的值存入 cell[G]
        ADDI   G  1           #下标增加 1
        LT     G  A           #关系运算:G <64
        CJMP   init           #比较结果为真,则转至标号 init;否则,往下执行

        LOADI  B  0           #将行号 0 存入寄存器 B
        PUSH   B              #将 B 值压入堆栈
        CALL   dfs            #调用子程序 dfs

        HLT                   #终止程序运行

        #深度优先搜索算法,采用递归实现
dfs:    POP    B              #从堆栈中取出行号值存入寄存器 B
        LOADI  C  8           #将行号的上界值 8 存入寄存器 C,行号取值范围是 0~7
        LT     B  C           #关系运算:B <C,比较行号是否越界
        CJMP   next           #没有越界,则转至标号 next;否则,往下执行
        CALL   prnt           #行号越界表明得到了一个解,调用子程序 prnt,输出解
        RET                   #控制返回到子程序被调用处

next:   LOADI  A  0           #将 0 存入寄存器 A,从第 B 行的第 0 列开始测试
n1:     MUL    D  B  C        #D =B * C,计算第 B 行元素的起始下标
        ADD    G  A  D        #G =A +D,得到第 B 行第 A 列的元素下标值
        LOADB  D  cell        #将 cell[G]取出,存入寄存器 D
        EQU    D  Z           #若关系运算:D ==0(Z),若为真,则第 B 行第 A 列没有受到皇后攻击
        NOTC                  #将比较标志位的值反转
        CJMP   n2             #比较标志为真表示 D 不等于 0,转 n2,否则可在此处放置皇后
        PUSH   A              #将寄存器 A 的值压入堆栈
        PUSH   B              #将寄存器 B 的值压入堆栈
        CALL tag              #调用子程序 tag 在第 B 行第 A 列放皇后,并在攻击的位置上做标记
        ADD    D  B  Z        #将寄存器 B 的值存入寄存器 D,即 D =B +Z
        ADDI   D 1            #将寄存器 D 中的值增加 1,即 D =D +1,得到下一行行号
        PUSH   D              #将下一行行号 D 压入堆栈
        CALL   dfs            #递归调用,在下一行合适的位置上放置皇后
```

```
        PUSH    A           #将列号 A 压入堆栈
        PUSH    B           #将行号 B 压入堆栈
        CALL    tag         #再次调用 tag,抹去标记
n2:     ADDI    A  1        #列号增加 1
        LT      A  C        #关系运算:列号 <8
        CJMP    n1          #为真,则转至标号 n1,继续测试新一列
        RET                 #否则,返回子程序被调用处

        #输出解
prnt:   LOADI   G  0        #下标置为 0
        LOADW   C  cnt      #将解计数器的值加载到寄存器 C 中
        ADDI    C  1        #计数器的值增加 1
        STOREW  C  cnt      #存入计数器
        LOADI   E  1        #将 1 存入寄存器 E,作为按位与运算的屏蔽码 0x1
        AND     D  C  E     #按位与运算,将 C 的最低位取出,存入寄存器 D
        PUSH    D           #D 中值为 1 表明解的个数为奇数,D 中值为 0 则表明解的个数是偶
                            数,先将 D 入栈
        LOADI   D  10       #D =10,十进制进位值
loop1:  DIV     E  C  D     #E =C / D,C 除以 10 的商,整数除,切掉 C 的个位数字
        MUL     F  D  E     #F =D * E
        SUB     F  C  F     #F =C -F,得到 C 除以 10 的余数
        PUSH    F           #将余数 F 入栈
        ADDI    G  1        #G 用来为余数压栈次数进行计数
        ADD     C  E  Z     #将商 E 存入 C
        LT      Z  C        #关系运算 Z <C
        CJMP    loop1       #为真,表示商大于 0,转至 loop1,继续求余数
loop2:  POP     C           #余数出栈,存入 C
        ADDI    C  48       #C =C +48,将数字转为数字字符
        OUT     C  15       #输出 C 中的数字字符
        SUBI    G  1        #余数计数器减 1
        LT      Z  G        #关系运算:Z <G
        CJMP    loop2       #余数还未取完,则转 loop2 继续取余数并转换为数字字符输出
        LOADI   C  58       #将字符 ':' 存入寄存器 C
        OUT     C  15       #输出字符 ':'
        LOADI   C  10       #将换行符 '\n' 存入寄存器 C
        OUT     C  15       #输出换行符

        #依次输出 8 行上皇后的位置
        LOADI   A  8        #将数组下标上限 8 存入寄存器 A
        LOADI   G  0        #将下标置为 0
loop3:  LOADB   C  sltn     #C =sltn[G],元素值表示下标对应的行上皇后放置的位置
        PUSH    C           #C 入栈,C 值表示皇后在第 G 行上的位置,即列号
        CALL    aline       #调用子程序 aline 输出第 G 行的摆子情况
        ADDI    G  1        #G =G +1,下标增加 1
        LT      G  A        #关系运算 G <A,判断下标是否越界
```

```
        CJMP    loop3       #为真,则转到标号 loop3 输出下一行;否则,继续执行
        LOADI   C  10       #将换行符 '\n' 存入 C
        OUT     C  15       #输出换行符
        POP     D           #解个数的最低位出栈,存入 D
        LT      Z  D        #关系运算 0(Z) <D
        CJMP    loop4       #为真,表明解的个数是奇数,转至 loop4;否则,执行下一行
        IN      D  0        #等待从键盘输入一个字符,实现每输出两个解程序停顿一下的效果
loop4:  RET                 #返回

        #输出棋盘一行的摆子情况
aline:  POP     B           #皇后所在的列号出栈到 B 中
        LOADI   A  8        #A =8
        LOADI   D  0        #D =0,列号初始化为 0
        LOADI   E  32       #E =32,空格字符
a1:     LOADI   C  49       #C =49,数字字符 1
        EQU     B  D        #关系运算:B ==D
        CJMP    a2          #为真,表明 D 列上放置皇后,转至 a2;否则,执行下行
        SUBI    C  1        #C =C -1,得到数字字符 0
a2:     OUT     C  15       #将 C 中的数字字符输出
        OUT     E  15       #输出一个空格字符
        ADDI    D  1        #D =D +1,列号增加 1
        LT      D  A        #关系运算:D <A
        CJMP    a1          #为真,表明此行还没有全部输出,转至 a1 继续输出
        LOADI   C  10       #将换行符 \n 存入 C
        OUT     C  15       #输出一个换行符
        RET                 #返回

        #在第 B 行第 A 列上放置皇后,在后面各行皇后能够攻击到的单元位置上做标记
tag:    POP     B           #行号出栈到 B
        POP     A           #列号出栈到 A
        ADD     G  B  Z     #G =B( +Z),即将行号存入 G,作为数组下标
        STOREB  A  sltn     #将列号存入解数组元素 sltn[G],表示第 B 行第 A 列放置皇后
        LOADI   C  8        #C =8
        LOADI   D  0        #D =0
t1:     ADDI    D  1        #D =D +1
        ADD     E  B  D     #E =B +D,B 行后的第 D 行行号存入 E
        LT      E  C        #关系运算:E <C,行号小于 8
        CJMP    t2          #为真,则转到标号 t2
        RET                 #否则返回

        #在第 E 行第 A 列单元上用行号 B 做标记
t2:     PUSH    A           #A 入栈
        PUSH    B           #B 入栈
        PUSH    E           #需做标记的行 E 入栈
        CALL    mark        #调用子程序 mark,在第 E 行上做标记
```

```
        #在 E 行 A-D 列单元上用行号 B 做标记
        SUB     F  A  D     #F =A -D
        LT      F  Z        #关系运算:F <0
        CJMP    t3          #若列号小于 0,则转至 t3
        PUSH    F
        PUSH    B
        PUSH    E
        CALL    mark
        #在第 E 行第 A+D 列单元上用行号 B 做标记
t3:     ADD     F  A  D     #F =A +D
        LTE     C  F        #关系运算 8 <=F
        CJMP    t1
        PUSH    F
        PUSH    B
        PUSH    E
        CALL    mark
        JMP     t1
        #在第 C 行第 A 列单元上用行号 B 做标记
mark:   POP     C
        POP     B
        POP     A
        LOADI   D  8        #D =8
        MUL     E  C  D     #E =C * D
        ADD     G  A  E     #G =A +E,G 为第 C 行第 A 列单元数组元素下标
        LOADB   E  cell     #E =cell[G]
        LOADI   F  1        #F =1
        SAL     B  F  B     #B =F <<B
        NOR     E  E  B     #E =E ^ B
        STOREB  cell        #将 E 存入 cell[G]
        RET                 #返回
```

参考文献

[1] 曹计昌,卢萍,李开.C语言与程序设计[M].北京：电子工业出版社,2013.

[2] 李开,卢萍,曹计昌.C语言实验与课程设计[M].北京：科学出版社,2011.

[3] Brian W Kernighan, Dennis M Ritchie. THE C PROGRAMMING LANGUAGE[M]. 北京：清华大学出版社. PRENTICE HALL, 2001.

[4] Kenneth A Reek. C和指针[M].徐波,译.北京：人民邮电出版社,2003.

[5] 管西京.编程算法新手手册[M].北京：机械工业出版社,2012.

[6] 刘汝佳.算法竞赛经典入门[M].北京：清华大学出版社,2009.

[7] 董东,周丙寅.计算机算法与程序设计实践[M].北京：清华大学出版社,2010.

[8] Michael J Q. MPI与OpenMP并行程序设计[M].陈文光,等译.北京：清华大学出版社,2004.

[9] 周伟明.多核计算与程序设计[M].武汉：华中科技大学出版社,2009.

[10] OpenMP Reference Guide,https://www.openmp.org/.

图书资源支持

感谢您一直以来对清华版图书的支持和爱护。为了配合本书的使用，本书提供配套的资源，有需求的读者请扫描下方的“书圈”微信公众号二维码，在图书专区下载，也可以拨打电话或发送电子邮件咨询。

如果您在使用本书的过程中遇到了什么问题，或者有相关图书出版计划，也请您发邮件告诉我们，以便我们更好地为您服务。

我们的联系方式：

地　　址：北京市海淀区双清路学研大厦 A 座 714

邮　　编：100084

电　　话：010-83470236　010-83470237

客服邮箱：2301891038@qq.com

QQ：2301891038（请写明您的单位和姓名）

资源下载：关注公众号“书圈”下载配套资源。

资源下载、样书申请

书圈

图书案例

清华计算机学堂

观看课程直播